Maßstab 7

Mathematik • Hauptschule

Herausgegeben von

Max Schröder

Bernd Wurl

Alexander Wynands

Schroedel

Maßstab 7

Mathematik · Hauptschule

Herausgegeben und bearbeitet von

Jost Baier, Kerstin Cohrs-Streloke, Anette Lessmann, Hartmut Lunze, Monika Mattern, Ludwig Mayer, Peter Ploszynski, Jürgen Ruschitz, Dr. Max Schröder, Christa Spring, Prof. Bernd Wurl, Prof. Dr. Alexander Wynands

in Zusammenarbeit mit der Verlagsredaktion

Zum Schülerband erscheinen:

Materialienband: Best.-Nr. 84013
Lösungsheft: Best.-Nr. 84023

ISBN 3-507-**84003**-0

Druck A 7 6 5 4 3 / Jahr 05 04 03 02 01

Alle Drucke der Serie A sind im Unterricht parallel verwendbar. Die letzte Zahl bezeichnet das Jahr dieses Druckes.

Illustrationen: Hans-Jürgen Feldhaus, Klaus Puth
Zeichnungen: Michael Wojczak
Satz-Repro: More*Media* GmbH, Dortmund
Druck: aprinta Druck GmbH & Co. KG, Wemding

CHLORFREI

Gedruckt auf Papier, das nicht mit Chlor gebleicht wurde. Bei der Produktion entstehen keine chlorkohlenwasserstoffhaltigen Abwässer.

Merksätze

Merksätze stehen auf einem blauen Hintergrund und sind folgendermaßen gekennzeichnet:

Beispiele

Musterbeispiele als Lösungshilfen stehen auf einem blauen Hintergrund und sind folgendermaßen gekennzeichnet:

Testen, Üben, Vergleichen (TÜV)

Jedes Kapitel endet mit 1 bis 2 Seiten TÜV, bestehend aus den wichtigsten Ergebnissen und typischen Aufgaben dazu. Die Lösungen dieser Aufgaben sind zur Selbstkontrolle für die Schülerinnen und Schüler am Ende des Buches angegeben.

Projekte/Themenseiten

Projekt- bzw. Themenseiten sind im Buch besonders gekennzeichnet:

Differenzierung

Besonders schwierige Aufgaben sind durch einen roten Kreis um die Aufgabennummer gekennzeichnet:

Knobelaufgaben sind ebenfalls besonders gekennzeichnet:

Leitfiguren

Durch das Buch führen zwei Leitfiguren: die Null und die Eins.
Sie können die Aufgabe stellen oder geben nützliche Tipps und Hilfen.

Inhaltsverzeichnis

Z: Zusatzanforderungen für die Erweiterungskurse

1 Brüche und Größen

REKORD!
9 m
8 m
7 m
6 m
5 m
4 m
3 m
2 m
1 m
Heidelberg – Heilbronn
bisher: 1 h 20 min
jetzt: $\frac{1}{4}$ h schneller
Ob das wohl gut geht?
$7\frac{1}{2}$t
$\frac{1}{2}$t
$2\frac{1}{2}$t
250kg
300kg
$3\frac{1}{2}$t Leergewicht

Zahlenzirkus

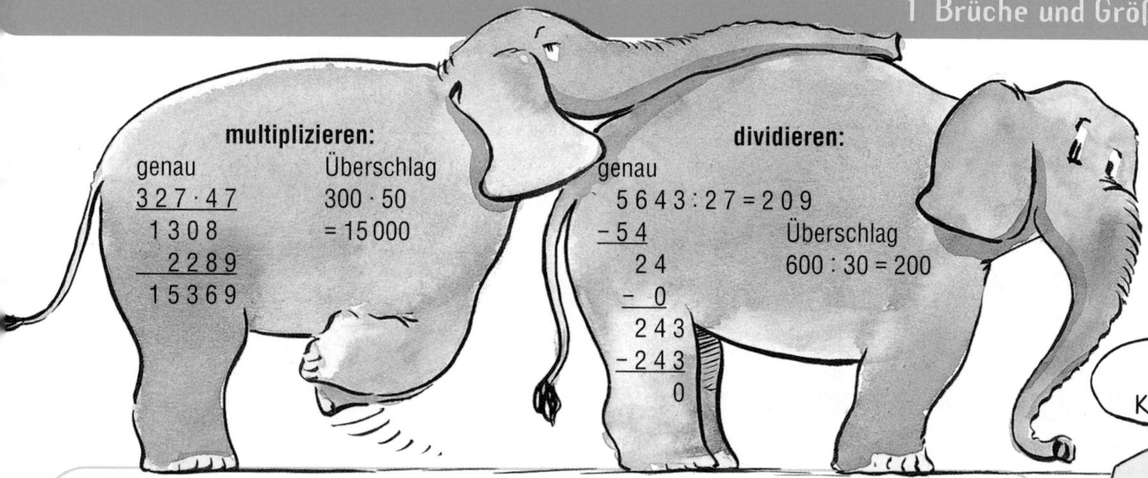

multiplizieren:

genau

$$\begin{array}{r} \underline{327 \cdot 47} \\ 1308 \\ \underline{2289} \\ 15369 \end{array}$$

Überschlag

300 · 50
= 15 000

dividieren:

genau

$$\begin{array}{l} 5643 : 27 = 209 \\ \underline{-54} \\ 24 \\ \underline{-0} \\ 243 \\ \underline{-243} \\ 0 \end{array}$$

Überschlag
600 : 30 = 200

Auch das ist was für Kopfrechner.

2.

a)	b)	c)	d)
2 465 + 199	740 − 199	236 · 20	8 440 : 2
3 471 + 201	826 − 310	236 · 300	8 440 : 40
12 154 + 990	2 473 − 999	236 · 4 000	92 800 : 200
24 552 + 1 100	8 726 − 1 990	236 · 50 000	928 000 : 400

6. In welchem Fass landet der Ball nach seiner Bahn?

137 128

· 7 | · 6
+13675 | +12273
: 32 | : 23
−289 | −399

168 167 166 169

7. Zauberei? Die Summe der Ergebnisse ist jeweils 5 000.

Punktrechnung vor Strichrechnung

1 800 · 2 − 1 800 =
650 + 500 + 21 · 50 =
45 000 : 45 − 100 · 10 =
160 000 : 250 + 90 000 : 250 =
Summe: 5 000

Klammern zuerst ausrechnen

33 318 : (24 + 3) =
18 753 − (17 400 + 87) =
534 · 26 − 12 650 =
$2532 \cdot \frac{1}{2}$ =
Summe: 5 000

8. Der kleinste kommt ganz nach oben. Was ist die Botschaft, wenn alle an der Stange sind?

Bruchteile von Größen

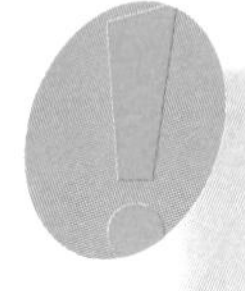

Den Bruchteil einer Größe erhält man so:

Man teilt (dividiert) die Größe durch den Nenner, dann vervielfacht (multipliziert) man den Teil mit dem Zähler.

$\frac{3}{4}$ von 2,40 m = ?	240 cm : 4 = 60 cm	3 · 60 cm = 180 cm	$\frac{3}{4}$ · 2,40 m = 1,80 m
$\frac{2}{3}$ von 1 h = ?	60 min : 3 = 20 min	2 · 20 min = 40 min	$\frac{2}{3}$ · 1 h = 40 min

Aufgaben

1. Ordne den Aufgabenkärtchen (orange) die passenden Antwortkärtchen (grün) zu.

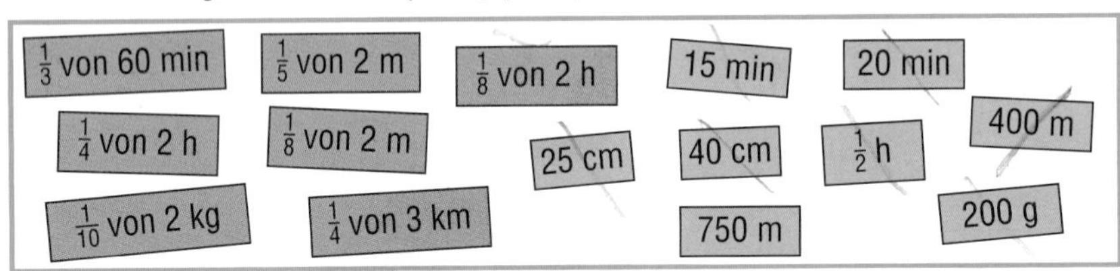

2. Bestimme die halbe Länge. Schreibe in der nächstkleineren Einheit.
a) 1 km b) 1 m c) 1 cm d) 1,2 km e) 2,6 m f) 7,4 cm g) 1,25 km h) 0,7 m i) 0,8 cm

3. Wie lange dauert die halbe Zeit? Schreibe die Zeit in Minuten.
a) 1 h b) 2 h c) 3 h d) $\frac{1}{2}$ h e) $\frac{3}{4}$ h f) $\frac{5}{6}$ h g) $1\frac{1}{2}$ h h) $2\frac{1}{3}$ h i) $4\frac{3}{4}$ h

4. Wie lang ist das Lattenstück? Schreibe als Kommazahl. Runde wenn nötig.
a) Lattenlänge 2 m. Davon (1) die Hälfte (2) zwei Drittel (3) $\frac{4}{5}$ (4) $\frac{7}{8}$ (5) $\frac{2}{3}$ (6) $\frac{5}{6}$
b) Lattenlänge 2,50 m. Davon (1) ein Fünftel (2) die Hälfte (3) $\frac{1}{4}$ (4) $\frac{3}{5}$ (5) $\frac{3}{7}$ (6) $\frac{5}{8}$

5. Wie viele Stunden sind es?
a) 1 Tag b) $\frac{1}{2}$ Tag c) $\frac{3}{4}$ Tag d) $\frac{5}{12}$ Tag e) $1\frac{1}{2}$ Tage f) $2\frac{1}{3}$ Tage g) $1\frac{5}{6}$ Tage h) $2\frac{3}{8}$ Tage

6. Übertrage die Tabelle in dein Heft und fülle sie aus.

	a) 120 cm	b) 2,4 m	c) 0,6 km	d) 1,5 km	e) 3 h	f) 1 Tag
die Hälfte						
ein Drittel						

7. Ergänze die Tabelle von Aufgabe 6 mit

a) 3 Viertel; b) 3 Achtel; c) 5 Sechstel; d) 7 Zwölftel; e) 2 Drittel.

8. Ordne den Aufgaben (orange) die passenden Antworten (grün) zu.

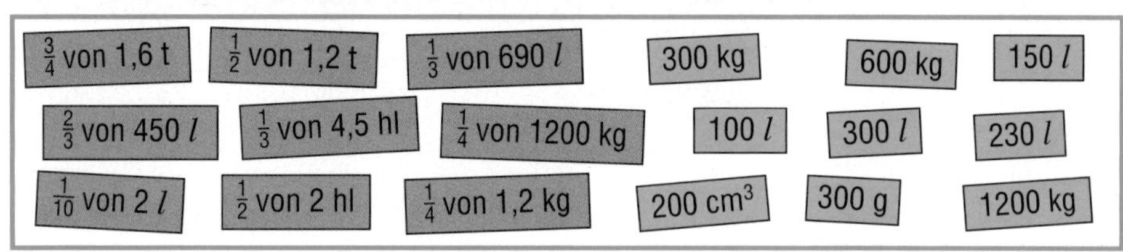

9. Markus kauft im Sonderangebot 2,5 kg Kartoffeln. Zuhause stellt er fest, dass 500 g davon verdorben sind.

a) Welcher Bruchteil ist verdorben? b) Welcher Bruchteil ist nicht verdorben?

10. Rechne aus. Schreibe in der nächstkleineren Einheit.

a) $\frac{1}{2}$ von 5 kg b) $\frac{1}{2}$ von 3 t c) $\frac{1}{4}$ von 1 hl d) $\frac{1}{4}$ von 6 l e) $\frac{1}{10}$ von 7 l

11. Wie viel Gramm sind es?

a) Die Hälfte von (1) 1,4 kg (2) 0,8 kg (3) 0,9 kg (4) 1,3 kg (5) 1,05 kg

b) Ein Viertel von (1) 1,6 kg (2) 1,4 kg (3) 0,6 kg (4) 0,1 kg (5) 2,16 kg

12. Wie viel Gramm ist ein Drittel davon? Runde.

a) 1 kg b) 0,1 kg c) 1,3 kg d) 1,9 kg e) 0,5 kg f) 1,5 kg

13. Berechne in der nächstkleineren Einheit. Runde wenn nötig.

a) $\frac{1}{6} \cdot 1\,l$ b) $\frac{5}{6} \cdot 1\,l$ c) $\frac{1}{3} \cdot 2$ hl d) $\frac{2}{3} \cdot 2$ hl e) $\frac{1}{5} \cdot 1{,}5\,l$ f) $\frac{4}{5} \cdot 1{,}5\,l$

14. Benutze die Angaben für einen Flug von Frankfurt nach Athen.

a) Wie viel Stunden dauert der Flug (runde)? Wie viel hl Kerosin werden verbraucht?

b) Nach 2 h sind etwa $\frac{3}{4}$ der Strecke zurückgelegt und $\frac{2}{3}$ Kerosin verbraucht. Wie viel km und wie viel Liter sind das?

c) Der normale Charterpreis für den Flug ist 380 €. Ein Sonderpreis ist $\frac{1}{10}$ billiger.

15. Übertrage die Tabelle in dein Heft und fülle sie aus.

	a) 2,40 €	b) 4,8 kg	c) 1,2 t	d) 3,6 hl	e) 2,1 l	f) 0,75 l
die Hälfte von						
ein Drittel von						

16. Siebenhundertdreißig Tage vor dem 1. 1. 2000 wurden in Deutschland 35 Mio. Sektflaschen geleert. (Eine Flasche enthält $\frac{3}{4}\,l = 0{,}75\,l$.) Wann war das? Wie viel hl Sekt waren das?

Addition und Subtraktion

Komma unter Komma und mit gleichen Maßeinheiten rechnen.

Aufgabe	153,29 € + 38,95 €	4,5 t – 1784 kg
Überschlag	150 € + 40 € = 190 €	5 t – 2 t = 3 t oder
Rechnung	153,29 € + 38,95 € 192,24 €	4,500 t – 1,784 t = 2,716 t 4500 kg – 1784 kg = 2716 kg = 2,716 t

Aufgaben

1. Überschlage zuerst, dann rechne genau.

a) 23,76 € + 74,87 €
84,68 € – 38,46 €

b) 36,416 kg + 51,6 kg
93,775 kg – 51,45 kg

c) 5,75 t + 2,87 t
7,78 t – 3,125 t

d) 3,83 km + 1,4 km
9,24 km – 5,7 km

2. Familie Mattern hat in drei Geschäften eingekauft.

a) Zahlte sie mehr als 300 €, 400 € oder 500 €? Überschlage.

b) Wie viel blieb genau von 1 000 € übrig?

49,97 € *237,45 € | 18,99 € 46,49 € *187,50 € | ,75 € 11,99 € *68,97 €

3. Was bleibt übrig? Überschlage, dann rechne genau.

a)

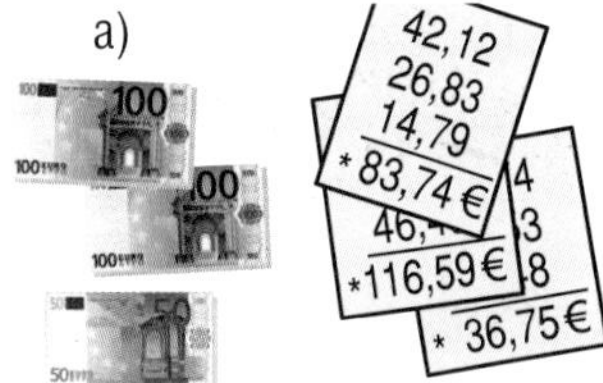

b)

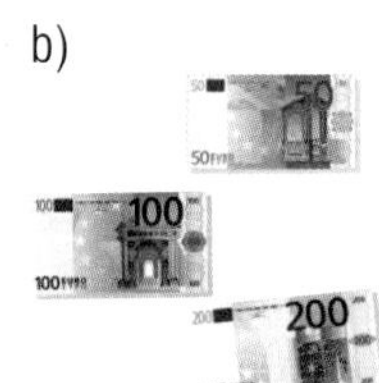

c)

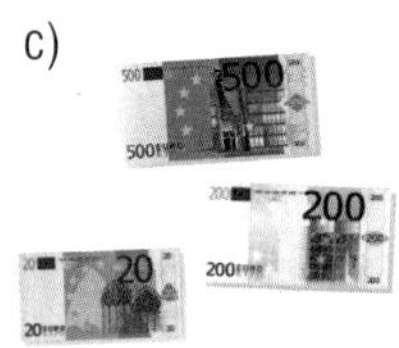

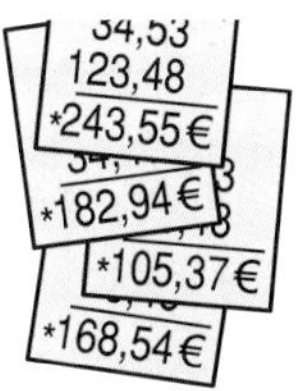

4. Die Klasse 7b hat eine Patenschaft mit einer Klasse in Peru. Zu Weihnachten soll ein Paket abgeschickt werden, das höchstens 10 kg wiegen darf. Die Geschenke wiegen so viel: 2,437 kg, 1,852 kg, 3,186 kg und 1,488 kg. Können alle Geschenke eingepackt werden? Überschlage zuerst, dann rechne genau.

2,497 kg ≈ 2 kg
3,503 kg ≈ 4 kg

5. In der Baustoffhandlung Glenk wird der Lastwagen beladen. Er kann höchstens mit 4,5 t beladen werden. Auf den Wiegezetteln sind folgende Massen angegeben: 1,8 t, 570 kg und 2,05 t. Können alle Waren aufgeladen werden? Überschlage, rechne dann genau.

6.

Rezept: Schlesische Fastenringe
Hefeteig gehen lassen, dann 1 cm dick ausrollen. Ringe ausstechen (3 cm / 6 cm).
Ringe in kochendes Wasser legen und herausnehmen, wenn sie aufsteigen.
Abtrocknen, mit Eigelb bestreichen und mit Salz, Kümmel und Mohn bestreuen, dann bei 190° etwa $\frac{1}{4}$ Stunde backen.

Diese Zutaten brauchst du für Schlesische Fastenringe: 500 g Mehl, 30 g Hefe, $\frac{1}{8}$ *l* Wasser, 2 Teelöffel Zucker, 3 Eier, 1 Prise Salz, 125 g Butter, Kümmel, Mohn.

a) Wiegt der Teig mehr oder weniger als 1 kg?

(b) Bestimme die Teigmasse auf 100 g genau. Welche Angaben fehlen dir noch dazu?

7. Ordne den Aufgaben (orange) die passenden Ergebnisse (grün) zu.

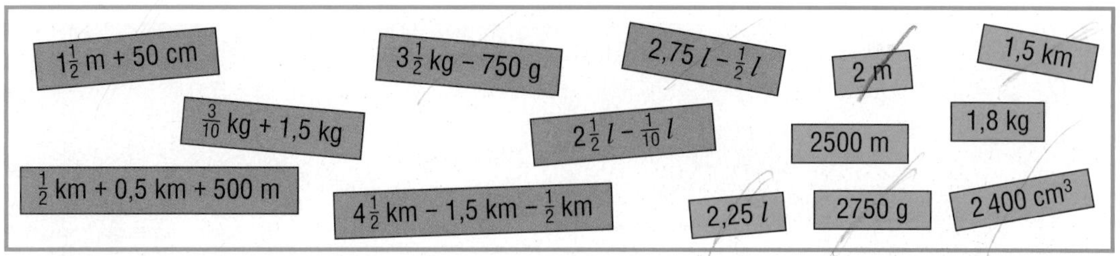

8. Schreibe das Ergebnis als Dezimalbruch mit Komma.

a) $17\frac{1}{2}$ m + 5,25 m   b) $18\frac{1}{4}$ m + 2,5 m   c) 32,5 km + $7\frac{1}{4}$ km   d) 18,75 km − $2\frac{1}{5}$ km

9. a) 2,25 kg + $\frac{1}{2}$ kg   b) $5\frac{3}{4}$ kg − 2,5 kg   c) 12,75 kg − $2\frac{1}{5}$ kg   d) $6\frac{3}{5}$ kg − 3 250 g

e) 5,1 t + 2 600 kg   f) $8\frac{1}{4}$ t − 2,25 t   g) 12 750 kg − $11\frac{1}{4}$ t   h) $3\frac{2}{5}$ t − 3 200 kg

10. Angelo hat einen Schultisch gemessen. Wie lang und wie breit können zwei zusammengesetzte Tische sein? Berechne zwei Möglichkeiten.

11. Ein mit Paketen beladener Transporter wiegt insgesamt $7\frac{1}{2}$ t. Die Pakete allein wiegen 5 250 kg. Wie schwer ist der leere Transporter?

(12.) Im Obergeschoss einer Schule sind 3 Klassenräume mit einer Länge von $8\frac{1}{2}$ m und ein Sammlungsraum nebeneinander. Der Flur davor ist 30 m lang. Wie lang ist der Sammlungsraum?

13. Setze ein: <, = oder >

a) $\frac{1}{2}$ t + 250 kg ▒ $\frac{3}{4}$ t   b) 2 kg − $\frac{1}{2}$ kg − $\frac{1}{4}$ kg ▒ 250 g + 1 kg

c) $\frac{1}{4}$ m^2 + 750 cm^2 ▒ 1 m^2 d) 1 m^2 − 50 dm^2 − 500 cm^2 ▒ 10 dm^2

14. Wie viel Gramm, wie viel Kilogramm wiegt der Inhalt mit Verpackung?

a)

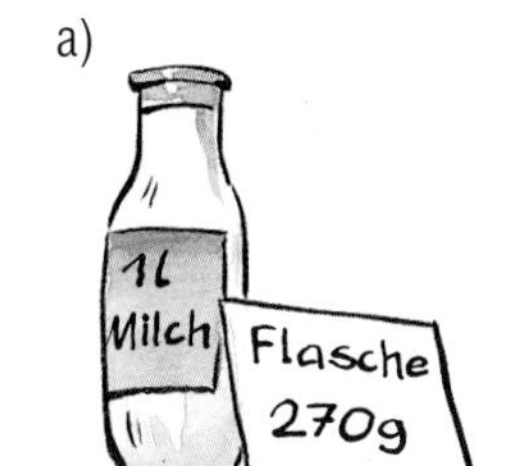

b)

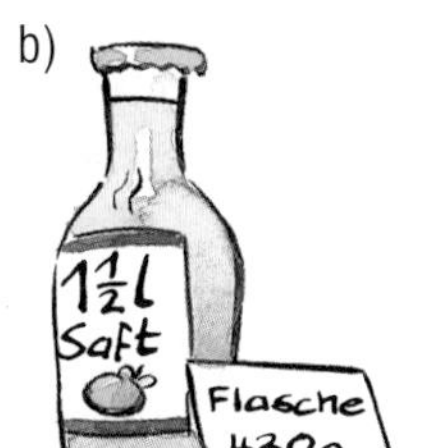

c)

1 l wiegt 1 kg.

15. Ein Aquarium fasst 90 l Wasser. Es ist halb voll. Das leere Aquarium wiegt 18,5 kg. Wie schwer ist es mit dem Wasser? Kannst du es tragen?

16. Drei Kartons wiegen zusammen 28 kg. Der zweite ist doppelt so schwer wie der erste, der dritte doppelt so schwer wie der zweite. Wiegt der erste 2 kg, 3 kg, 4 kg oder 5 kg?

17. In einer Klasse sind mehr als 25 Schülerinnen und Schüler. Die Hälfte davon sind Mädchen. Genau die Hälfte aller Mädchen hat ein Schwimmabzeichen. Wie viele Kinder sind mindestens in der Klasse?

Vervielfachen und Teilen

Aufgaben

1. a) Ordne der Aufgabe (orange) die Überschlagsrechnung (grün) zu.
b) Berechne den genauen Wert.

3 kg zu je 2,45 € | 8 · 20 € | 15 € : 3 | 3 kg kosten 15,75 € | 8 kg kosten 19,60 € | 3 · 2 € | 8 kg zu je 19,99 € | 16 € : 8

2. Einkauf auf dem Wochenmarkt. Berechne die Endpreise.

a) 5 kg Kartoffeln, 1 kg kostet 0,75 €
b) 3 kg Tomaten, 1 kg kostet 1,35 €
c) 4 kg Bananen, 1 kg kostet 1,45 €
d) 6 kg Orangen, 1 kg kostet 1,70 €

3. Die Klasse 7a in Forchtenberg kalkuliert die Kosten für eine Klassenfahrt. Der Busunternehmer verlangt 1,20 € je Kilometer. Die Rundfahrt wird 245 km lang. Mit welchem Preis muss die Klasse rechnen?

4. Eine Wanderstrecke von 18 km wurde von den Schülerinnen und Schülern mit ihrer Lehrerin ausgewählt. Es ist vorgesehen, dass je Stunde 4 km gelaufen werden. Berechne die Wanderzeit ohne Pausen.

5. Herr Wagner kauft im Baumarkt U-Steine. Jeder Stein wiegt 58 kg. Die Steine sollen in einen Anhänger mit 0,4 t Nutzlast geladen werden. Wie viele Steine darf Herr Wagner mit einer Fahrt transportieren?

6. Wie viel Euro kostet ein Kilogramm?

7. Ist die größere Packung günstiger?

8. Juan kauft 3 Netze Apfelsinen. Ein Netz kostet 2,98 € und wiegt $2\frac{1}{2}$ kg.
   a) Wie viel muss Juan dafür bezahlen?
   b) Wie viel kg muss Juan tragen?

9. a) Wie viel kg Erdbeeren sind in einer ganzen Palette (pro Korb $2\frac{1}{2}$ kg)?
   b) Welchen Preis kassiert der Verkäufer für eine Palette?
   c) In wie vielen Kisten sind zusammen 50 kg Erdbeeren?
   (d) Wie schwer wäre eine Kiste, wenn in 250 Kisten insgesamt 125 kg Erdbeeren sind?

10. Berechne die gesamte Menge. Gib das Ergebnis als Dezimalbruch an.
   a) 100 Flaschen zu je 0,125 kg
   b) 15 Flaschen zu je 0,75 l
   c) 25 Flaschen zu je 1,5 l
   d) 8 Flaschen zu je $2\frac{1}{2}$ kg
   e) 12 Flaschen zu je $1\frac{3}{4}$ l
   f) 36 Flaschen zu je $1\frac{1}{5}$ l

11. Wie viel ist in jeder Kiste?
   a) In 100 Kisten sind 19,5 kg.
   b) In 25 Kisten sind 31,25 kg.
   c) In 60 Kisten sind 74,4 kg.
   d) In 30 Kisten sind 93,75 kg.
   e) In 5 Kisten sind $18\frac{1}{2}$ kg.
   f) In 30 Kisten sind $37\frac{1}{2}$ kg.

12. Jana hilft der Großmutter beim Einkochen von Marmelade. Im Kochtopf sind 3 l Marmelade. Wie viele Gläser muss Jana holen, wenn in jedes Glas $\frac{1}{4}$ l eingefüllt werden kann?

13. Bei der Traubenernte möchte ein Winzer 1,5 t Trauben zum Keltern anliefern. In einer Bütte, die man auf dem Rücken trägt, werden jeweils 75 kg transportiert. Wie oft muss die Bütte gefüllt werden?

14. Der Durchmesser von Felgen wird meist in Zoll angegeben. Manuela will bei ihrem Fahrrad die Bereifung erneuern. Sie misst für den Felgendurchmesser 67,5 cm aus. Passt der Reifen auf Manuelas Rad (1 Zoll ≈ 2,5 cm)?

15. Bei vielen Jeans wird die Größe in Zoll angegeben. Die Jeans von Kerstin hat eine Bundweite (um den Bauch herum gemessen) von 24 Zoll und eine Länge von 28 Zoll. Rechne in cm um.

16. Ein Auto kostet 16 800 €. Beim Autokauf auf Teilzahlungsbasis verlangt der Händler $\frac{1}{3}$ des Preises als Anzahlung.
   a) Welchen Geldbetrag verlangt der Händler als Anzahlung?
   b) Der Restbetrag wird in 48 Monatsraten abbezahlt. Wie hoch ist eine Monatsrate?

17. Frau Münz hat ihr Auto auf Kredit gekauft. Ein Drittel des Autopreises beträgt bei ihr 3 800 €. Wie hoch ist der Gesamtpreis des Autos?

18. Eine Messstange (Pegel) ragt 4 m aus dem Fluss heraus. Ein Viertel der Stange ist im Flussbett einbetoniert, ein Viertel befindet sich im Wasser. Wie lang ist die Stange insgesamt?

Mit dem Zug unterwegs

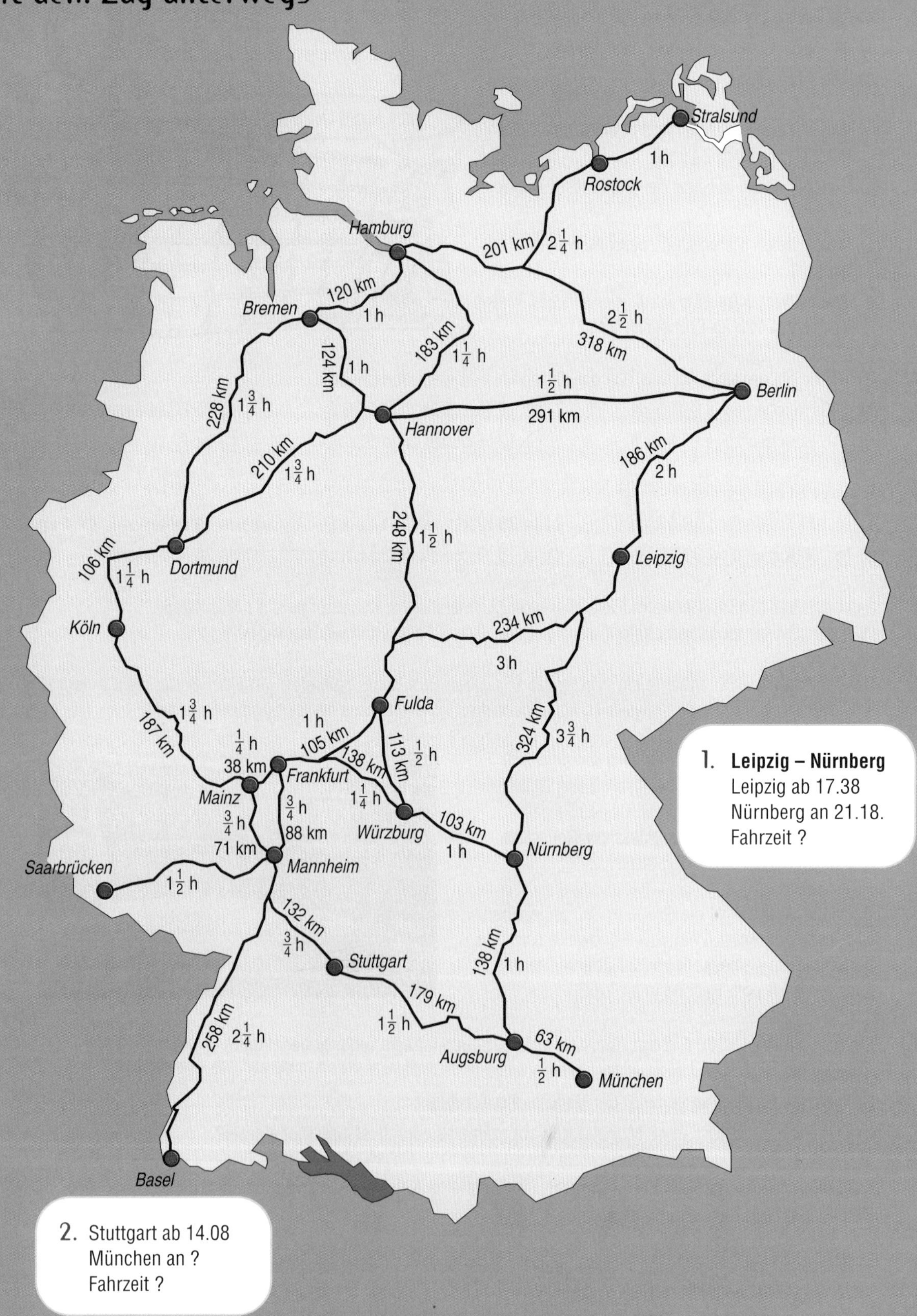

1. Leipzig – Nürnberg
Leipzig ab 17.38
Nürnberg an 21.18.
Fahrzeit ?

2. Stuttgart ab 14.08
München an ?
Fahrzeit ?

3. Svenja aus Hannover besucht ihre Großmutter in Nürnberg.
   a) Wie lange fährt sie?
   b) Berechne die Streckenlänge.
   c) Wie teuer ist die Hin- und Rückfahrt ohne (mit) BahnCard?

1 km kostet im Fernverkehr in der 2. Klasse ungefähr 14 Cent. Mit BahnCard halber Preis.

5. Herr Lüdersen ist Vertreter. Er fährt von Hamburg nach Nürnberg.
   a) Wie lange dauert seine Fahrt?
   b) Was kostet die Fahrt mit BahnCard?

4. Fußballspiel in München. Fans aus Dortmund möchten das Spiel ihrer Mannschaft verfolgen. Suche eine Verbindung heraus und berechne die Fahrzeit.

7. Markus hat bei einem Preisausschreiben 1 000 km Freifahrt mit der Bahn gewonnen. Er wohnt in Dortmund. Arbeite zwei Rundreisen mit etwa dieser Länge aus.

6. Hamburg – Frankfurt
   a) Berechne Streckenlänge und Fahrtzeit mit dem ICE.
   b) Auf der Autobahn kann man mit etwa 90 km pro Stunde rechnen. Wie lange dauert die Autofahrt? (Entfernung über Autobahnen ca. 540 km.)

8. Auf welcher Strecke fährt der Zug schneller
   a) von Dortmund nach Köln oder von Fulda nach Hannover?
   b) von Hamburg nach Rostock oder von Dortmund nach Hannover?

Mittelwert

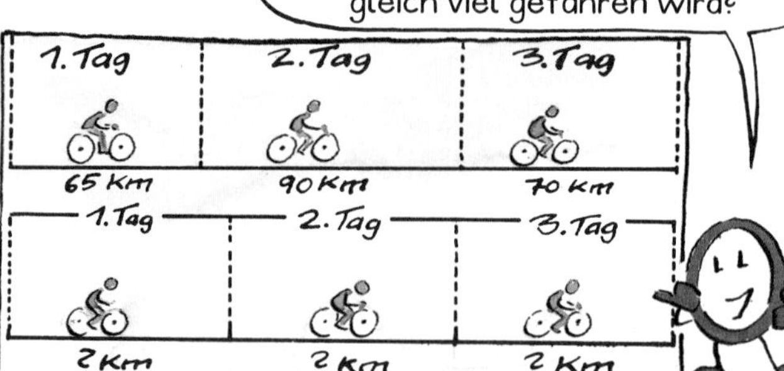

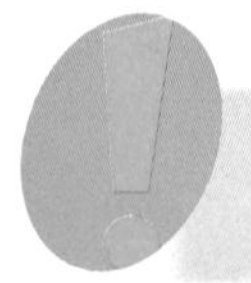

Den **Mittelwert** oder **Durchschnitt** von Größen berechnet man in zwei Schritten:
1. Man addiert alle Größen. 2. Dann dividiert man die Summe durch die Anzahl der Größen.

Ein Kanal wird in 6 Abschnitten ausgehoben:
23 m 30 m 18 m 25 m 27 m 25 m
Wie lang ist ein Abschnitt im Durchschnitt?

$\frac{23 + 30 + 18 + 25 + 27 + 25}{6} = \frac{148}{6} = 24{,}6\ldots \approx 25$

Ein Abschnitt ist durchschnittlich etwa 25 m lang.

Aufgaben

1. Die 5 Stammspieler einer Basketballmannschaft sind
1,86 m 2,05 m 2,13 m 1,93 m und 1,98 m groß.
Wie groß sind sie im Durchschnitt?

2. a) In einem Ruderboot wiegen die 4 Ruderer 86 kg, 83 kg, 91 kg und 88 kg. Wie viel kg sind das im Durchschnitt?
b) Der Steuermann wiegt nur 53 kg. Wie groß ist das Durchschnittsgewicht aller 5 Personen im Boot?

3. Esther trainiert 400-m-Lauf. Ihre Zeiten waren:
50,3 s 50,8 s 51,2 s 59,8 s 52,0 s 51,3 s
a) Wie schnell war sie im Durchschnitt?
b) Nach ihrem vierten Lauf hatte sie sich mit Fieber ins Bett gelegt. Welche durchschnittliche Zeit erhält man, wenn man diesen 4. Lauf nicht wertet?

4. Olli und Karin sind in Etappen gewandert. Wie lang war eine Etappe im Durchschnitt?
24 km 28 km 25 km 22 km 28 km 31 km 25 km 24 km 27 km 32 km 19 km 22 km

5. Das ist der Notenspiegel einer Klassenarbeit. Berechne den Durchschnitt.

<table>
<tr><th colspan="6">Mathematik</th></tr>
<tr><th>1</th><th>2</th><th>3</th><th>4</th><th>5</th><th>6</th></tr>
<tr><td>||</td><td>||||</td><td>卌
卌
||</td><td>卌</td><td>||</td><td>|</td></tr>
</table>

<table>
<tr><th colspan="6">Deutsch</th></tr>
<tr><th>1</th><th>2</th><th>3</th><th>4</th><th>5</th><th>6</th></tr>
<tr><td>|||</td><td>||</td><td>卌
|||</td><td>卌
|||</td><td>||||</td><td></td></tr>
</table>

<table>
<tr><th colspan="6">Englisch</th></tr>
<tr><th>1</th><th>2</th><th>3</th><th>4</th><th>5</th><th>6</th></tr>
<tr><td>||</td><td>卌
卌</td><td>|||</td><td>|||</td><td>卌</td><td>||</td></tr>
</table>

6. 

Olli hat seine Schultasche gewogen. Wie viel kg hat er im Durchschnitt zu tragen? Runde ganzzahlig.

7. Katrins Körpergröße wurde von vier verschiedenen Personen gemessen. Alle vier haben sorgfältig gearbeitet.

1,45 m	1,43 m	1,44 m	1,43 m

a) Nenne einen Grund, warum sie trotz Sorgfalt nicht alle vier dasselbe Ergebnis haben.

b) Berechne den Mittelwert als Schätzung von Katrins Größe. Runde ihn auf cm.

8. Berechne den Mittelwert der Messergebnisse, runde ihn auf die Stellenzahl der Messwerte.

a) 1,84 m 1,83 m 1,85 m 1,83 m 1,82 m 1,83 m

b) 77 kg 80 kg 78 kg 79 kg 79 kg 80 kg 79 kg 77 kg

c) 57 km 59 km 56 km 58 km 59 km 58 km 57 km 60 km

9.

1	2	3	4	5	6	7	8	9	10	11	12	13	14	15	16	17	18	19	20	21	22	23	24	25	26	27	28	29	30
Mo	Di	Mi	Do	Fr	Sa	So	Mo	Di	Mi	Do	Fr	Sa	So	Mo	Di	Mi	Do	Fr	Sa	So	Mo	Di	Mi	Do	Fr	Sa	So	Mo	Di
25	30	38	34	34	20	21	28	30	30	35	37	28	25	38	38	27	22	32	26	24	32	32	32	38	36	30	30	35	35

Ein Hotel mit 38 Zimmern führt Buch, wie viele Zimmer täglich belegt waren. Dies ist die Liste vom Juni. Wie viele Zimmer waren im Durchschnitt täglich belegt?

10. a) Das wöchentliche Taschengeld von neun Jugendlichen einer Klasse, wie viel Euro sind es im Durchschnitt?

10 € 8 € 10 € 15 € 8 €
8 € 8 € 15 € 8 €

b) Ein Neuer kommt in die Klasse mit wöchentlich sage und schreibe 100 € Taschengeld. Wie hoch ist jetzt der Durchschnitt für alle zehn Jugendlichen?

11. Im Säulendiagramm ist Ankes Hochsprungserie im letzten Training dargestellt.

a) Kontrolliere, ob der eingetragene Mittelwert richtig berechnet wurde.

b) Für die Sprünge unter dem Durchschnitt: Um wie viel cm weichen sie vom Mittelwert ab? Wie groß ist die Summe dieser Abweichungen nach unten?

c) Für die Sprünge über dem Durchschnitt: Wie groß ist die Summe aller Abweichungen nach oben?

d) Vergleiche die Ergebnisse in b) und c).

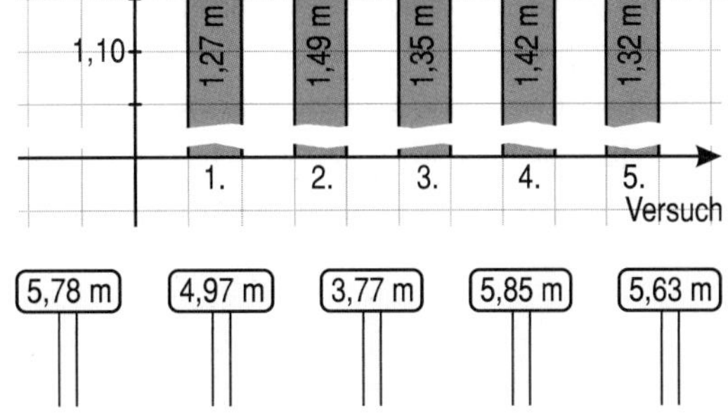

12. a) Das ist Bernis Weitsprungserie. Stelle sie in einem Säulendiagramm dar.

b) Schätze und markiere nach Augenmaß, wo der Mittelwert eingetragen ist.

c) Berechne den Mittelwert und zeichne ihn ins Diagramm ein. Vergleiche mit deiner Schätzung.

d) Für die Sprünge unter dem Mittelwert: Wie groß ist die Summe der Abweichungen nach unten?

e) Für die Sprünge über dem Mittelwert: Wie groß ist die Summe der Abweichungen nach oben?

Sport

1. Bei den 4 Grand-Slam-Turnieren (Australian-Open, French-Open, Wimbledon, US-Open) starten jeweils 128 Tennisspielerinnen und -spieler im Einzel. Wer verliert, scheidet aus.
   a) Wie viele Begegnungen sind jeweils nötig, bis der Sieger und die Siegerin des Turniers feststehen?
   b) Wie viele Begegnungen gibt es bei einem Turnier mit 64 Spielerinnen?
   c) Bestimme die Anzahl der Begegnungen bei 32, 16 und 8 Spielern, ohne lange zu rechnen.

2. 1996 wurde Deutschland Fußballeuropameister. An der Europameisterschaft in England nahmen 16 Mannschaften teil. In der Vorrunde wurde in 4 Gruppen zu je 4 Ländern gespielt, jedes gegen jedes. Danach ging es für die besten 8 Mannschaften nach dem K.o.-System weiter; jeweils der Verlierer schied aus, bis der Europameister feststand. Wie viele Spiele fanden insgesamt statt?

3. Die 15 Spiele der Fußball-Europameisterschaft 1988 in Deutschland besuchten 935 685 Zuschauer. Die 31 Begegnungen der Weltmeisterschaft 1966 in England besuchten 1 269 884 Zuschauer. Wie viele Zuschauer waren durchschnittlich bei einem Meisterschaftsspiel
   a) in Deutschland;
   b) in England?

4.

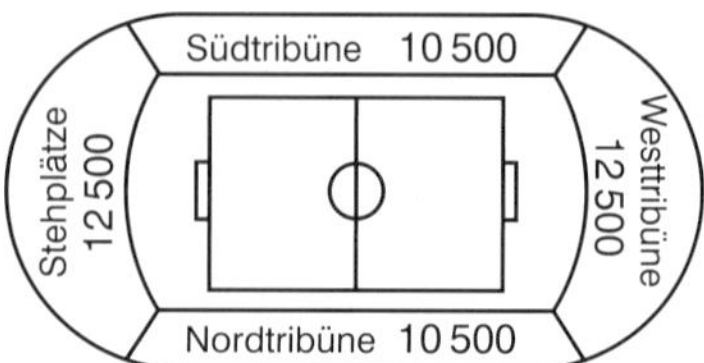

Südtribüne:	45 €
Nordtribüne:	35 €
Westtribüne:	25 €
Stehplatz:	15 €
Stehplatz ermäßigt:	8 €

Berechne die Gesamteinnahme und den Durchschnittspreis bei ausverkauftem Stadion, wenn keine Stehplatzkarten zum ermäßigten Preis verkauft würden.

(5.) 20 000 zahlende Besucher sahen ein Spiel in dem Stadion, das in Aufg. 4 beschrieben ist. Wie hoch kann der Durchschnittspreis für eine Karte mit Sicherheit nicht gewesen sein: 8 €, 15 €, 30 €, 40 €?

6. Top-Verdiener des Sports war 1995 der Basketballstar Michael Jordan von den Chicago Bulls. Er verdiente 43,9 Millionen Dollar.
   a) Wie viel € verdiente Michael Jordan? (Kurs: 0,80 € für 1 Dollar)
   b) Überschlage seinen Tagesverdienst bei 365 Arbeitstagen.

7. Kareem Abdul Jabbar (USA) bestritt in seiner 20-jährigen Karriere insgesamt 1 797 Spiele in der NBA (National Basketball Association). Dabei erzielte er 44 119 Punkte. Warf er durchschnittlich mehr oder weniger als 25 Punkte in jedem Spiel? Schätze zunächst, dann rechne.

Merkwürdige Rekorde

1. Am 11. März 1995 gab es in Basel eine 462,40 m lange Erdbeerschnitte. 1,2 t Erdbeeren und 300 kg Vanillecreme wurden benötigt. Wie viele Portionen wurden verkauft, wenn jedes Stück 12 cm lang war?

2. 1995 wurde in St. Pölten (Österreich) ein Gummibärchen ausgestellt, das 147 cm hoch war und 233 kg wog. Wie viele „normale“ Gummibärchen (je 2,2 g) wiegen zusammen genauso viel?

3. Im Juni 1988 gab es in Wombourne (Großbritannien) eine Wurst, die 21,12 km lang war. Für wie viele Menschen reichte die Wurst, wenn jeder ein 18 cm langes Stück aß?

4. In London gibt es eine Buchhandlung mit einer Regallänge von insgesamt 48 km. Wie viele Bücher stehen in diesem Laden, wenn jedes Buch durchschnittlich 2,5 cm dick ist?

5. Die Haare der Inderin Mata Jagdamba hatten am 21. Februar 1994 eine Länge von 4,23 m. Menschenhaar wächst täglich ungefähr 0,4 mm. Wie lange hat Frau Jagdamba ihre Haare nicht geschnitten?

6. Den bisher längsten Bart der Welt hatte der Norweger Hans Langseth mit 5,33 m. Die Barthaare eines Mannes wachsen jeden Tag ungefähr 1 mm. Wie lange ließ Herr Langseth seinen Bart wachsen?

7. Der 19-jährige Mike Braun schlug am 23. Juli 1985 8 834 Purzelbäume. Er brauchte dafür 7 Stunden und 46 Minuten und legte dabei eine Strecke von 16,737 km zurück. Überschlage, welche Zeit und welche Strecke durchschnittlich auf einen Purzelbaum entfielen.

8. Clemens Müter stellte 1983 mit 360 Stunden und 15 Minuten einen neuen Weltrekord im Dauerduschen auf. Um welchen Geldbetrag erhöhte der Weltrekord die Wasserrechnung bei einem Verbrauch von 11 *l* pro Minute, einem Wasserpreis von 0,75 € und einer Abwassergebühr von 1,55 € pro Kubikmeter?

9. In Albi (Frankreich) setzten 350 Schulkinder aus 153 664 Teilen ein riesiges Puzzle zusammen. In fünfstündiger Arbeit entstand auf einer 368 m^2 großen Fläche ein Bild zum Thema „Eure Stadt im Jahr 2000“. Wie viele Puzzleteile wurden durchschnittlich von jedem Kind in einer Stunde zusammengesetzt?

10. Floyd Satterly Rood durchquerte die USA vom Pazifik bis zum Atlantik (5 468 km) mit 114 737 Golfschlägen. Überschlage, welche Entfernung der Ball durchschnittlich nach jedem Schlag zurücklegte.

1. Berechne den Bruchteil.

a) $\frac{1}{4}$ von 80 € b) $\frac{1}{5}$ von 75 kg

c) $\frac{3}{4}$ von 28 km d) $\frac{4}{5}$ von 20 t

Den **Bruchteil einer Größe** erhält man so:
Man teilt die Größe durch den Nenner, dann vervielfacht man den Teil mit dem Zähler.

2. Vergleiche, was ist länger?

a) $\frac{3}{4}$ von 1 km oder $\frac{1}{5}$ von 3 km

b) $\frac{1}{3}$ von 6 m oder $\frac{3}{4}$ von 2 m

Beachte:

1 km = 1 000 m	1 m = 100 cm	1 cm = 10 mm
1 t = 1 000 kg	1 kg = 1 000 g	
1 hl = 100 *l*	1 *l* = 1 000 cm^3	
1 h = 60 min	1 min = 60 Sekunden	

3. Vergleiche, was ist schwerer?

a) $\frac{3}{4}$ von 14 kg oder $\frac{4}{5}$ von 12 kg

b) $\frac{4}{5}$ von 8 kg oder $\frac{7}{10}$ von 7 kg

$\frac{3}{4}$ von 2,8 kg = ▒	$\frac{4}{5}$ von 6 hl = ▒
2 800 g : 4 = 700 g	600 *l* : 5 = 120 *l*
3 · 700 g = 2 100 g	4 · 120 *l* = 480 *l*
$\frac{3}{4}$ · 2,8 kg = 2,1 kg	$\frac{4}{5}$ · 6 hl = 480 *l*

4. Frau Wegner verdient 1 400 € im Monat. Sie gibt ein Viertel für die Miete aus. Wie hoch ist die Monatsmiete?

5. Berechne den Mittelwert der Größen.

a) 15 kg, 17 kg, 19 kg, 16 kg, 18 kg

b) 1,55 m, 1,63 m, 1,55 m, 1,59 m

c) 15,75 €, 37,40 €, 9,99 €, 25,50 €

Den **Mittelwert** oder **Durchschnitt** von Größen berechnet man so:
Man addiert alle Größen und dividiert dann die Summe durch die Anzahl der Größen.

Mittelwert von 36 kg, 42 kg, 47 kg, 29 kg:
36 kg + 42 kg + 47 kg + 29 kg = 154 kg
154 kg : 4 = 38,5 kg
Mittelwert: 38,5 kg

6. Berechne die Durchschnitts-Note für alle Klassenarbeiten. Runde (1 Kommastelle).

a) Mathematik: 3, 4, 3, 2, 2, 2

b) Deutsch: 4, 5, 3, 3, 2

7. Marcel füllt mit einem 10 *l*-Eimer sein Aquarium. Er geht dafür 4-mal Wasser holen. Beim ersten Mal ist der Eimer $\frac{3}{4}$ voll, beim zweiten Mal halb voll. Beim dritten und vierten Mal hat er 6 *l* bzw. 8 *l* im Eimer.

a) Wie viel Wasser gießt Marcel ins Aquarium?

b) Wie viel Liter hatte Marcel durchschnittlich jedesmal im Eimer?

8.

1 – 1 *l* – 750 cm^3

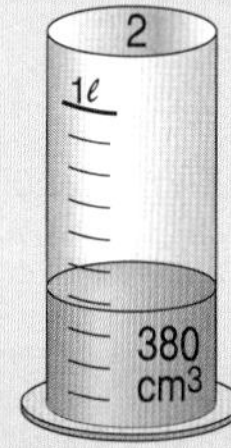

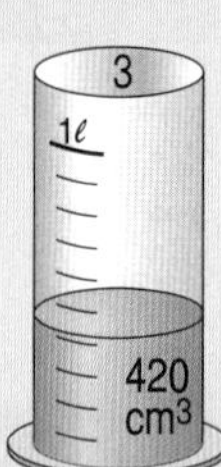

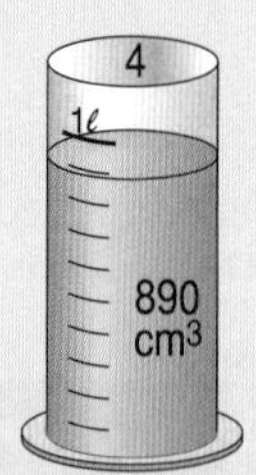

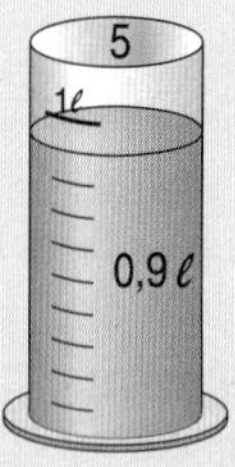

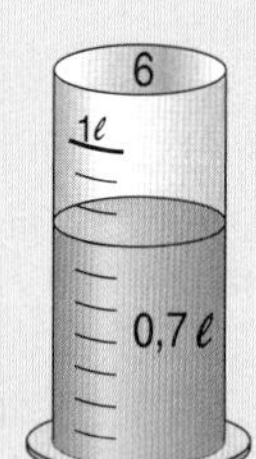

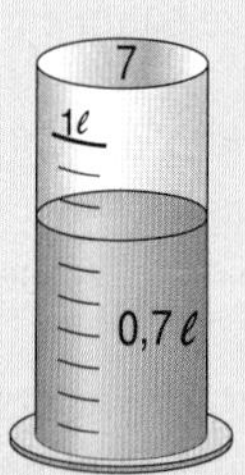

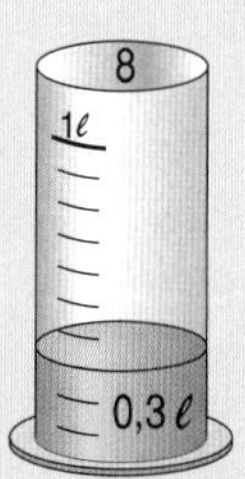

a) Ist in den Gefäßen 1 bis 4 durchschnittlich mehr als in den Gefäßen 5 bis 8?

b) Wie viel ist durchschnittlich in allen 8 Gefäßen?

9. Andi hat nichts in seiner Flasche. Beate hat 330 cm^3 in ihrer Flasche und Claudia 1,5 *l*.

a) Wie viel hat jedes Kind durchschnittlich, wenn zusammengeschüttet und gleichmäßig verteilt wird?

(b) Wie viel müsste ein viertes Kind hinzufügen, damit alle vier 1 *l* bekommen?

10. Frau Pfeifer verdient monatlich 1 260 €. Sie braucht 2 Siebtel des Monatseinkommens für die Miete. Wie hoch ist ihre Monatsmiete?

1. Ein Lieferwagen, der eine Zuladung von $3\frac{1}{2}$ t hat, wird zur Hälfte beladen. Wie viel kg wiegt die Last?

2. Eine Umgehungsstraße ist 6,9 km lang. Sie wird auf 2 Drittel der Strecke neu markiert. Wie viel Meter der Straße werden markiert?

3. Elektrohändler Rapp schließt sein Geschäft. Er bietet alle Waren mit einem Nachlass von einem Drittel an. Berechne die neuen Verkaufspreise.

4. Sommerschlussverkauf – alle Waren werden um ein Fünftel billiger. Berechne die neuen Preise. Runde.

a) 128,50 € b) 72,25 €
c) 432,25 € d) 248,75 €

5. Die Klasse 7b plant eine Busfahrt über 375 km. Der Bus kostet 1,45 € pro km.

a) Wie teuer wird die Busfahrt? b) Wie viel hat jeder der 29 Teilnehmer zu zahlen?

6. Die Mieter in der Gartenstraße wollen vor dem Winter gemeinsam Öl bestellen. Sie lesen ihre Uhren am Öltank ab.

a) Schätze, brauchen sie zusammen mehr oder weniger als 10 000 *l* Heizöl?

(b) Alle wollen volltanken. Wie viel zahlt jeder (1 *l* kostet 30 Cent)?

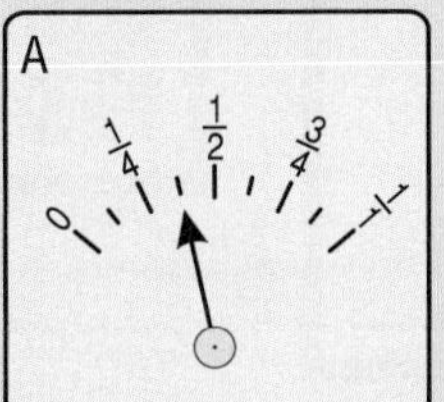

Tankinhalt: maximal 4 800 *l*

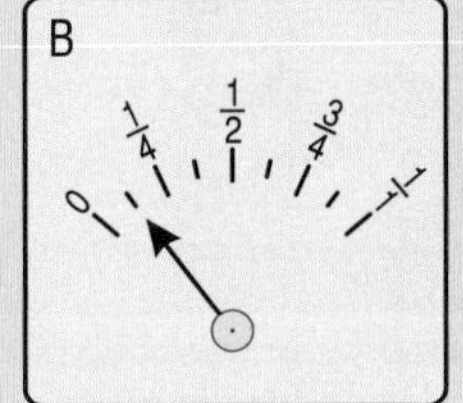

Tankinhalt: maximal 4 200 *l*

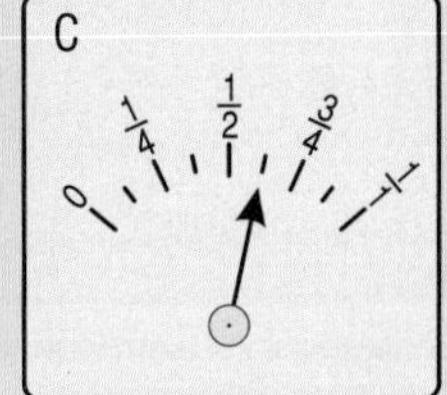

Tankinhalt: maximal 5 600 *l*

7. Familie Berger kauft im Baumarkt sechs Fenster ein. Jedes Fenster wiegt 140 kg. Der Baumarkt bietet zu einem geringen Preis einen Kleinlaster mit einer Zuladung von einer drei viertel Tonne an. Können sie damit alle Fenster mit einer Fahrt abtransportieren?

8. Compaktdiscs haben meist eine Laufdauer von einer Dreiviertelstunde. Silke bringt zu einer Party 9 Discs mit. Welche Laufzeit haben diese CDs?

(9.)

15:04	17:15	21:30	19:35
min sec	min sec	min sec	min sec

Auf einer CD sind 4 Musikstücke. Wie lange dauert die gesamte Spielzeit? Berechne auch die durchschnittliche Spieldauer eines Musikstücks.

10. Vier Kinder haben ein durchschnittliches Taschengeld von 5 € pro Woche. Wie viel müsste ein fünftes Kind erhalten, damit dann der Durchschnitt 10 € beträgt?

11. Ein Milchmann hat die große 8-*l*-Kanne mit Milch gefüllt. Er hat außerdem einen 5-*l*-Becher und einen 3-*l*-Becher. Wie kann er 1 *l* abmessen?

2 Zeichnen und konstruieren

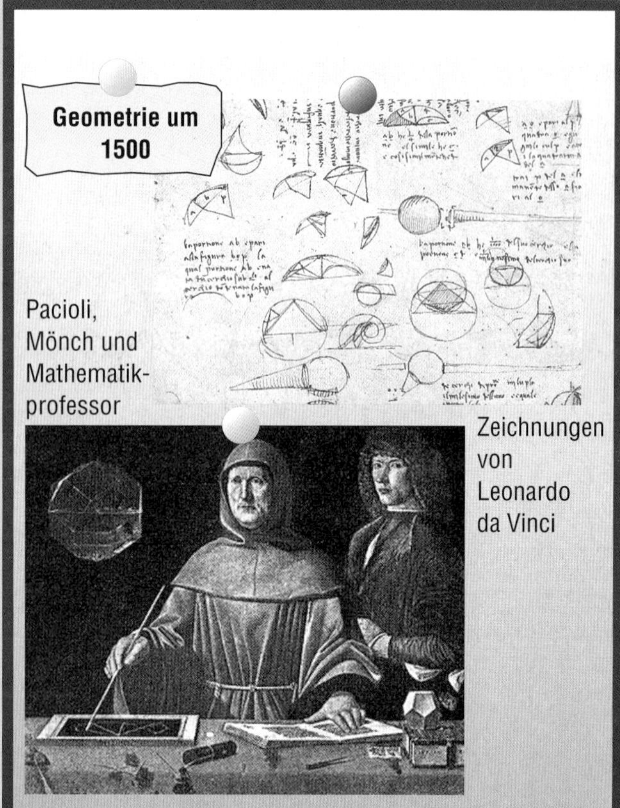

Hallo, hier Freiburg am Schwarzwald. Wir haben ein großes Dreieck an unsere Tafel gezeichnet. Schafft ihr es, an eurer Tafel ein deckungsgleiches Dreieck zu zeichnen?
C
A
B
a
b
c
α
β
γ
c = 1,50 m
a = 1,10 m
b = 0,90 m
γ = 97°
α = 47°
β = 36°

Alle Maße brauchen wir doch gar nicht.
Hier Frankfurt an der Oder! Okay, wir versuchen es. Gebt uns alle Maße eures Dreiecks durch.

Grundkonstruktionen: Senkrechte, Parallele, Abstand

Senkrechte zur Geraden g durch den Punkt P

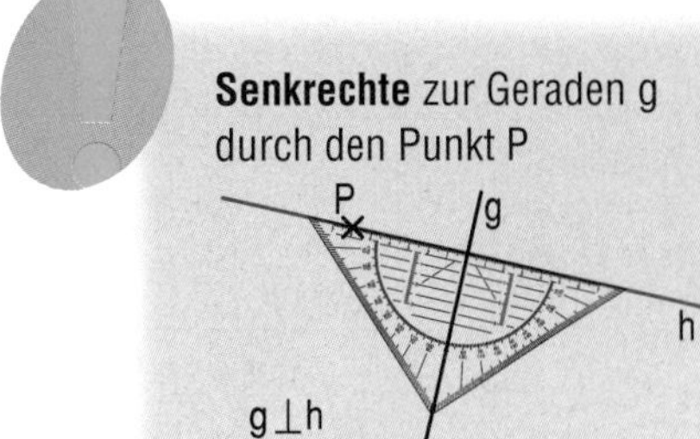

Parallele zur Geraden g durch den Punkt Q

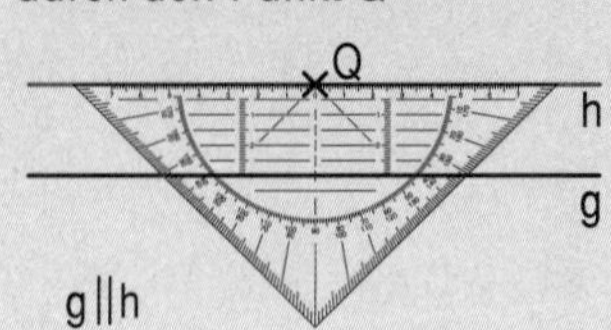

Abstand des Punktes A von der Geraden g

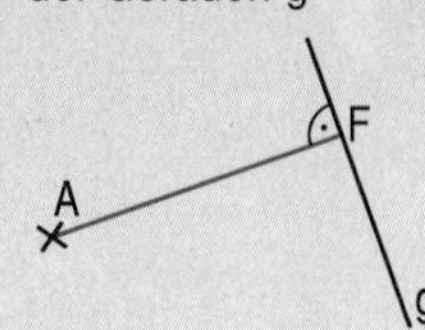

Aufgaben

1. Übertrage die Punkte A bis G ins Heft und zeichne die Gerade durch die Punkte A und B.
   a) Zeichne durch jeden der Punkte A bis G die Senkrechte zur Geraden AB.
   b) Zeichne durch jeden der Punkte C, D, E, F und G die Parallele zur Geraden AB.

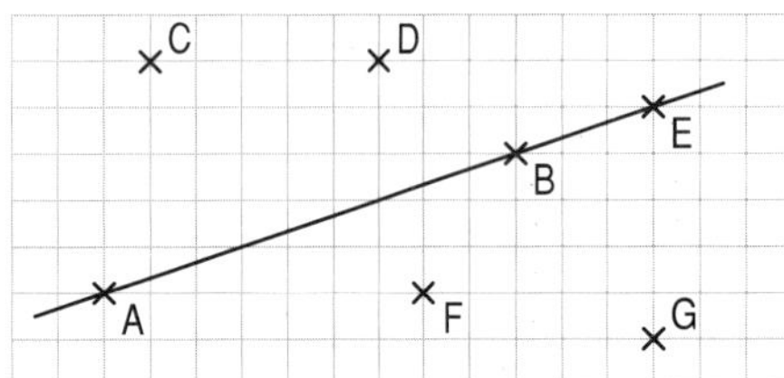

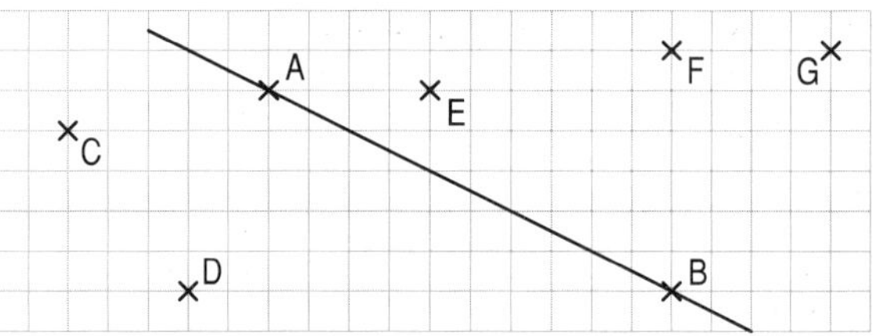

2. Prüfe mit dem Geodreieck nach, ob die Geraden g und h zueinander senkrecht sind.

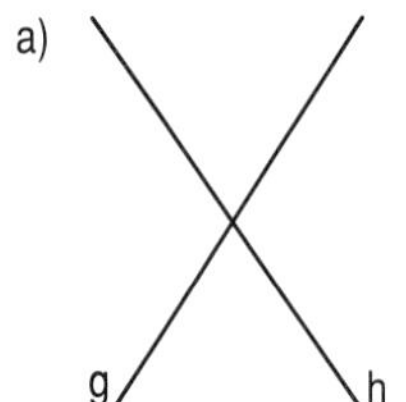

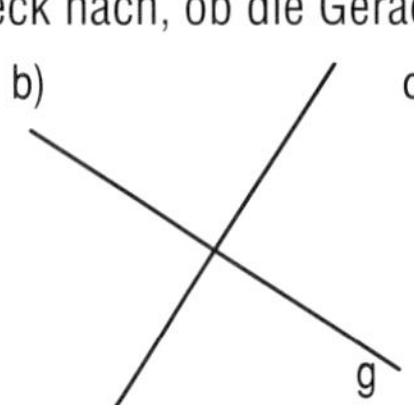

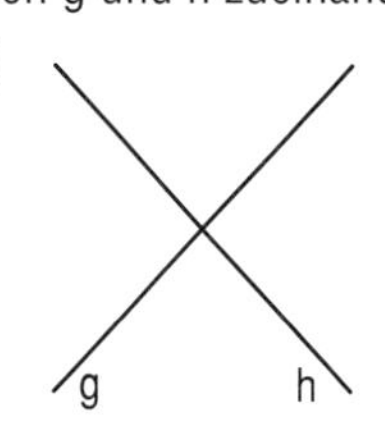

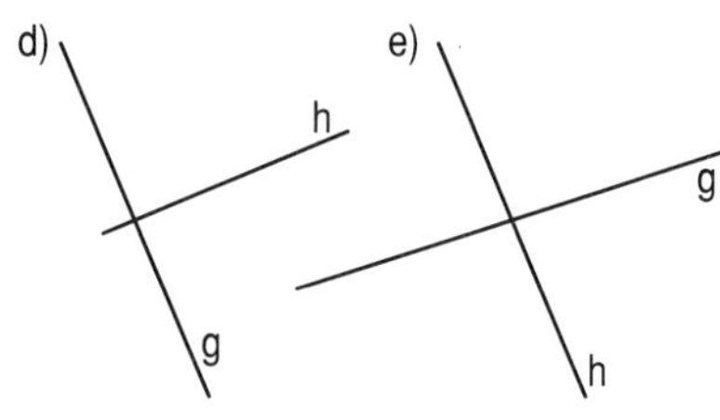

3. Stelle mit dem Geodreieck fest:
   a) Welche Geraden sind parallel? Notiere so: e || f
   b) Welche Geraden stehen senkrecht aufeinander? Notiere so: e ⊥ b

a b c d e f g h i j k l

4. Zeichne zwei Parallelen mit dem Abstand
   a) 3 cm; b) 2,3 cm; c) 6 cm.

5. Trage die Punkte A(2|1) und B(4|5) in ein Quadratgitter mit der Gittereinheit 1 cm ein. Zeichne die Gerade AB durch die Punkte A und B.
   a) Zeichne die Senkrechte zur Geraden AB durch den Punkt P(3|3).
   b) Zeichne die Senkrechte zur Geraden AB durch den Punkt Q(4|1).
   c) Zeichne die Parallele zur Geraden AB durch den Punkt R(1|3).
   d) Bestimme den Abstand des Punktes S(5|3) von der Geraden AB.

Mittelsenkrechte

Auf der **Mittelsenkrechten** der Strecke $\overline{AB}$ liegen alle Punkte, die von A und B gleich weit entfernt sind.

A

Mittelsenkrechte von $\overline{AB}$

B

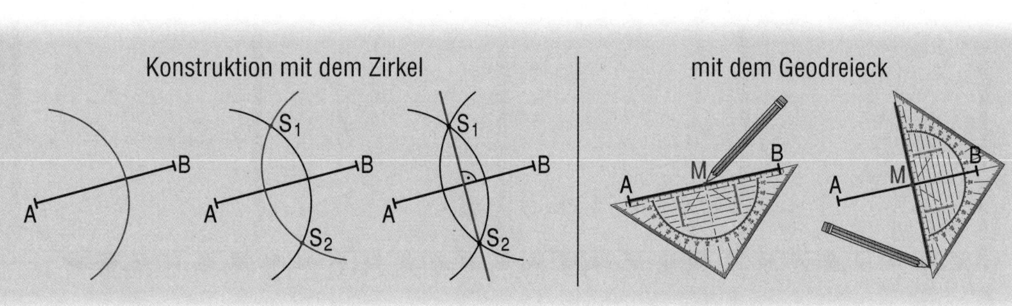

Aufgaben

1. Zwei Dörfer A und B wollen gemeinsam ein Denkmal für einen bekannten Musiker errichten, der in A geboren und in B gestorben ist. Das Denkmal soll von beiden Dörfern gleich weit entfernt sein. Übertrage nebenstehende Zeichnung ins Heft.

a) Zeichne die Linie, auf der das Denkmal stehen könnte.

b) Wo muss es erstellt werden, wenn es an der Kreisstraße liegen soll?

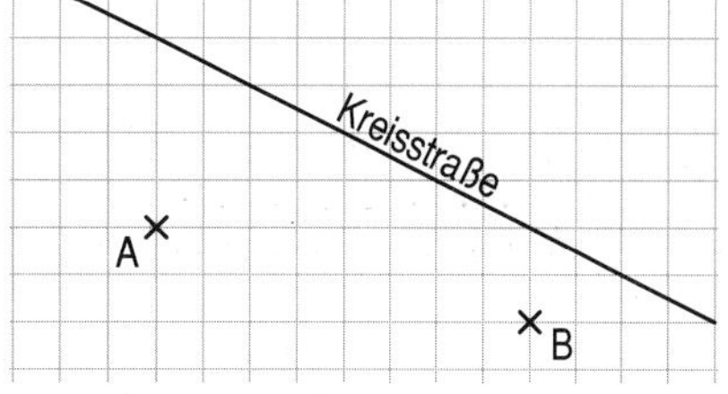

2. Konstruiere die Mittelsenkrechte zur Strecke $\overline{AB}$.

a) $\overline{AB} = 6$ cm b) $\overline{AB} = 4{,}5$ cm c) $\overline{AB} = 7{,}7$ cm d) $\overline{AB} = 9{,}9$ cm e) $\overline{AB} = 8\frac{1}{2}$ cm

3. Ein Schatz wurde genau an der Stelle vergraben, die von den drei großen Eichen (A, B und C) gleich weit entfernt liegt. Übertrage die Schatzkarte und finde die Stelle, wo der Schatz vergraben ist.

4. Zeichne die Punkte A(1|0), B(7|1) und C(3|5) in ein Quadratgitter mit Gittereinheit 1 cm. Finde den Punkt M, der von A, B und C gleich weit entfernt ist.

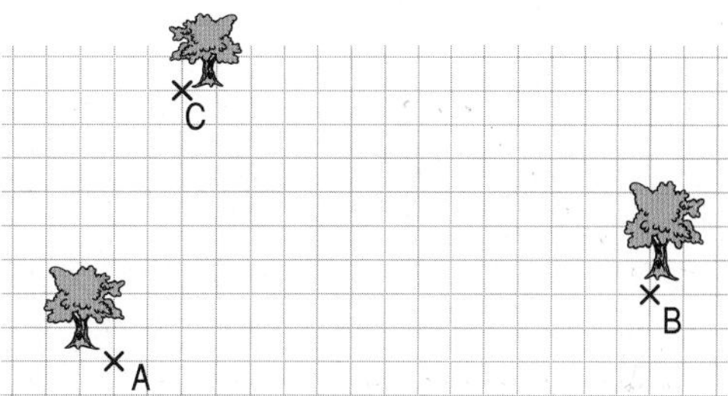

Winkelhalbierende

Die **Winkelhalbierende** w_α eines Winkels α ist die Symmetrieachse des Winkels.
Die Winkelhalbierende besteht aus allen Punkten, die von den Schenkeln des Winkels denselben Abstand haben.

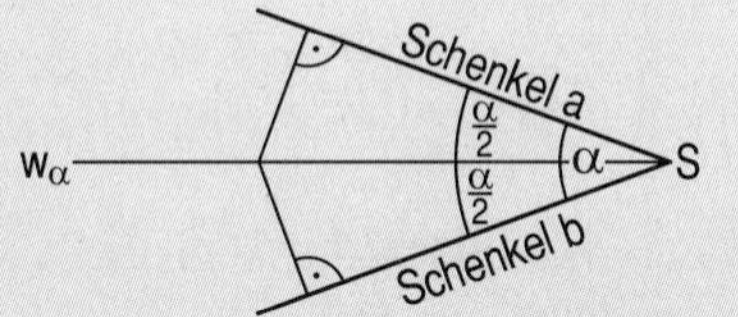

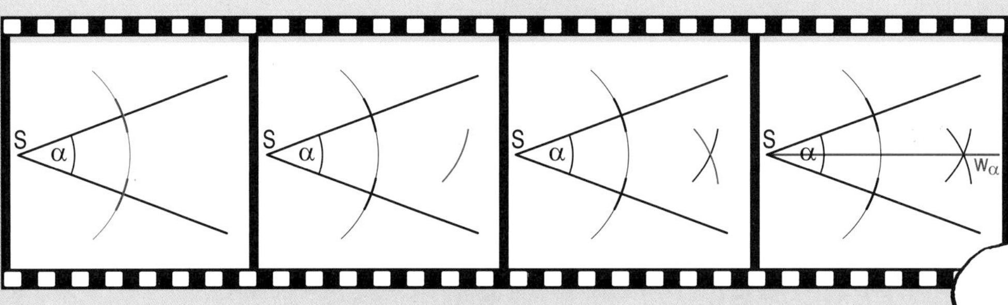

Aufgaben

1. Zeichne den Winkel α und die zugehörige Winkelhalbierende. Überprüfe das Ergebnis durch Messen.
a) $\alpha = 50°$ b) $\alpha = 25°$ c) $\alpha = 87°$ d) $\alpha = 125°$ e) $\alpha = 90°$

2. Zeichne den Winkel α mit dem Scheitelpunkt S und den Schenkeln durch P und Q in ein Quadratgitter (Gittereinheit 1 cm). Konstruiere die Winkelhalbierende des Winkels.
a) S(1|2) P(4|1) Q(5|3)   b) S(5|2) P(1|5) Q(1|0)   c) S(4|5) P(1|4) Q(7|1)

3. Eine Wasserleitung soll so zwischen zwei Straßen verlegt werden, dass sie zu beiden Straßen stets denselben Abstand hat.
a) Übertrage ins Heft und konstruiere.
b) 400 m von der Gabelung der Straßen entfernt: Wie groß ist hier der Abstand der Wasserleitung von den beiden Straßen?

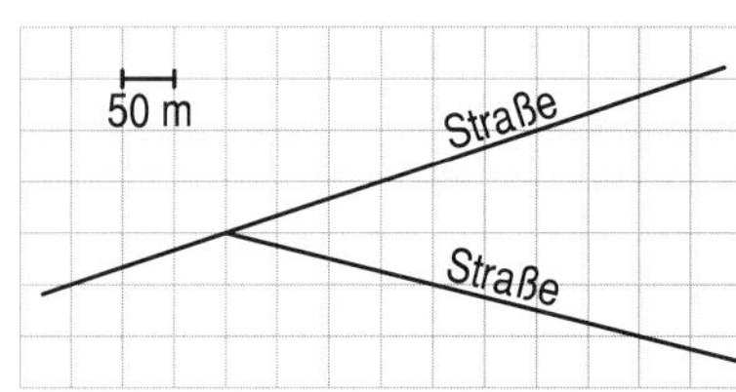

4. Drei geradlinig verlaufende Waldwege begrenzen eine Dreiecksfläche (siehe nebenstehende Skizze).
Eine Schülergruppe bekommt die Aufgabe, denjenigen Punkt zu finden, der von allen drei Waldwegen denselben Abstand hat.

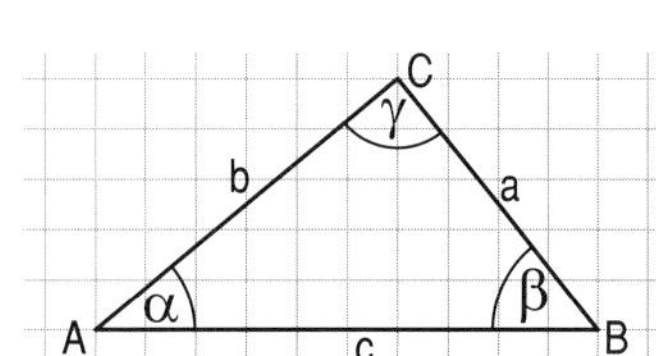

Suchspiel im Landschulheim

Im Landschulheim führt die 7. Klasse eine Schatzsuche durch.
Um das Versteck des Landschulheimschatzes zu ermitteln, musst du den Plan auf Transparentpapier oder ein kariertes DIN-A4-Blatt übertragen.

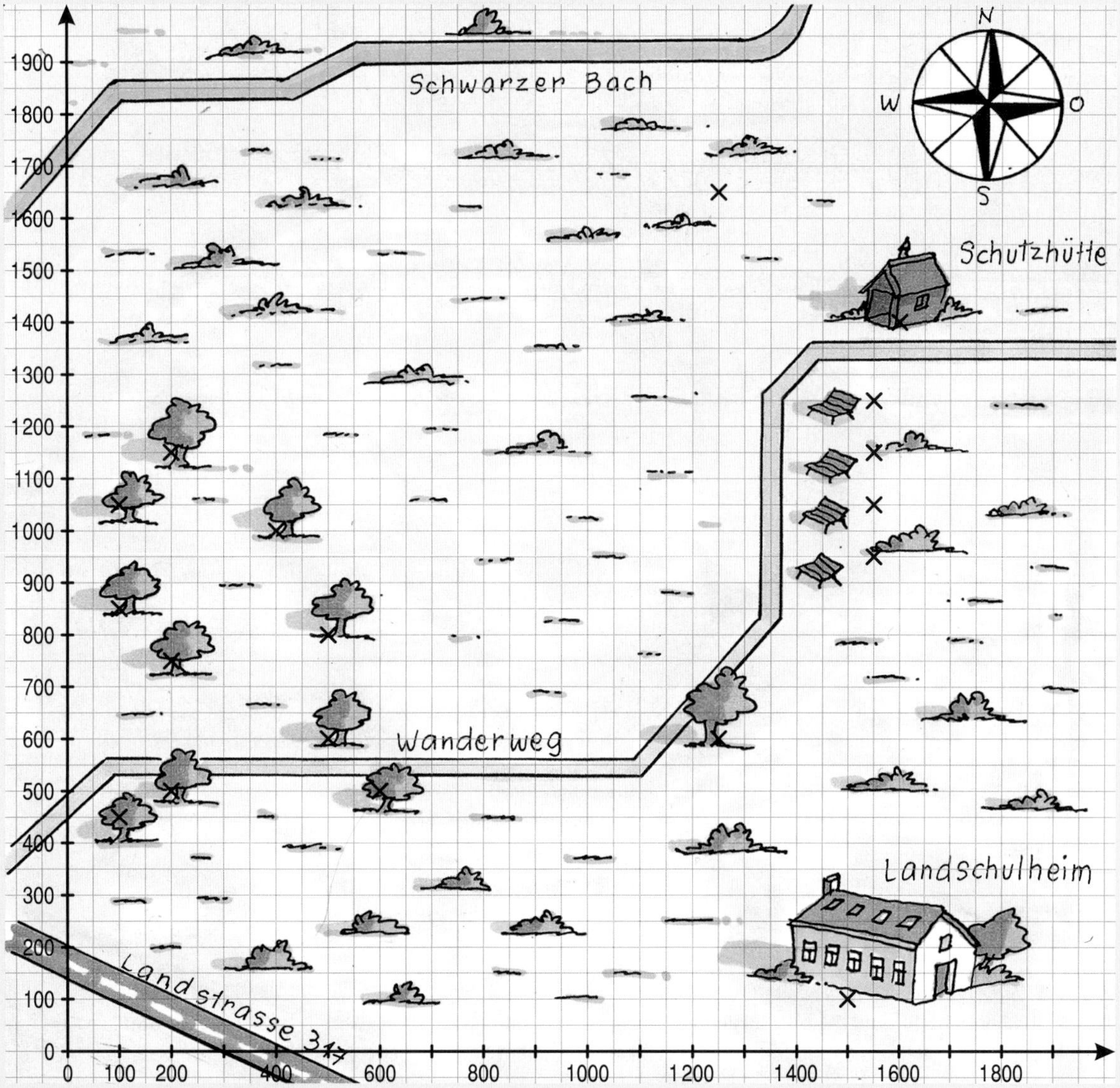

Schwarzer Bach

N
W
O
S

Schutzhütte

Wanderweg

Landschulheim

Landstrasse 317

1900
1800
1700
1600
1500
1400
1300
1200
1100
1000
900
800
700
600
500
400
300
200
100
0

0 100 200 400 600 800 1000 1200 1400 1600 1800

1. Gehe vom Landschulheim 500 m in westlicher Richtung.
2. Gehe anschließend parallel zur Landstraße 317, bis du auf eine Eiche triffst. 
3. Von dort aus musst du senkrecht zu deinem letzten Weg gehen, bis du auf den Schwarzen Bach triffst.
4. Gehe den halben Weg bis zur Schutzhütte und ruhe dich aus.
5. Frisch erholt musst du von deinem Rastplatz aus auf der Mittelsenkrechten zur Strecke Schwarzer Bach – Schutzhütte so lange gehen, bis du auf den Wanderweg triffst.
6. Gehe auf der Winkelhalbierenden zwischen deinem letzten Weg und dem Weg Richtung Osten bis zu einer Bank. 
7. Gehe nach Westen; du triffst auf eine Eiche. Im Gebüsch neben der Eiche ist der Landschulheim-Schatz.

Benennung von Dreiecken

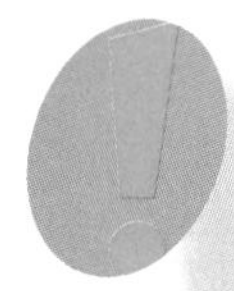

Beim Konstruieren von Dreiecken ist es sinnvoll, zuerst eine **Planfigur** (Skizze) zu zeichnen, bei der alle gegebenen Seiten und Winkel gefärbt werden.

In der Regel werden dabei Dreiecke folgendermaßen benannt:
- **Eckpunkte** (gegen den Uhrzeigersinn) mit Großbuchstaben **A, B, C**
- **Seiten** nach der gegenüberliegenden Ecke mit dem entsprechenden Kleinbuchstaben **a, b, c**
- **Winkel** mit den griechischen Buchstaben α, β, γ

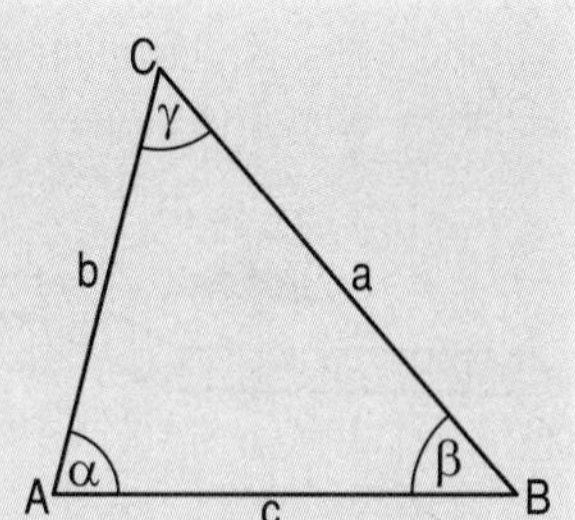

(1) gegeben: a = 5,0 cm, b = 3,5 cm, c = 6,0 cm — Planfigur:

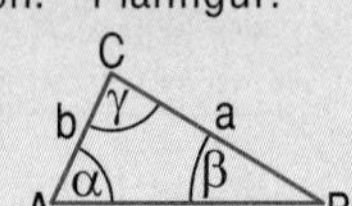

(2) gegeben: a = 5,0 cm, b = 3,5 cm, γ = 54° — Planfigur:

(3) gegeben: c = 6,0 cm, α = 60°, β = 72° — Planfigur:

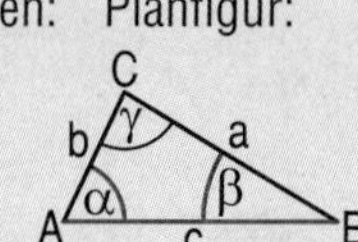

Aufgaben

1. Bei der Benennung wurde gegen die üblichen Regeln verstoßen. Was müsste geändert werden? Skizziere.

a) 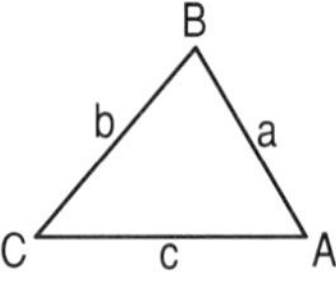

b) 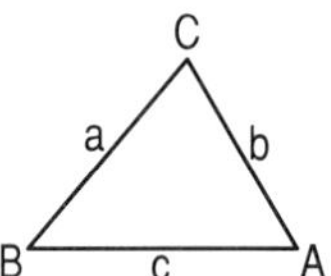

c) 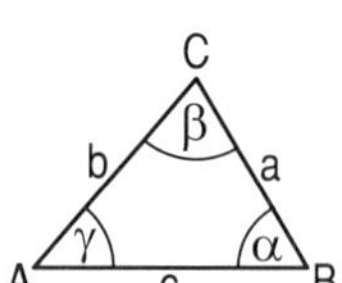

d) 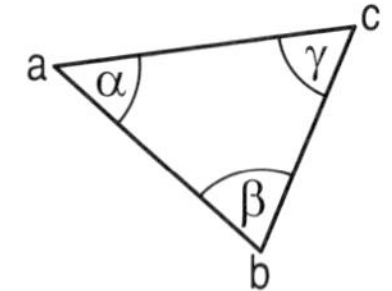

2. Skizziere das Dreieck im Heft und vervollständige die Benennung.

a) 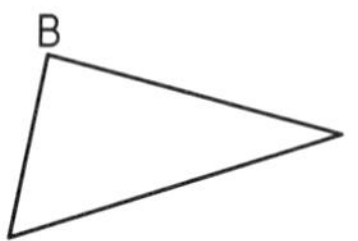

b) 

c) 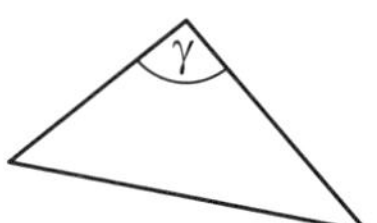

d) 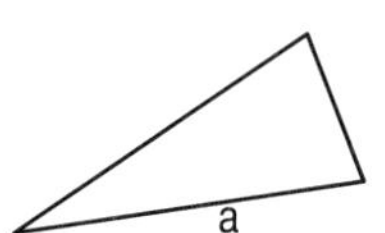

3. *Partnerarbeit:* Zeichne zwei verschiedene Dreiecke ins Heft und benenne sie. Miss die Seiten und Winkel deiner Dreiecke und notiere die Messergebnisse. Tausche dann das Heft mit deinem Sitznachbarn und miss bei dessen Dreiecken die Seiten und die Winkel. Vergleicht anschließend eure Messergebnisse.

4. Welche Stücke sind in der abgebildeten Planfigur gegeben?

a) 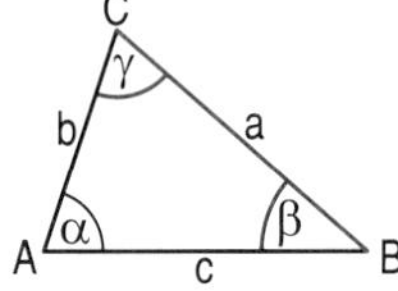

b) 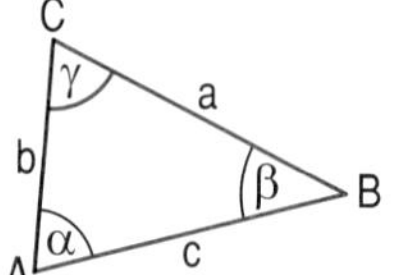

c) 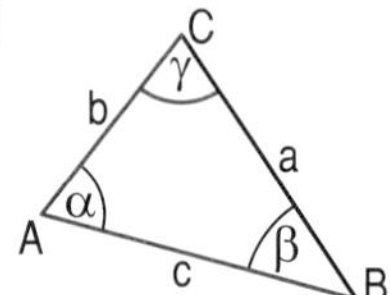

d) 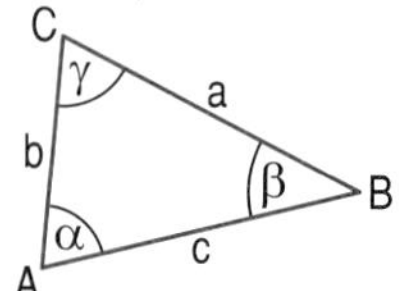

5. Fertige zu den gegebenen Stücken des Dreiecks eine Planfigur an.

a) a = 3 cm, b = 4 cm, c = 5 cm
b) c = 6 cm, α = 45°, β = 65°
c) b = 5,2 cm, γ = 49°, α = 81°
d) a = 6,8 cm, c = 6,1 cm, α = 70°
e) a = 6 cm, c = 5 cm, β = 90°

Übertragen von Dreiecken

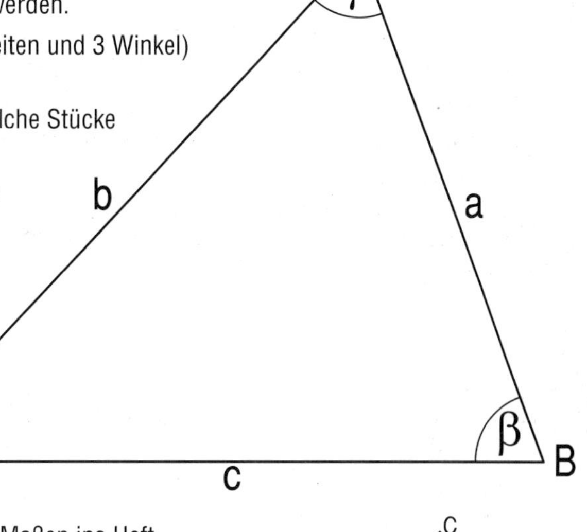

1. Das abgebildete Dreieck soll ins Heft übertragen werden.

a) Miss zunächst alle 6 Stücke des Dreiecks (3 Seiten und 3 Winkel) und notiere sie im Heft.

b) Übertrage das Dreieck ins Heft und notiere, welche Stücke du zum Übertragen verwendet hast.

c) Versuche das Dreieck zu übertragen, indem du benutzt:
- zwei Seiten (z. B. a, b)
- eine Seite und einen Winkel (z. B. c, α)
- drei Winkel (α, β, γ)

(d) Wie viele Stücke benötigt man zum Übertragen des Dreiecks? Wie viele davon müssen Seiten sein?

2. Übertrage das Dreieck ABC mit den angegebenen Maßen ins Heft, indem du verwendest:

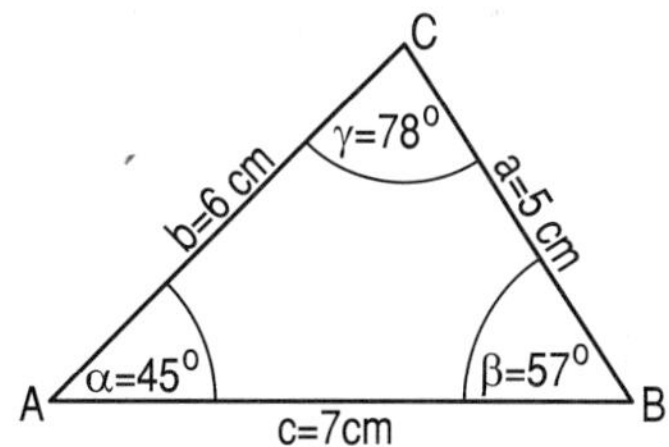

a) Eine Seite und die beiden anliegenden Winkel (z. B. c, α, β)

b) Zwei Seiten und den eingeschlossenen Winkel (z. B. b, c, α)

c) Alle drei Seiten (a, b, c)

d) Zwei Seiten und einen gegenüberliegenden Winkel (z. B. a, c, γ)

3. Erläutere die Abkürzungen WSW, SWS, SSS, SSW für die Lage der gegebenen Stücke zueinander.

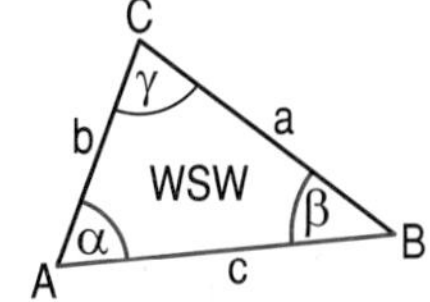

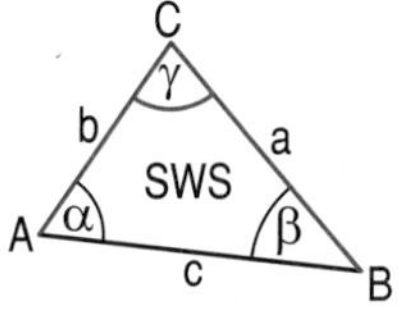

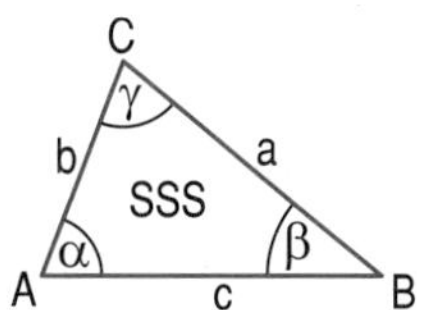

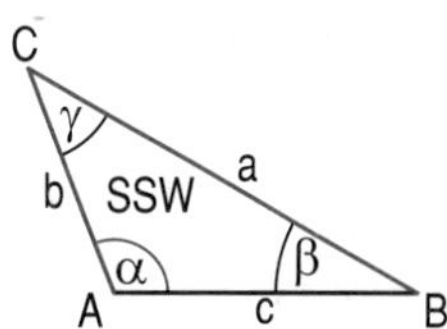

4. Aus den folgenden Seiten und Winkeln soll ein Dreieck konstruiert werden. Zeichne eine Planfigur und gib an, welche der vier Grundaufgaben (WSW, SWS, SSS, SSW) vorliegt.

a) a = 5 cm; b = 4 cm, γ = 67°
b) a = 4,5 cm; β = 57°; γ = 43°
c) a = 7 cm; b = 5 cm; c = 4 cm
d) a = 5,3 cm; b = 6,2 cm; β = 61°
e) b = 6 cm; α = 92°; γ = 41°
f) a = 4,5 cm; b = 4 cm; c = 3 cm
g) b = 5 cm; c = 7 cm; α = 60°
h) a = 7,2 cm; c = 7,2 cm; β = 60°
i) c = 5,3 cm; α = 44°; β = 61°

5. Von einem Dreieck sind 2 Stücke bekannt. Gib an, welches zusätzliche Stück gegeben sein muss, damit das Dreieck konstruiert werden kann. Manchmal sind mehrere Antworten möglich.

a) b; c b) α; β c) β; c d) γ; a e) β; γ f) a; b g) b; α h) a; β

6. Mit den folgenden Maßangaben können drei Dreiecke nicht gezeichnet werden, obwohl drei Seiten gegeben sind. Gib an, welche Dreiecke nicht gezeichnet werden können, und begründe deine Antwort.

(1) a = 3 cm b = 4 cm c = 10 cm
(2) a = 7 cm b = 3 cm c = 4 cm
(3) a = 5 cm b = 6 cm c = 7 cm
(4) a = 8,1 cm b = 4,3 cm c = 3,7 cm

Dreieckskonstruktionen (WSW)

Wenn man von einem Dreieck eine Seite und die zwei anliegenden Winkel kennt, kann man das Dreieck eindeutig konstruieren. Kurzform: **WSW**

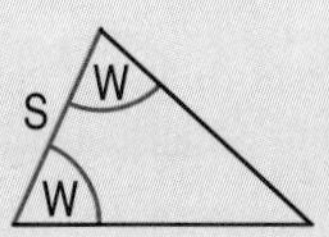

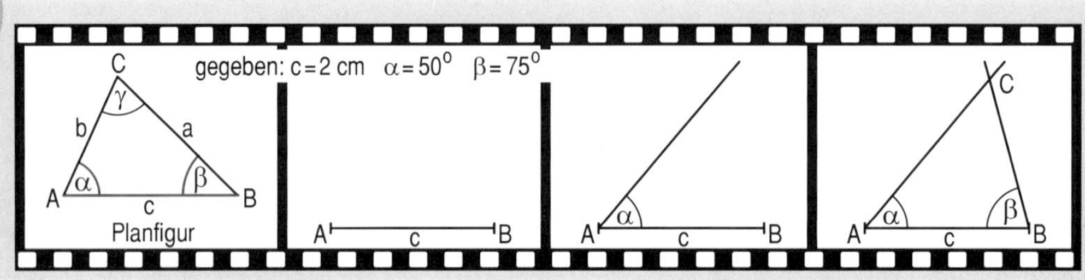

Aufgaben

1. Konstruiere das Dreieck ABC. Fertige zunächst eine Planfigur an. Miss nach Fertigstellung des Dreiecks die nicht gegebenen Seiten und Winkel und vergleiche mit den Ergebnissen deiner Mitschüler.

a) $c = 6$ cm	b) $a = 6$ cm	c) $b = 4{,}5$ cm	d) $c = 8$ cm	e) $b = 3{,}5$ cm
$\alpha = 45°$	$\beta = 40°$	$\alpha = 63°$	$\alpha = 32°$	$\alpha = 93°$
$\beta = 65°$	$\gamma = 70°$	$\gamma = 51°$	$\beta = 48°$	$\gamma = 40°$

2. Nach der vorliegenden Planfigur soll ein Dreieck konstruiert und eine *Konstruktionsbeschreibung* angefertigt werden. Bringe dazu die Konstruktionsschritte in die richtige Reihenfolge.

gegeben:
$b = 5{,}5$ cm
$\alpha = 44°$
$\gamma = 80°$

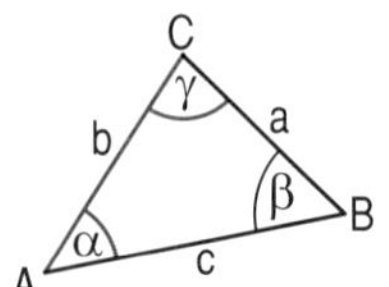

Schnittpunkt B nennen.

In C den Winkel $\gamma = 80°$ antragen.

Die Strecke $\overline{AC}$ ($b = 5{,}5$ cm) zeichnen.

In A den Winkel $\alpha = 44°$ antragen.

3. Die Entfernung zwischen zwei Berggipfeln A und B beträgt 3,2 km. Von A aus sieht man den Gipfel B und einen weiteren Gipfel C unter dem Sehwinkel von 52°, von B aus sieht man die Gipfel A und C unter dem Sehwinkel von 43°.
Wie weit ist der Gipfel C von den Gipfeln A und B jeweils entfernt? Zeichne im Maßstab 1 : 100 000 (1 cm für 1 km).

4. Die Höhe eines freistehenden Baumes soll mithilfe eines Theodoliten bestimmt werden.
Dazu wird eine waagerechte Strecke von 50 m abgemessen. Mit dem Theodoliten misst man $\alpha = 42°$.
Zeichne im Maßstab 1 : 1 000 und ermittle die Höhe des Baumes. Berücksichtige dabei, dass sich der Theodolit 1,5 m über dem Boden befindet.

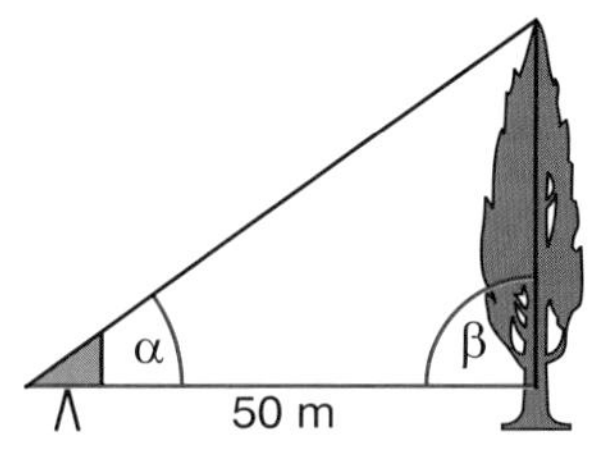

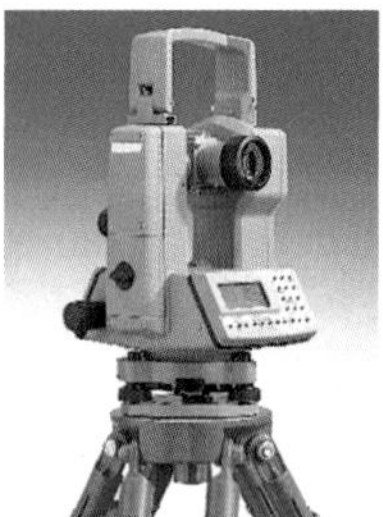

5. Warum lässt sich aus $c = 6{,}5$ cm; $\alpha = 90°$; $\beta = 105°$ kein Dreieck konstruieren?

Dreieckskonstruktionen (SWS)

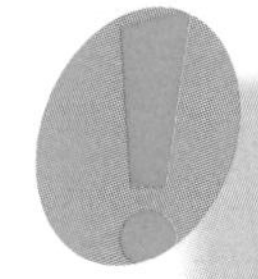

Wenn man von einem Dreieck zwei Seiten und den eingeschlossenen Winkel kennt, kann man das Dreieck eindeutig konstruieren. Kurzform: **SWS**

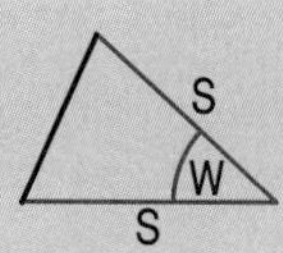

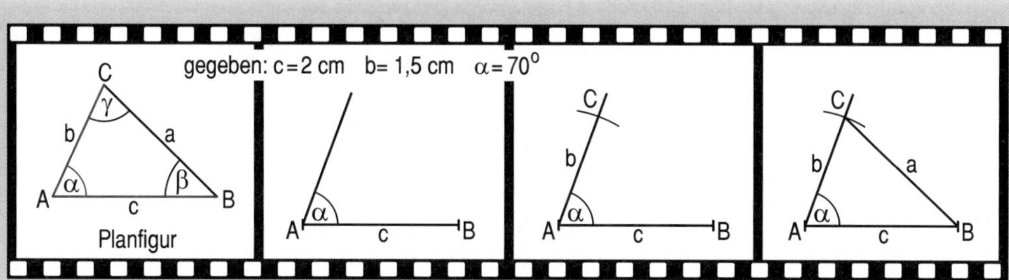

Aufgaben

1. Wie heißt der Winkel zwischen den beiden Dreiecksseiten? a) a und b b) a und c c) b und c

2. Nach der vorliegenden Planfigur soll ein Dreieck konstruiert und eine Konstruktionsbeschreibung angefertigt werden. Bringe dazu die Konstruktionsschritte in die richtige Reihenfolge.

gegeben:
$b = 6{,}5$ cm
$c = 5{,}2$ cm
$\alpha = 80°$

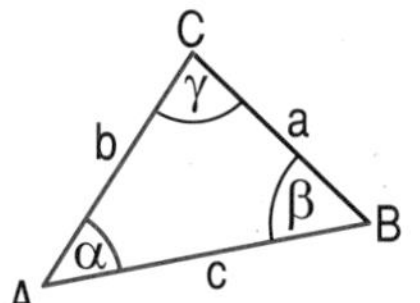

B und C verbinden.

Kreisbogen um A mit Radius b = 6,5 cm zeichnen; man erhält C.

In A den Winkel $\alpha = 80°$ antragen.

Die Strecke $\overline{AB}$ (c = 5,2 cm) zeichnen.

3. Konstruiere das Dreieck ABC. Fertige zunächst eine Planfigur an. Miss nach Fertigstellung des Dreiecks die nicht gegebenen Seiten und Winkel und vergleiche mit den Ergebnissen deiner Mitschüler.

a) $b = 4{,}5$ cm, $c = 7$ cm, $\alpha = 73°$
b) $a = 5{,}8$ cm, $c = 4{,}6$ cm, $\beta = 57°$
c) $a = 7$ cm, $b = 8$ cm, $\gamma = 35°$
d) $b = 6{,}8$ cm, $c = 6{,}8$ cm, $\alpha = 45°$
e) $a = 5$ cm, $b = 5$ cm, $\gamma = 90°$

4. Um die Länge eines Sees zu bestimmen, werden die Punkte A und C vom Punkt B aus angepeilt. Für β misst man 78°. Konstruiere das Dreieck im Maßstab 1 : 10 000 (1 cm für 100 m) und ermittle die Länge des Sees.

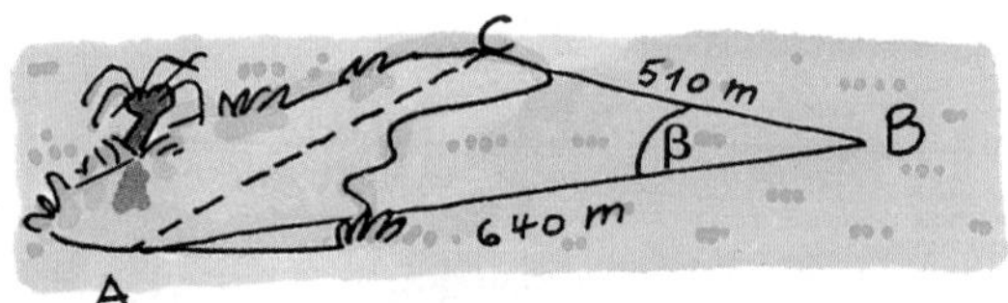

5. Das obere Ende einer Leiter berührt die Hauswand in einer Höhe von 5,50 m. Ihr unteres Ende hat 2,10 m Abstand vom Haus. Wie lang ist die Leiter?

6. Unter welchem Winkel α gegen die Horizontale sieht man die Spitze eines 45 m hohen Turmes aus einer Entfernung von 60 m bei einer Augenhöhe von 2 m?

Dreieckskonstruktionen (SSS)

Wenn man von einem Dreieck drei Seiten kennt, kann man das Dreieck eindeutig konstruieren. Kurzform: **SSS**

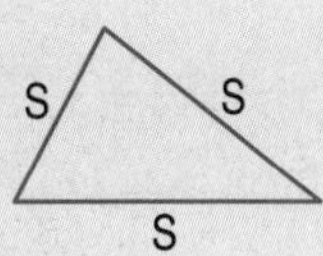

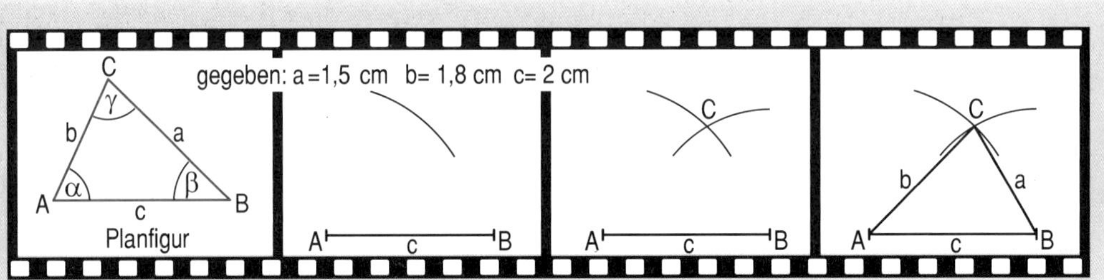

Aufgaben

1. Nach der vorliegenden Planfigur soll ein Dreieck konstruiert und eine Konstruktionsbeschreibung angefertigt werden. Bringe dazu die Konstruktionsschritte in die richtige Reihenfolge.

gegeben:
a = 6,5 cm
b = 5,2 cm
c = 7,1 cm

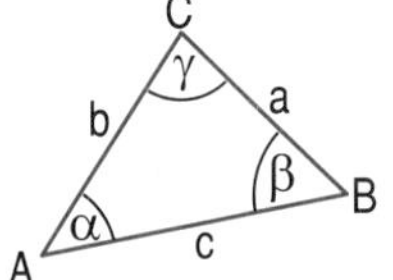

- 5 A und C sowie B und C verbinden.
- 2 Kreisbogen um A mit Radius b = 5,2 cm zeichnen.
- 3 Kreisbogen um B mit Radius a = 6,5 cm zeichnen.
- 1 Die Strecke $\overline{AB}$ (c = 7,1 cm) zeichnen.
- 4 Schnittpunkt der Kreisbögen mit C benennen.

2. Konstruiere das Dreieck ABC. Miss die Größe der Dreieckswinkel und vergleiche mit den Ergebnissen deiner Mitschüler.

a)	b)	c)	d)	e)
a = 4,5 cm	a = 5,8 cm	a = 7 cm	a = 6,3 cm	a = 3,2 cm
b = 7 cm	b = 4,6 cm	b = 8 cm	b = 6,8 cm	b = 4,3 cm
c = 6,2 cm	c = 8,4 cm	c = 6 cm	c = 6,0 cm	c = 5,4 cm

3. Zeichne möglichst viele verschiedene Dreiecke mit jeweils drei der vier Seitenlängen 8 cm, 5 cm, 4 cm und 3 cm. Welche Bedingung muss erfüllt sein, damit ein Dreieck aus drei Seitenlängen gezeichnet werden kann?

4. Konstruiere das Dreieck ABC. Was fällt dir auf?

a)	b)	c)	d)	e)
a = 3 cm	a = 5 cm	a = 3 cm	a = 6 cm	a = 6 cm
b = 2 cm	b = 5 cm	b = 4 cm	b = 6 cm	b = 10 cm
c = 8 cm	c = 5 cm	c = 5 cm	c = 4 cm	c = 4 cm

5. Die Entfernungen zwischen drei Kirchtürmen A, B und C betragen $\overline{AB}$ = 6,3 km, $\overline{BC}$ = 4,8 km und $\overline{AC}$ = 8,1 km. Unter welchem Sehwinkel sieht man vom Kirchturm A aus die beiden anderen?

6. Bei einer Segelregatta sind 3 Bojen A, B und C zu umsegeln. Bestimme mit einer Zeichnung die Winkel, um die an den Wendebojen die Fahrtrichtung zu ändern ist.

Winkelsumme im Dreieck

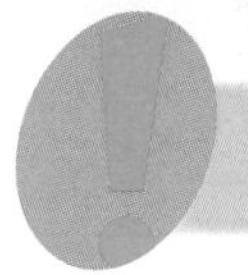

In jedem Dreieck ist die Winkelsumme 180°: $\alpha + \beta + \gamma = 180°$

Aufgaben

1. Bestimme den fehlenden Winkel.

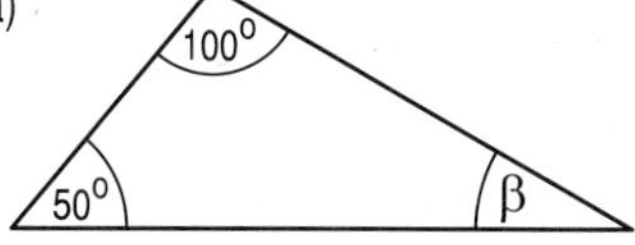

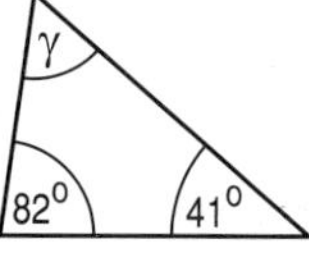

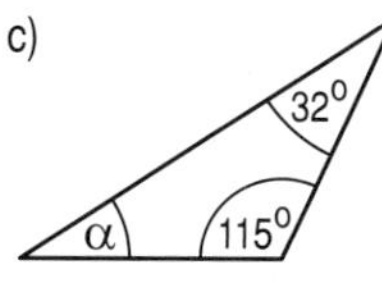

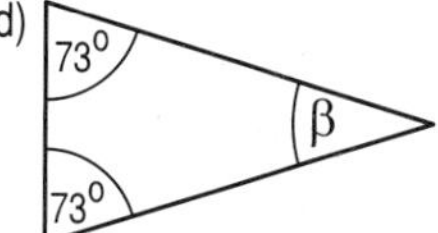

2. Berechne den fehlenden Winkel.

	a)	b)	c)	d)	e)	f)	g)	h)
α	80°		46°	50°	104°		147°	89°
β	30°	55°		50°	39°	68°		
γ		44°	75°			83°	22°	59°

3. Berechne den fehlenden Winkel im rechtwinkligen Dreieck.

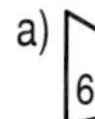
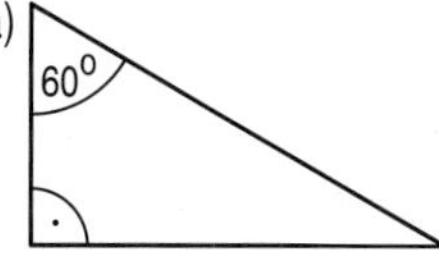

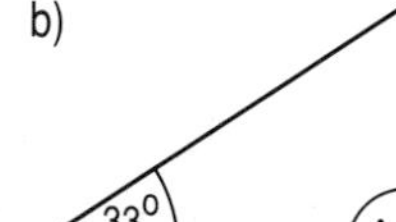

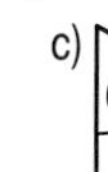
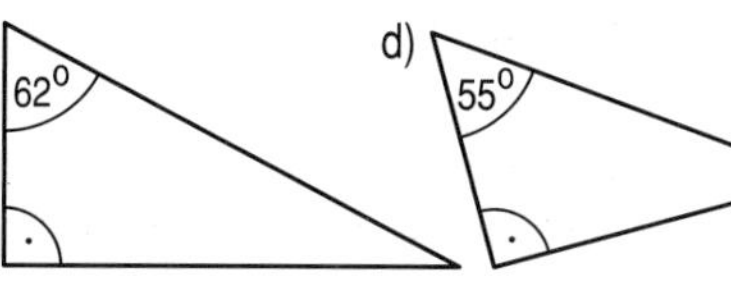

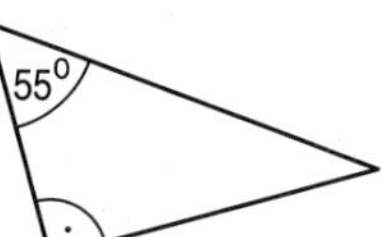

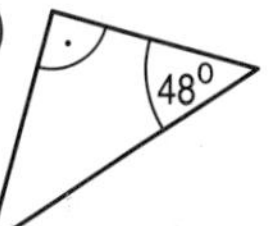

4. Berechne den rot gefärbten Winkel.

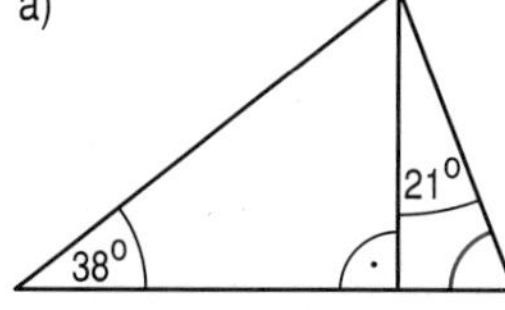

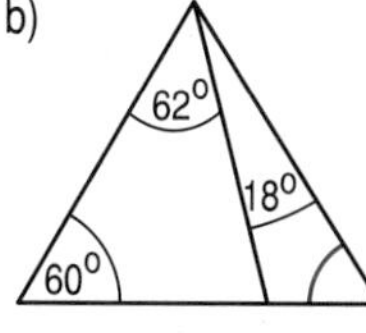

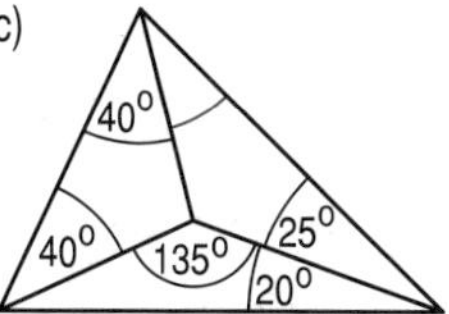

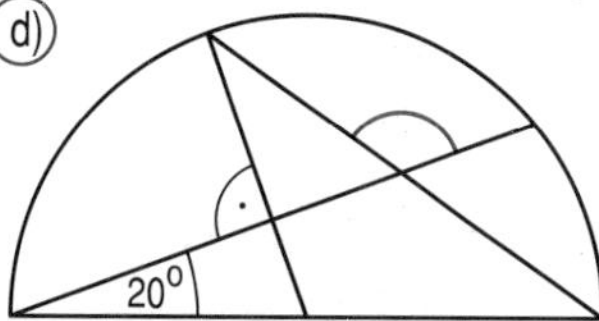

5. a) Übertrage das Viereck ins Heft und miss die Winkel α, β, γ, δ. Welche Winkelsumme erhältst du?

(b) Wenn du die Strecke $\overline{AC}$ einzeichnest, erhältst du zwei Dreiecke. Begründe damit: Die Winkelsumme im Viereck ist genau 360°.

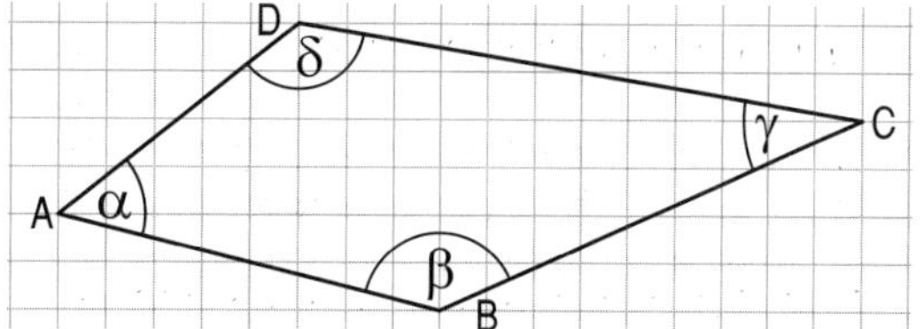

Dreieckstypen

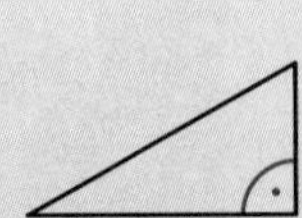

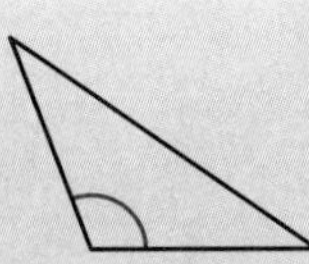

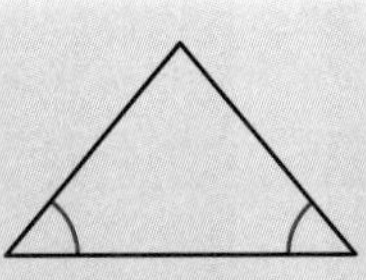

spitzwinklig	**rechtwinklig**	**stumpfwinklig**	**gleichschenklig**	**gleichseitig**
Alle drei Winkel sind kleiner als 90°.	Ein Winkel ist 90° groß.	Ein Winkel ist größer als 90°.	Zwei Basiswinkel sind gleich groß; zwei Seiten sind gleich lang.	Jeder Winkel ist 60° groß; alle Seiten sind gleich lang.

Aufgaben

1. Welche Dreieckstypen erkennst du?

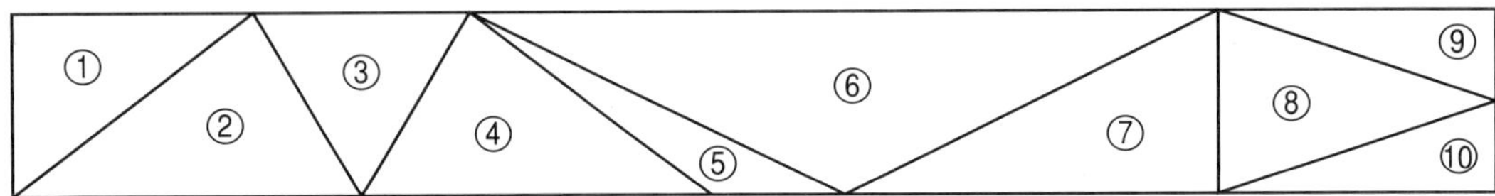

2. Um welche Dreieckstypen handelt es sich?

	a)	b)	c)	d)	e)	f)	g)	h)
α	90°	70°	45°	60°	105°	33°	1°	89°
β	30°	55°	90°	60°	35°	66°	2°	56°
γ	60°	55°	45°	60°	40°	81°	177°	35°

3. Stelle fest, welcher Typ von Dreieck vorliegt. Zeichne dazu das Dreieck aus den gegebenen Stücken.

a) a = 5 cm; b = 5 cm; c = 5 cm b) c = 6 cm; α = 40°, β = 40° c) a = 7 cm; b = 7 cm; γ = 90°
d) b = 4 cm; c = 6 cm; α = 105° e) a = 4 cm; b = 5 cm; c = 3 cm f) c = 6 cm; α = 55°; β = 65°

4. Zeichne das gleichseitige Dreieck. Zeichne anschließend alle Symmetrieachsen ein.

a) a = 4,1 cm b) c = 64 mm c) b = 5,6 cm (d) a + b + c = 14,1 cm

5. Zeichne das gleichschenklige Dreieck. Zeichne anschließend die Symmetrieachse ein.

a) a = b = 5 cm; γ = 50° b) c = 5 cm; α = β = 42° c) b = c = 4,8 cm; α = 45°

6. a)

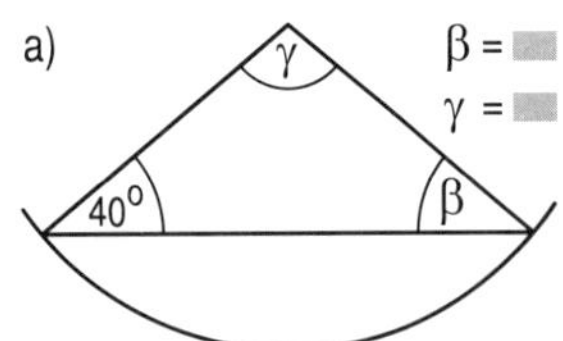

b)

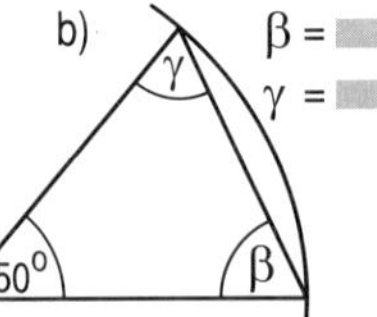

c)

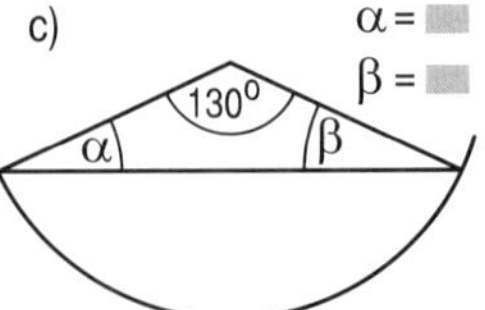

d)

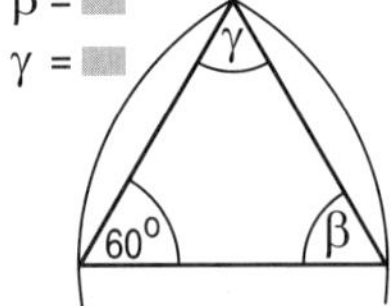

7. Wie viele gleichschenklige Dreiecke enthält die Figur? Wie viele dieser Dreiecke sind sogar gleichseitig?

a)

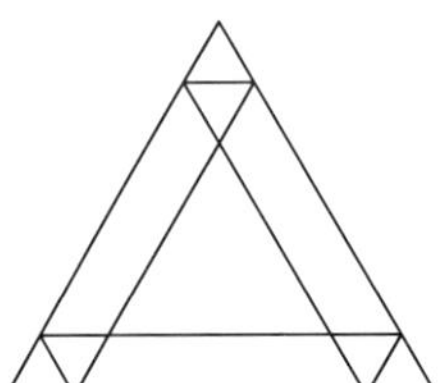

b)

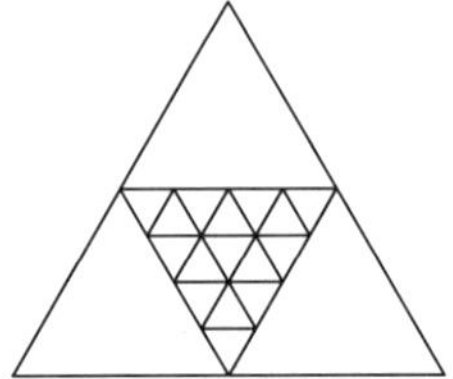

Vermischte Aufgaben

1. Konstruiere das Dreieck. Fertige zuerst eine Planfigur an.

a) a = 6,6 cm, b = 7,7 cm, c = 8,8 cm
b) a = 6,8 cm, b = 5,6 cm, γ = 55°
c) a = 7 cm, β = 80°, γ = 60°
d) a = 4,3 cm, b = 7,8 cm, c = 6,5 cm
e) α = 45°, β = 69°, c = 5,4 cm

2. Welche Dreiecke lassen sich nicht konstruieren? Begründe deine Antwort.

(1) a = 4,5 cm, b = 7 cm, c = 2,5 cm
(2) a = 9,8 cm, b = 3,6 cm, c = 4,4 cm
(3) α = 110°, β = 90°, c = 6 cm
(4) a = 6,3 cm, b = 6,8 cm, c = 6,0 cm
(5) a = 7,5 cm, b = 5,5 cm, γ = 30°

3. Bestimme durch Zeichnung die gesuchte Größe.

a) gesucht: $\overline{QR}$

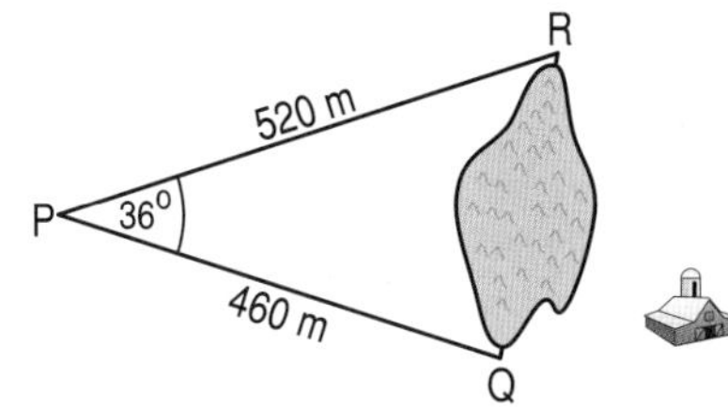

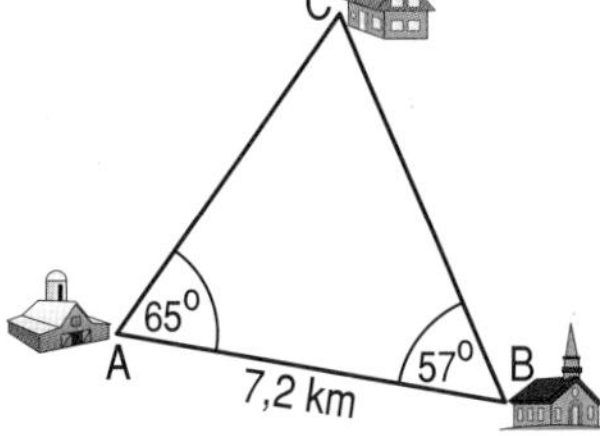

b) gesucht: $\overline{BC}$

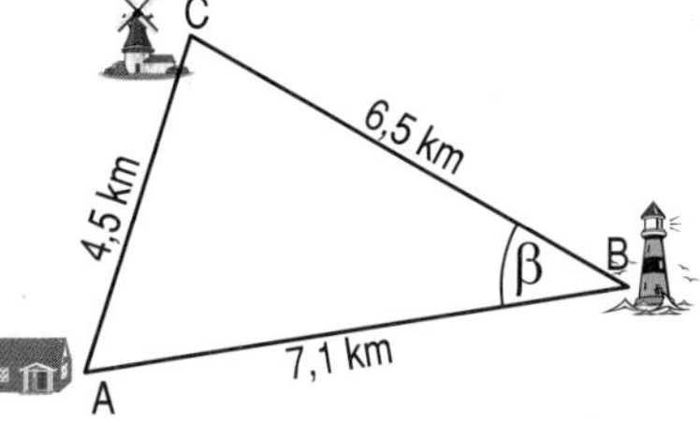

4. Wie hoch ist ein Turm, der einen 25 m langen Schatten wirft, wenn die Sonnenstrahlen unter einem Winkel von 55° auf den Erdboden treffen?

5. Unter welchem Höhenwinkel α sieht man aus 1 km Entfernung die Spitze des Kölner Doms?

zu 4.

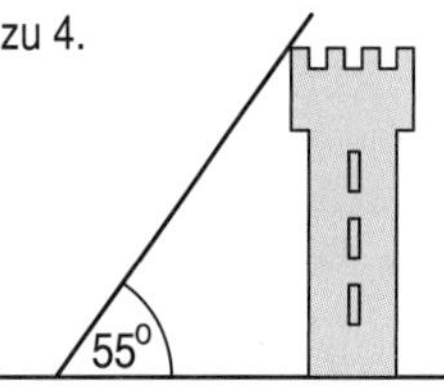

zu 5.

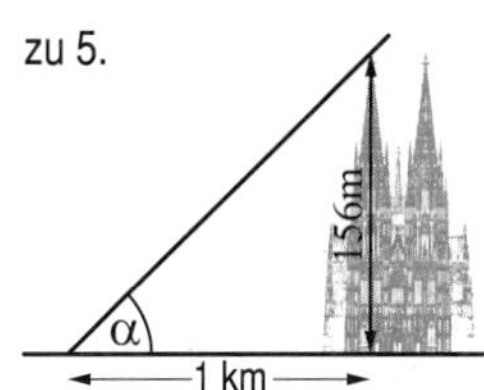

6. Um welchen Dreieckstyp handelt es sich bei der vorliegenden Planfigur? Berechne die fehlenden Winkel.

a)

b)
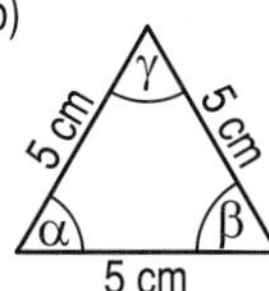

c)
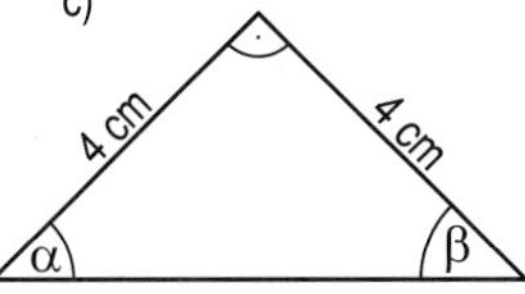

d)
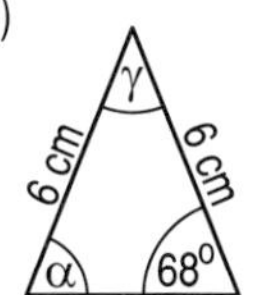

e)
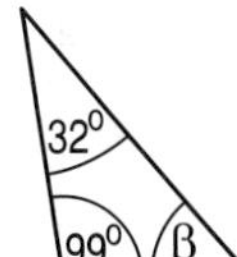

7. a)
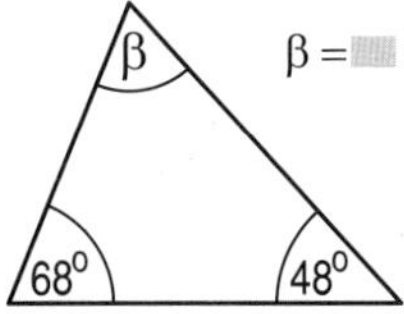

β = ▒

b)
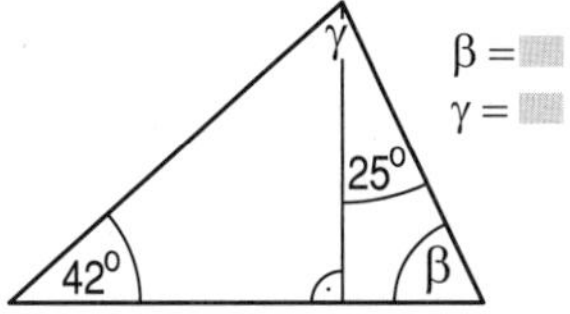

β = ▒
γ = ▒

ⓒ
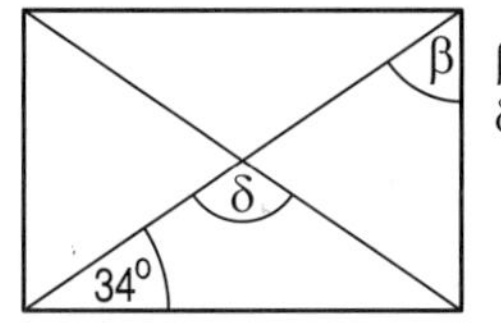

β = ▒
δ = ▒

8. Bestimme für das gleichschenklige Dreieck mit c als Basis die fehlenden Winkel.

a) α = 43° b) β = 76° c) γ = 22° d) β = 5° e) γ = 118°

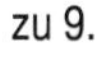

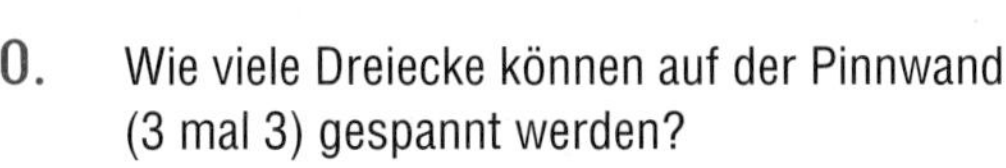

9. Wie viele Dreiecke findest du in der Figur? Schätze zuerst, zähle dann genau.

10. Wie viele Dreiecke können auf der Pinnwand (3 mal 3) gespannt werden?

zu 9.

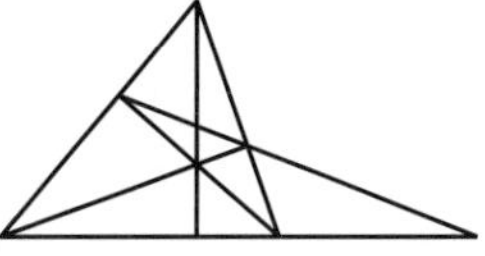

zu 10.

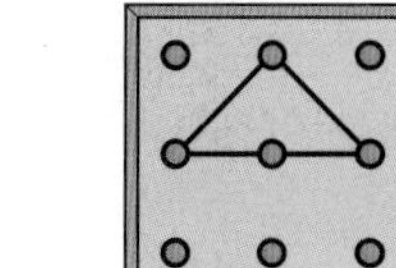

1. Zeichne die Strecke $\overline{AB}$ und konstruiere die zugehörige Mittelsenkrechte.
   a) $\overline{AB} = 5$ cm b) $\overline{AB} = 7{,}7$ cm

2. Zeichne den Winkel α und konstruiere die zugehörige Winkelhalbierende.
   a) $\alpha = 36°$ b) $\alpha = 83°$ c) $\alpha = 127°$

3. Aus den gegebenen Stücken lässt sich ein Dreieck konstruieren. Zeichne die Planfigur und gib an welche Grundaufgabe vorliegt (WSW, SWS, SSS).
   a) a = 8 cm; b = 6,5 cm; c = 5,8 cm
   b) c = 6 cm; $\alpha = 48°$; $\beta = 75°$
   c) a = 3,9 cm; b = 5,3 cm; $\gamma = 70°$
   d) b = 4,4 cm; $\alpha = 57°$; $\gamma = 84°$

4. Konstruiere das Dreieck. Fertige zunächst eine Planfigur an.
   a) b = 6 cm; c = 8 cm; $\alpha = 41°$
   b) b = 8 cm; $\alpha = 50°$; $\gamma = 70°$
   c) a = 7,5 cm; b = 6 cm; c = 8 cm
   d) a = 7,8 cm; b = 6,2 cm; $\gamma = 87°$

5. Berechne den fehlenden Dreieckswinkel.

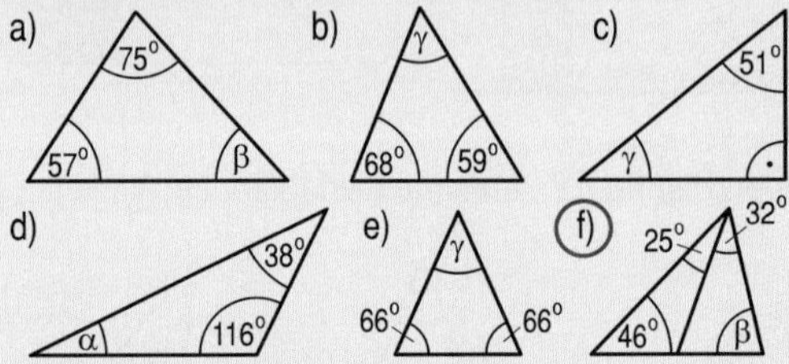

6. Welcher Dreieckstyp liegt vor?
   a) a = 6 cm; b = 6 cm; c = 6 cm
   b) $\alpha = 90°$; $\beta = 35°$; $\gamma = 55°$
   c) a = 7 cm; b = 7 cm; c = 8 cm
   d) $\alpha = 124°$; $\beta = 33°$; $\gamma = 23°$
   e) $\alpha = 40°$; $\beta = 40°$; $\gamma = 100°$
   f) $\alpha = 55°$; $\beta = 60°$; $\gamma = 65°$
   g) $\alpha = 52°$; $\beta = 76°$; $\gamma = 52°$

7. Zeichne das Dreieck und seine Symmetrieachsen.
   a) gleichseitiges Dreieck mit a = b = c = 6,5 cm
   b) gleichschenkliges Dreieck mit
      a = b = 7 cm; $\gamma = 42°$

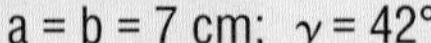

Mittelsenkrechte **Winkelhalbierende**

S_1, A, B, S_2, g; S, α, w_α

Dreieckskonstruktionen

Zuerst eine Planfigur zeichnen!

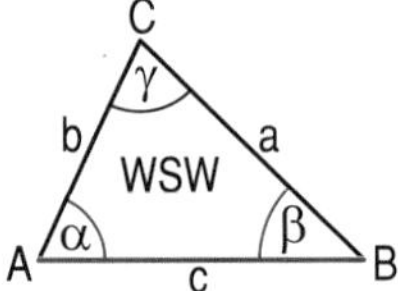

1. Strecke $\overline{AB}$ zeichnen
2. Winkel α und β antragen

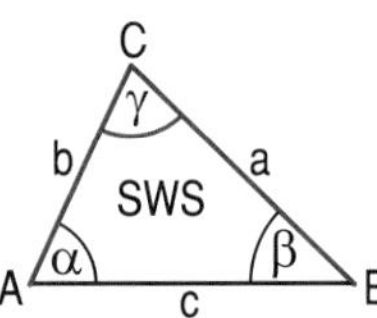

1. Strecke $\overline{BC}$ zeichnen
2. Winkel γ an $\overline{BC}$ antragen
3. Strecke $\overline{AC}$ abtragen

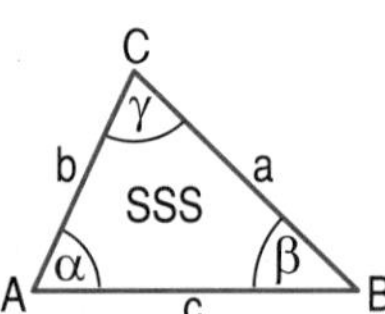

1. Strecke $\overline{AB}$ zeichnen
2. Kreisbogen um A mit Radius b
3. Kreisbogen um B mit Radius a

Winkelsumme im Dreieck

Im Dreieck beträgt die Summe der drei Winkel 180°.

$\alpha + \beta + \gamma = 180°$

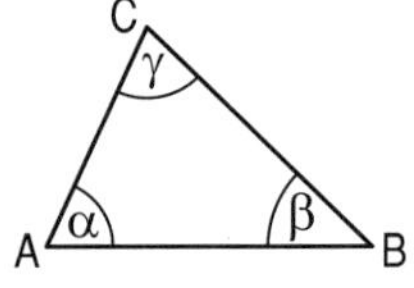

Dreieckstypen

spitzwinklig

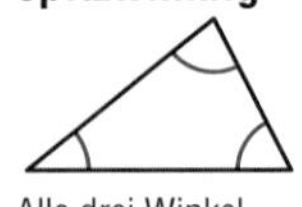

Alle drei Winkel sind kleiner als 90°.

stumpfwinklig

Ein Winkel ist größer als 90°.

rechtwinklig

Ein Winkel ist 90° groß.

gleichschenklig

Zwei Basiswinkel sind gleich groß, zwei Seiten gleich lang.

gleichseitig

Jeder Winkel ist 60° groß, alle Seiten sind gleich lang.

1. Übertrage das Dreieck ABC. Zeichne zu jeder Seite des Dreiecks die Mittelsenkrechte.

2. Übertrage das Dreieck ABC. Zeichne zu jedem Winkel des Dreiecks die Winkelhalbierende.

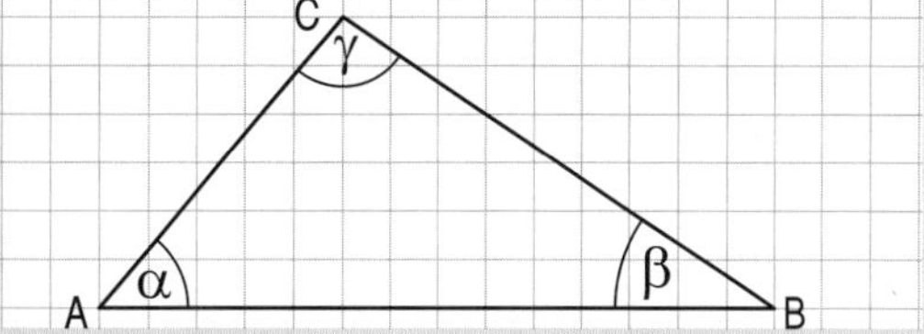

3. Fertige eine Planfigur an und konstruiere das Dreieck.

a) a = 4,5 cm; c = 5,5 cm; $\beta = 48°$
b) b = 5,4 cm; $\alpha = 41°$; $\gamma = 53°$
c) a = 5 cm; b = 6 cm; c = 4 cm
d) b = 6,9 cm; c = 4,7 cm; $\alpha = 100°$
e) c = 8,2 cm; $\alpha = 110°$; $\beta = 30°$
f) a = 6,3 cm; b = 7,0 cm; c = 5,5 cm

4. Zeichne das Dreieck und bestimme durch Messen die gesuchte Größe.

a) gesucht: $\overline{BC}$
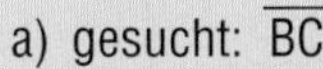
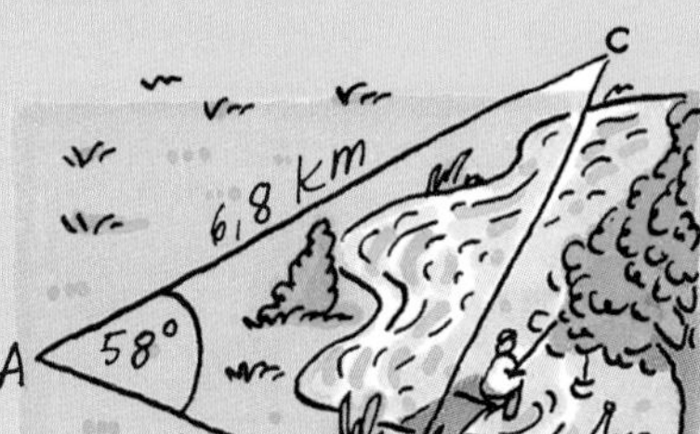

b) gesucht: α

c) gesucht: h

5. Konstruiere die Figur. Bestimme anschließend durch Messen den Winkel β.

a)
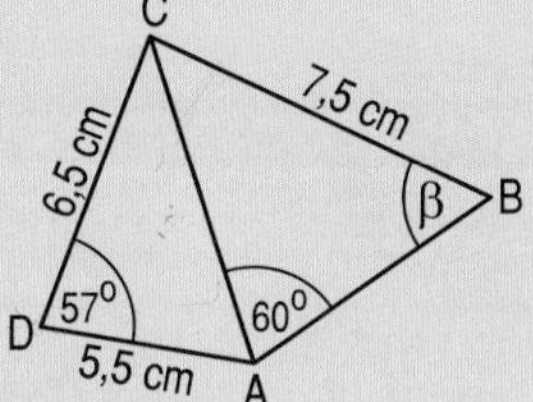

b)
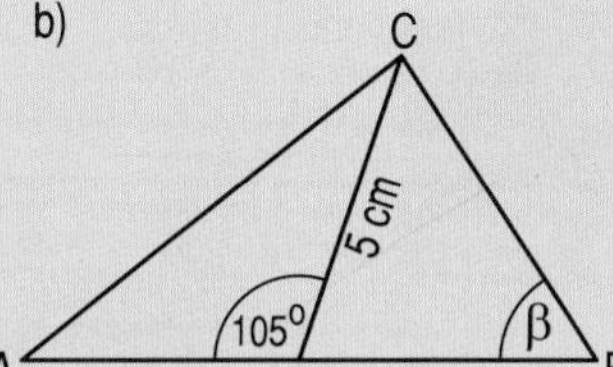

c)
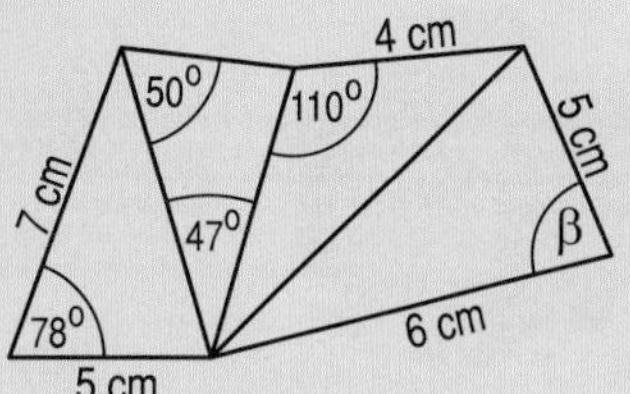

6. Übertrage das Dreieck ins Heft und benenne Ecken, Seiten und Winkel. Stelle fest, um welchen Dreieckstyp es sich handelt.

a)  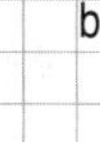
b) 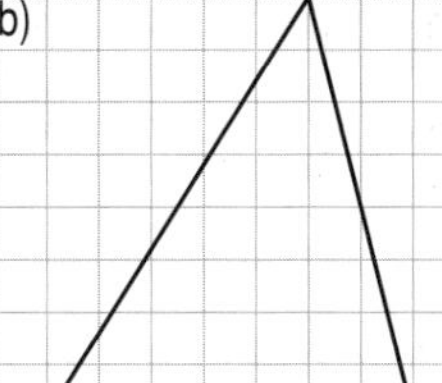
c) 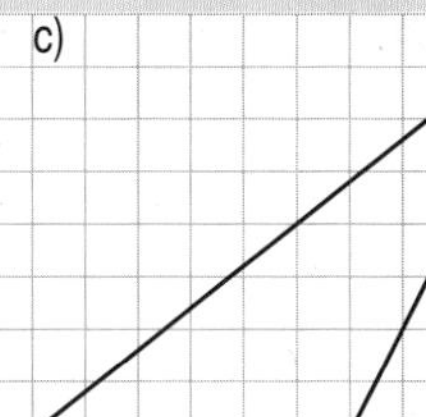
d) 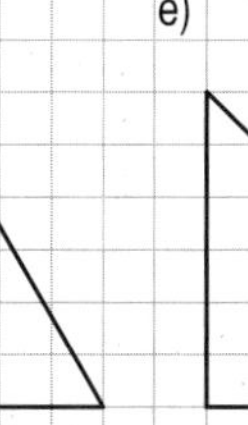
e) 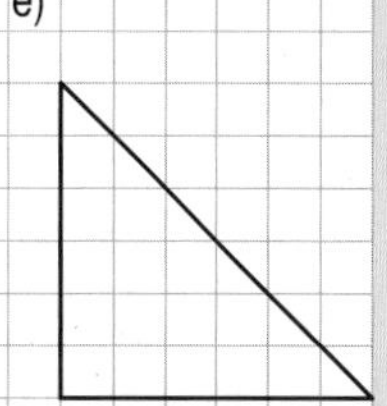

7. Berechne den rot gefärbten Winkel.

a)
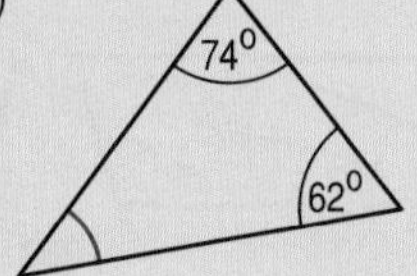

b)
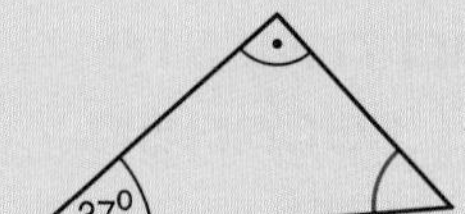

c)
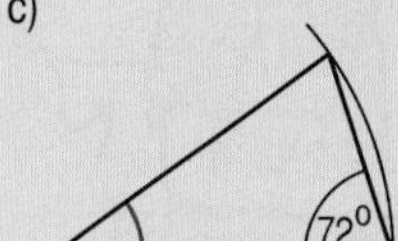

d)
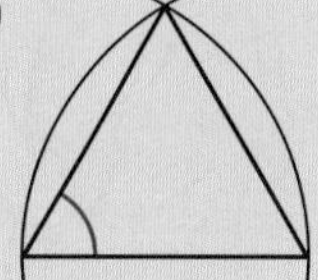

3 Bruchrechnung

Teppichboden Discount

Herrn
Heiner Müller
99999 Bruchhausen

Rechnung 28. 1. 99

38,8 m^2 Teppichboden
je m^2 29,95 €

ANKAUF	25. 1. 99
ENGL. £	
KURS	1,42 €
GEBÜHR	0,00 €
TOTAL	770,35 €

Aufwärmtraining Bruchrechnung

1 Erweitern und Kürzen

Beispiele:

$\frac{2}{9} = \frac{2 \cdot 4}{9 \cdot 4} = \frac{8}{36}$ $\frac{20}{35} = \frac{20:5}{35:5} = \frac{4}{7}$

Aufgaben:

Erweitere mit 7: $\frac{1}{2}$; $\frac{5}{9}$; $\frac{7}{10}$; $\frac{3}{5}$

Kürze so weit wie möglich: $\frac{5}{10}$; $\frac{10}{12}$; $\frac{8}{40}$; $\frac{60}{90}$

Zähler: 1; 1; 2; 5; 7; 21; 35; 49

Nenner: 2; 3; 5; 6; 14; 35; 63; 70

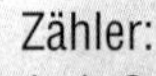

2 Addition und Subtraktion von Brüchen

Beispiele:

$\frac{1}{2} + \frac{7}{4} = \frac{2}{4} + \frac{7}{4} = \frac{2+7}{4} = \frac{9}{4} = 2\frac{1}{4}$

$6\frac{2}{3} - 4\frac{1}{4} = 6\frac{8}{12} - 4\frac{3}{12} = 2\frac{8-3}{12} = 2\frac{5}{12}$

Aufgaben:

a) $\frac{3}{4} + \frac{2}{5}$ b) $\frac{5}{6} - \frac{3}{4}$ c) $\frac{5}{8} - \frac{3}{10}$

d) $\frac{1}{12} + \frac{1}{10}$ e) $\frac{2}{5} + 1\frac{1}{3}$ f) $2\frac{7}{8} - 1\frac{3}{4}$

$\frac{11}{60}$ $1\frac{1}{8}$ $\frac{13}{40}$ $1\frac{3}{20}$ $\frac{1}{12}$ $1\frac{11}{15}$

Jch habe richtig gerechnet!

3 Multiplikation: Bruch mal natürliche Zahl

Beispiele:

$\frac{5}{8} \cdot 7 = \frac{5 \cdot 7}{8} = \frac{35}{8} = 4\frac{3}{8}$

$1\frac{1}{3} \cdot 5 = \frac{4}{3} \cdot 5 = \frac{4 \cdot 5}{3} = \frac{20}{3} = 6\frac{2}{3}$

Aufgaben:

a) $\frac{3}{5} \cdot 8$ b) $7 \cdot \frac{9}{10}$ c) $2\frac{5}{8} \cdot 3$

d) $5 \cdot 1\frac{1}{3}$ e) $4 \cdot 1\frac{2}{5}$ f) $\frac{5}{7} \cdot 9$

Lösungen:

$4\frac{4}{5}$

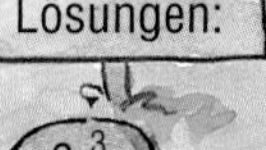

4 Division: Bruch durch natürliche Zahl

Beispiele:

$\frac{4}{9} : 5 = \frac{4}{9 \cdot 5} = \frac{4}{45}$

$3\frac{1}{4} : 2 = \frac{13}{4} : 2 = \frac{13}{4 \cdot 2} = \frac{13}{8} = 1\frac{5}{8}$

Aufgaben:

a) $\frac{3}{4} : 7$ b) $\frac{1}{6} : 8$ c) $\frac{12}{17} : 6$

d) $2\frac{1}{7} : 6$ e) $3\frac{2}{3} : 5$ f) $1\frac{2}{5} : 3$

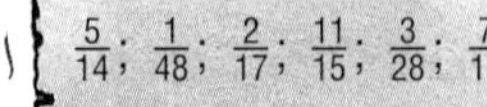

$\frac{5}{14}$; $\frac{1}{48}$; $\frac{2}{17}$; $\frac{11}{15}$; $\frac{3}{28}$; $\frac{7}{15}$

5 Bruch und Dezimalbruch

Ziffern der Ergebnisse
0 0 0 0 0 0 0 0 0 0 0 0
1 1 1 1 1 1 1 3 3 4
5 5 5 6 7 7 8

Beispiele:

100	10	1	$\frac{1}{10}$	$\frac{1}{100}$	$\frac{1}{1000}$
	2	7	0	3	

$27{,}03 = 27 + \frac{0}{10} + \frac{3}{100} = \frac{2703}{100}$

$1\frac{17}{20} = 1\frac{85}{100} = 1{,}85$ $\frac{3}{5} = 3 : 5 = 0{,}6$

Aufgaben:

1. Schreibe als Bruch:
   a) 4,5 b) 0,875 c) 3,07
   d) 0,06 e) 5,1 f) 0,03
2. Schreibe als Dezimalbruch:
   a) $\frac{17}{20}$ b) $\frac{3}{4}$ c) $\frac{13}{25}$
   d) $\frac{5}{8}$ e) $\frac{4}{5}$ f) $1\frac{19}{50}$

Jn 2. ist die Summe der Ergebnisse 4,925.

6 Runden von Dezimalbrüchen
Beispiele:
7,629 ≈ 7,63 (2 Stellen nach dem Komma)
5,035 ≈ 5,0 (1 Stelle nach dem Komma)
Aufgaben:
Runde auf 2 Stellen nach dem Komma:
a) 5,4192 b) 0,4948 c) 31,204
d) 0,7009 e) 20,085 f) 1,498
Die Summe der Ergebnisse ist 59,4.
Mir kam alles bekannt vor!
7 Addition und Subtraktion von Dezimalbrüchen
Beispiele:
57,683 + 9,42 = 67,103
240,26 − 89,317 = 150,943
Ordne die Lösungsbuchstaben, das größte Ergebnis zuerst. Du erhältst eine Sportart.
Aufgaben:
a) 71,39 + 4,8 A b) 18,9 + 45,803 N
c) 15,78 − 6,17 A d) 8,316 − 3,94 L
e) 64,217 + 16,92 H f) 27,7 + 3,615 D
g) 0,25 − 0,112 L h) 36,128 − 8,7 B
Beispiel:
15,18 : 6 = 2,53
12
31
30
18
18
Probe:
2,53 · 6
15,18
Ordne die Lösungsbuchstaben, das kleinste Ergebnis zuerst. Du erhälst ein Tier.
9 Division: Dezimalbruch durch natürliche Zahl
Aufgaben:
a) 211,5 : 9 Ä b) 252,98 : 7 R
c) 16,17 : 11 S d) 30,24 : 14 E
e) 32,04 : 8 N f) 7,62 : 12 A
g) 0,104 : 5 N h) 42,36 : 6 B
8 Multiplikation: Dezimalbruch mit natürlicher Zahl
Beispiele:
5,37 · 14 = □
Überschlag:
5 · 10 = 50
5,37 · 14
53 7
21 48
75,18
Aufgaben:
a) 0,151 · 7 b) 85,32 · 5
c) 7,931 · 4 d) 1,045 · 8
e) 51,68 · 18 f) 0,98 · 46
Die Summe aller Ziffern der Ergebnisse ist 100.

Multiplikation mit einem Bruch

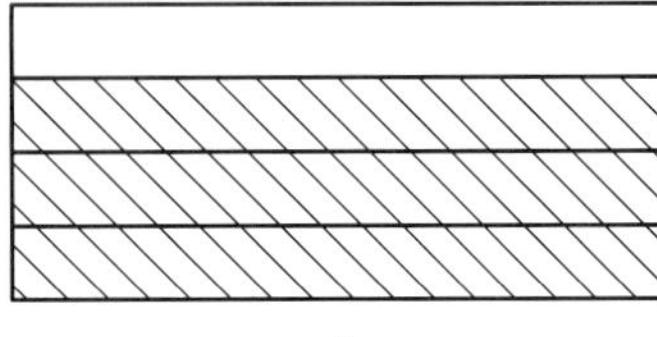

$\frac{3}{4}$

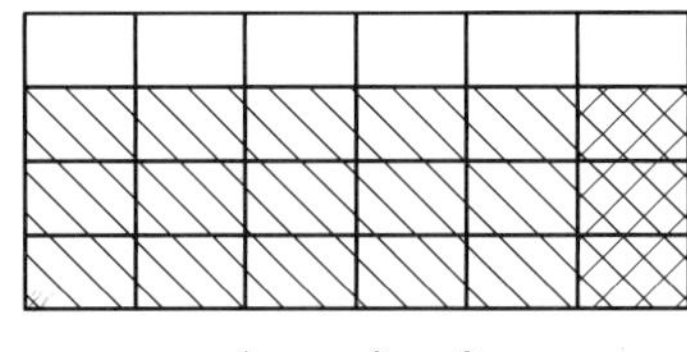

$\frac{1}{6}$ von $\frac{3}{4} = \frac{3}{24}$

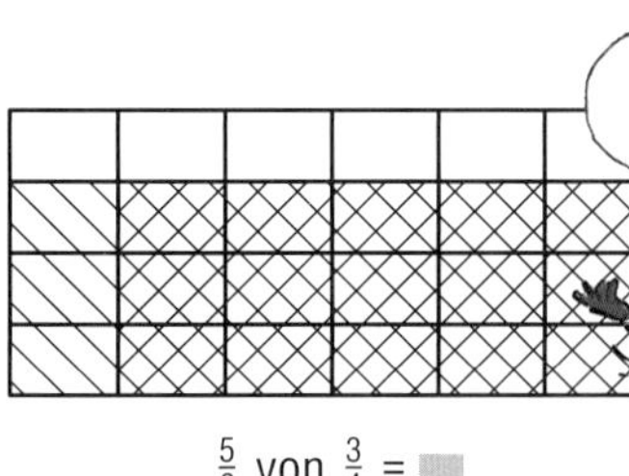

$\frac{5}{6}$ von $\frac{3}{4} =$ ▒

Man **multipliziert zwei Brüche** miteinander, indem man **Zähler mit Zähler** und **Nenner mit Nenner** multipliziert.

$\frac{2}{5} \cdot \frac{3}{7} = \frac{6}{35}$ $\quad$ $\frac{3}{8} \cdot \frac{4}{9} = \frac{12}{72} = \frac{1}{6}$ $\quad$ $\frac{9}{7} \cdot \frac{4}{5} = \frac{36}{35} = 1\frac{1}{35}$

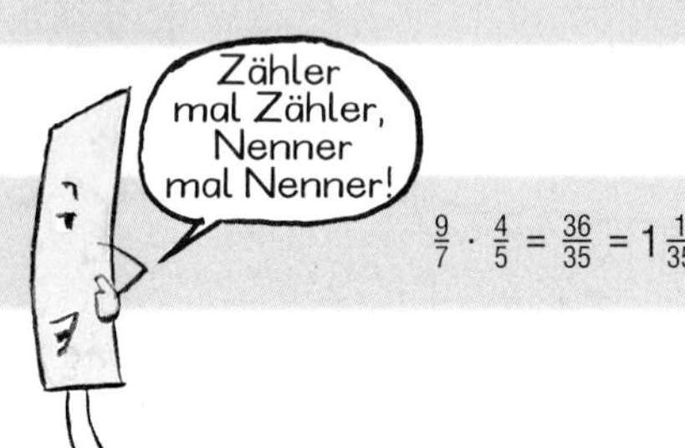

Aufgaben

1. Lies das Ergebnis ab. Löse auch durch Rechnung.

a)  $\frac{1}{4}$ von $\frac{2}{3}$

b) 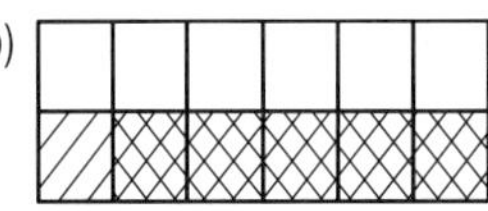 $\frac{5}{6}$ von $\frac{1}{2}$

c) 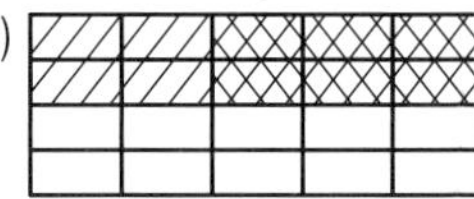 $\frac{3}{5}$ von $\frac{2}{4}$

2. Löse die Aufgabe zeichnerisch und rechnerisch. a) $\frac{2}{3} \cdot \frac{2}{5}$ b) $\frac{3}{8} \cdot \frac{2}{3}$ c) $\frac{3}{4} \cdot \frac{5}{6}$

3. a) $\frac{7}{9} \cdot \frac{2}{3}$ b) $\frac{3}{8} \cdot \frac{1}{4}$ c) $\frac{5}{9} \cdot \frac{7}{8}$ d) $\frac{3}{4} \cdot \frac{3}{5}$ e) $\frac{5}{6} \cdot \frac{7}{12}$ f) $\frac{6}{7} \cdot \frac{4}{5}$
g) $\frac{2}{5} \cdot \frac{7}{10}$ h) $\frac{3}{4} \cdot \frac{5}{8}$ i) $\frac{3}{10} \cdot \frac{3}{4}$ j) $\frac{1}{6} \cdot \frac{1}{8}$ k) $\frac{2}{5} \cdot \frac{3}{7}$ l) $\frac{2}{11} \cdot \frac{3}{5}$

4. a) $\frac{1}{4}$ von $\frac{5}{8}$ b) $\frac{3}{8}$ von $\frac{1}{8}$ c) $\frac{1}{3}$ von $\frac{2}{5}$ d) $\frac{1}{2}$ von $\frac{5}{7}$ e) $\frac{2}{3}$ von $\frac{4}{5}$ f) $\frac{5}{6}$ von $\frac{1}{4}$
g) $\frac{7}{8}$ von $\frac{1}{2}$ h) $\frac{6}{7}$ von $\frac{4}{5}$ i) $\frac{5}{12}$ von $\frac{1}{6}$ j) $\frac{4}{9}$ von $\frac{7}{11}$ k) $\frac{3}{8}$ von $\frac{11}{13}$ l) $\frac{6}{7}$ von $\frac{20}{23}$

5. Kürze das Ergebnis.
a) $\frac{2}{7} \cdot \frac{3}{10}$ b) $\frac{3}{5} \cdot \frac{5}{6}$ c) $\frac{1}{2} \cdot \frac{2}{3}$ d) $\frac{3}{4} \cdot \frac{2}{3}$ e) $\frac{8}{9} \cdot \frac{3}{4}$ f) $\frac{6}{7} \cdot \frac{1}{3}$

6. Wandle zuerst die gemischte Zahl in die reine Bruchschreibweise um. Dann rechne aus.

$2\frac{3}{8} \cdot 1\frac{1}{5} = \frac{19}{8} \cdot \frac{6}{5} = \frac{19 \cdot 6}{8 \cdot 5} = \ldots$

a) $1\frac{1}{3} \cdot 1\frac{1}{4}$ b) $2\frac{1}{2} \cdot \frac{3}{5}$ c) $4\frac{2}{3} \cdot 1\frac{1}{2}$ d) $2\frac{3}{4} \cdot 2\frac{1}{2}$ e) $1\frac{2}{5} \cdot 1\frac{3}{4}$ f) $3\frac{1}{2} \cdot 2\frac{1}{2}$

7. Rechne die Aufgaben wie Ute und Kemal und vergleiche.
a) $\frac{5}{12} \cdot \frac{7}{10}$ b) $\frac{8}{15} \cdot \frac{9}{16}$ c) $\frac{16}{25} \cdot \frac{5}{12}$ d) $\frac{18}{26} \cdot \frac{13}{27}$

Ute: $\frac{5}{8} \cdot \frac{9}{20} = \frac{45}{160} = \frac{9}{32}$

Kemal: $\frac{5}{8} \cdot \frac{9}{20} = \frac{{}^{1}\cancel{5} \cdot 9}{8 \cdot \cancel{20}_{4}} = \frac{9}{32}$

8. Kürze schon vor dem Ausrechnen.
a) $\frac{5}{9} \cdot \frac{27}{35}$ b) $\frac{7}{12} \cdot \frac{9}{10}$ c) $\frac{5}{8} \cdot \frac{16}{45}$ d) $\frac{12}{17} \cdot \frac{34}{60}$ e) $\frac{24}{25} \cdot \frac{15}{16}$ f) $\frac{28}{32} \cdot \frac{48}{52}$

(9.) a) $2\frac{2}{5} \cdot 5\frac{5}{6}$ b) $3\frac{1}{3} \cdot 3\frac{3}{4}$ c) $3\frac{3}{7} \cdot 4\frac{3}{8}$ d) $3\frac{3}{4} \cdot 2\frac{7}{9}$ e) $2\frac{2}{9} \cdot 1\frac{7}{8}$ f) $6\frac{6}{7} \cdot 2\frac{11}{12}$

Division durch einen Bruch

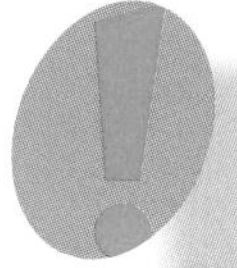

Man **dividiert durch einen Bruch**, indem man mit seinem **Kehrbruch** multipliziert.

$\frac{2}{5} : \frac{8}{11} = \frac{2}{5} \cdot \frac{11}{8} = \frac{{}^{1}\cancel{2} \cdot 11}{5 \cdot \cancel{8}_{4}} = \frac{11}{20}$

Kehrbruch

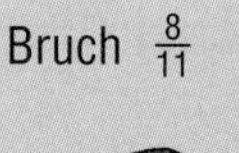

Bruch $\frac{8}{11}$ Kehrbruch $\frac{11}{8}$

Aufgaben

1. a) $\frac{5}{6} : \frac{2}{3}$ b) $\frac{3}{4} : \frac{5}{6}$ c) $\frac{8}{5} : \frac{6}{5}$ d) $\frac{5}{8} : \frac{3}{4}$ e) $\frac{6}{11} : \frac{2}{5}$ f) $\frac{2}{7} : \frac{3}{5}$
g) $\frac{5}{9} : \frac{4}{7}$ h) $\frac{9}{10} : \frac{2}{3}$ i) $\frac{7}{8} : \frac{1}{5}$ j) $\frac{6}{7} : \frac{3}{8}$ k) $\frac{5}{9} : \frac{5}{11}$ l) $\frac{7}{9} : \frac{3}{5}$

2. Kürze vor dem Ausrechnen.
a) $\frac{33}{10} : \frac{11}{12}$ b) $\frac{28}{5} : \frac{7}{9}$ c) $\frac{45}{46} : \frac{9}{23}$ d) $\frac{4}{35} : \frac{8}{7}$ e) $\frac{35}{52} : \frac{10}{13}$ f) $\frac{20}{63} : \frac{8}{9}$
g) $\frac{1}{13} : \frac{3}{52}$ h) $\frac{6}{15} : \frac{24}{25}$ i) $\frac{45}{49} : \frac{20}{28}$ j) $\frac{35}{12} : \frac{45}{15}$ k) $\frac{63}{54} : \frac{18}{21}$ l) $\frac{25}{55} : \frac{75}{77}$

3. Wandle vor dem Rechnen in die reine Bruchschreibweise um.
a) $3\frac{1}{2} : \frac{3}{5}$ b) $\frac{5}{7} : 2\frac{1}{2}$ c) $\frac{1}{6} : 2\frac{1}{8}$ d) $1\frac{3}{7} : \frac{5}{6}$ e) $\frac{7}{9} : 3\frac{1}{3}$ f) $5\frac{1}{2} : \frac{2}{5}$

4. a) $10 : \frac{3}{4}$ b) $5 : \frac{8}{9}$ c) $7 : \frac{21}{22}$ d) $6 : \frac{12}{13}$
e) $\frac{7}{9} : 2$ f) $\frac{2}{3} : 4$ g) $\frac{66}{7} : 11$ h) $\frac{25}{7} : 5$

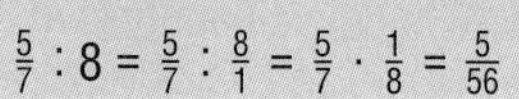

$3 : \frac{4}{5} = \frac{3}{1} \cdot \frac{5}{4} = \frac{15}{4} = 3\frac{3}{4}$

$\frac{5}{7} : 8 = \frac{5}{7} : \frac{8}{1} = \frac{5}{7} \cdot \frac{1}{8} = \frac{5}{56}$

5. Berechne, wie oft die eine Größe in der anderen Größe enthalten ist.
a) $\frac{1}{4}$ m in $\frac{5}{4}$ m b) $\frac{1}{6}$ *l* in $4\frac{5}{6}$ *l*
c) $\frac{3}{4}$ kg in $4\frac{1}{2}$ kg d) $\frac{5}{8}$ g in $4\frac{1}{2}$ g

Wie oft sind $\frac{3}{8}$ m in $5\frac{1}{4}$ m enthalten?

$5\frac{1}{4}\text{ m} : \frac{3}{8}\text{ m} = 5\frac{1}{4} : \frac{3}{8} = \frac{21}{4} : \frac{3}{8} = \frac{21}{4} \cdot \frac{8}{3} = 14$

6. Wie viele $\frac{2}{100}$-*l*-Gläser kann ein Gastwirt aus einer $\frac{7}{10}$-*l*-Flasche füllen?

7. Marens Mutter füllt $19\frac{1}{2}$ *l* Himbeersaft in $\frac{3}{4}$-*l*-Flaschen. Wie viele Flaschen werden es?

8. Petra füllt mit einer $2\frac{1}{2}$-*l*-Kanne 10 Gläser. Es bleiben noch 200 cm³ in der Kanne. Passt mehr oder weniger als $\frac{1}{4}$ *l* in ein Glas?

Vermischte Aufgaben

1.

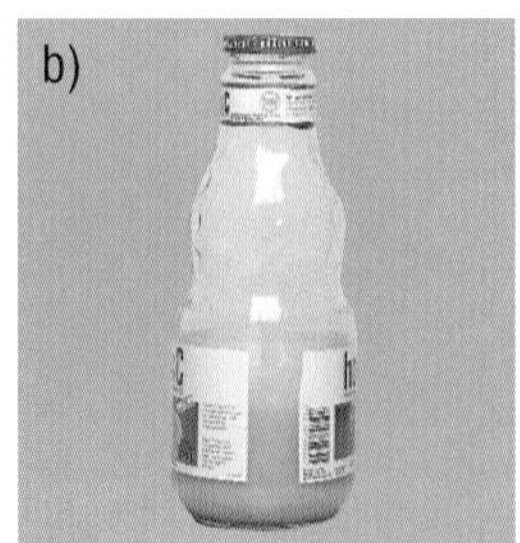

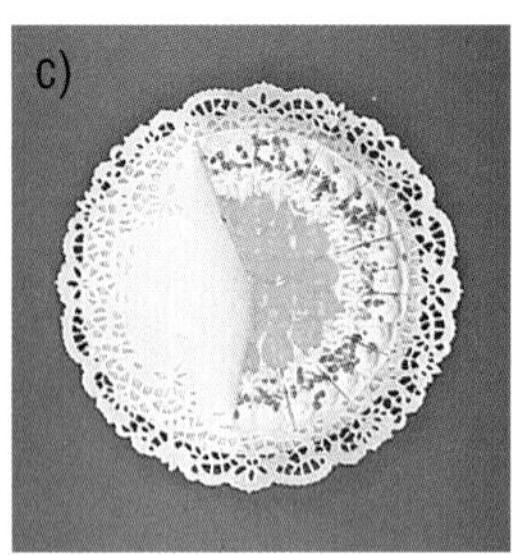

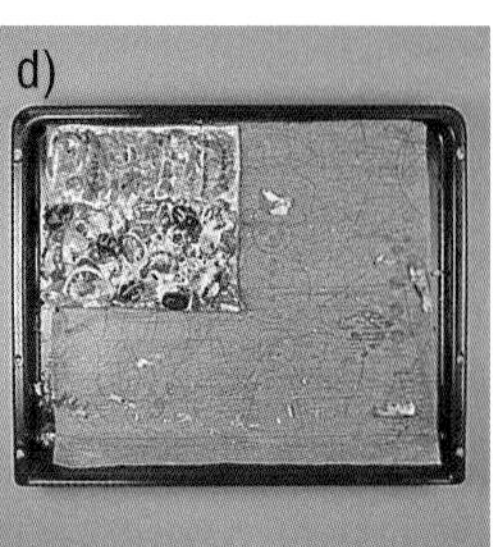

a) Der Krug fasst $\frac{7}{8}$ *l*. Er ist zu $\frac{3}{5}$ mit Apfelsaft gefüllt. Wie viel *l* Saft enthält der Krug?

b) Die $\frac{3}{4}$-*l*-Flasche ist noch zu $\frac{1}{3}$ mit Orangensaft gefüllt. Wie viel *l* Saft sind das?

c) $\frac{9}{16}$ der Torte sind noch übrig. Susi isst davon $\frac{1}{3}$. Welchen Bruchteil der ganzen Torte isst sie?

d) $\frac{1}{4}$ der Pizza ist mit Gemüse belegt. Davon sind $\frac{2}{5}$ Paprika. Welcher Teil der Pizza ist das?

2. Kürze vor dem Ausrechnen.

a) $\frac{12}{35} \cdot \frac{15}{14}$ b) $\frac{14}{50} \cdot \frac{7}{20}$ c) $\frac{18}{25} \cdot \frac{9}{10}$ d) $\frac{21}{4} : \frac{3}{5}$ e) $\frac{14}{9} : \frac{7}{12}$ f) $\frac{10}{3} : \frac{5}{12}$

g) $2\frac{1}{10} \cdot \frac{1}{20}$ h) $2\frac{1}{4} : \frac{9}{32}$ i) $4\frac{3}{4} : \frac{3}{8}$ j) $3\frac{2}{3} : \frac{4}{3}$ k) $5\frac{2}{8} : \frac{7}{16}$ l) $8\frac{4}{5} : \frac{11}{15}$

3. a) $10 : \frac{1}{6}$ b) $9 : \frac{9}{28}$ c) $15 : \frac{2}{3}$ d) $5 : \frac{45}{13}$ e) $11 : 1\frac{3}{8}$ f) $24 : 1\frac{5}{11}$

g) $\frac{6}{7} : 3$ h) $\frac{4}{5} : 6$ i) $\frac{3}{8} : 9$ j) $5\frac{1}{3} : 8$ k) $7\frac{1}{5} : 12$ l) $4\frac{2}{7} : 15$

4. Marco bessert in der Zoohandlung sein Taschengeld auf. Heute soll er einen 50-kg-Sack mit Fischfutter in Tüten umfüllen. Die kleinste Tüte fasst $\frac{3}{4}$ kg, die mittlere $1\frac{1}{2}$ kg und die große $2\frac{1}{4}$ kg Fischfutter. Marco füllt von jeder Sorte 11 Tüten.

a) Wie viel kg wurden für die verschiedenen Tütengrößen abgefüllt?

b) Wie viel kg wiegen alle gefüllten Tüten zusammen?

5. Welcher Bruchteil ist es?

a) die Hälfte von einem halben Kilogramm
b) ein Drittel von einem viertel Liter
c) ein Viertel von einer halben Stunde
d) drei Viertel von einer fünftel Stunde
e) zwei Fünftel von einem halben Meter
f) zwei Drittel von einem sechstel Kilogramm
g) drei Viertel von einem viertel Liter
h) ein Fünftel von einer drittel Tonne

6. a) Zum Haus von Obelix muss man von der Straße 11 Stufen von je $\frac{1}{4}$ m Höhe steigen. Wie viel Meter sind das insgesamt?

b) Obelix hat 14 Wildschweine gefangen. Pro Tag isst er $3\frac{1}{2}$ Schweine auf. Wie lange reicht sein Vorrat?

ⓒ Seine Küche hat die Form eines Rechtecks und ist $11\frac{1}{4}$ m² groß und 3 m breit. Wie lang ist sie?

7. Auf der Flucht haben die Daltons fast die ganze Beute verloren. Nur noch $\frac{1}{5}$ der geraubten Dollarscheine sind da. Dann stellen sie fest, dass $\frac{9}{10}$ davon Falschgeld sind. Welchen Teil der geraubten Scheine können sie nutzen?

8. Die Daltons sortieren die beim Überfall auf die Postkutsche geraubten Schmuckstücke. Ein Viertel davon sind Ringe. Zwei Drittel der Ringe sind aus Gold. Welcher Bruchteil aller Schmuckstücke sind goldene Ringe?

9. Übertrage die Tabelle und rechne, z. B. $\frac{4}{5} : \frac{2}{3}$.

:	$\frac{2}{3}$	$\frac{3}{4}$	$\frac{1}{6}$	$\frac{4}{5}$
$\frac{1}{4}$				
$\frac{4}{5}$				
$\frac{2}{7}$				

10. Zur Gärtnerei gehören $2\frac{1}{4}$ ha Land. In diesem Jahr wurde die Fläche so aufgeteilt:

- $\frac{1}{8}$ für Blumen
- $\frac{3}{16}$ für Polsterpflanzen
- $\frac{2}{5}$ für Sträucher
- $\frac{1}{4}$ für Bäume

a) Berechne, wie viel ha jeweils verwendet wurden.

b) Wie viel ha blieben ungenutzt?

11. Ordne die Lösungskarten A, E, U ... den Aufgabenkarten zu. Du erhältst ein Wort.

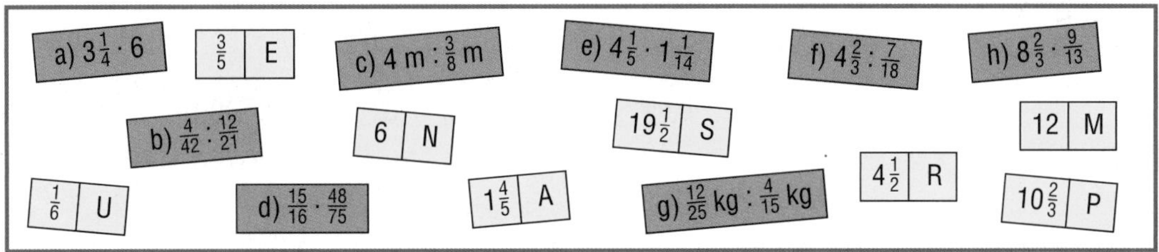

12. Eine 98 m lange Wasserleitung soll mit $\frac{3}{4}$ m langen Rohren gebaut werden. Wie viele Rohre werden gebraucht?

13. Zur Klassenfete hat Nihal $8\frac{1}{4}$ *l* Limonade mitgebracht. Volker hat den Orangensaft gespendet. Jede Flasche enthält $\frac{7}{10}$ *l*. Von Jelena sind die $\frac{1}{3}$-*l*-Dosen mit Mineralwasser.

a) Wie viel Liter enthält eine der hohen Limonadenflaschen?

b) Wie viel Liter Getränke hat die Klasse insgesamt für die Fete?

Multiplikation und Division eines Dezimalbruchs mit 10, 100, 1000, ...

… mal 10

1000	100	10	1	$\frac{1}{10}$	$\frac{1}{100}$	Dezimalzahl
			4	0	7	4,07
		4	0	7	0	40,7
	4	0	7	0	0	407

… durch 10

10	1	$\frac{1}{10}$	$\frac{1}{100}$	$\frac{1}{1000}$	Dezimalzahl
5	0	2	0	0	50,2
	5	0	2	0	5,02
	0	5	0	2	0,502

Wenn man einen Dezimalbruch mit 10, 100, 1000, ... **multipliziert,** wird das Komma um 1, 2, 3, ... Stellen **nach rechts** verschoben.
Beim **Dividieren** durch 10, 100, 1000, ... wird das **Komma** genauso **nach links** verschoben.

374,926 · 10 = 3749,26 — 374,926 : 10 = 37,4926
374,926 · 100 = 37492,6 — 374,926 : 100 = 3,74926
374,926 · 1000 = 374926,0 — 374,926 : 1000 = 0,374926

Multiplikation: Komma nach rechts! Division: Komma nach links!

Aufgaben

1. a) 2,65 · 10 b) 1,376 · 100 c) 0,878 · 1000 d) 9,18 · 100 e) 0,0015 · 1000
f) 58,7 : 10 g) 100,7 : 100 h) 8124,1 : 1000 i) 511,9 : 100 j) 10,913 : 10

2. Rechne wie in den Beispielen. Füge Nullen hinzu, um das Komma verschieben zu können.

4,25 · 1000 = 4,**250** · 1000 = 4250
4,25 : 1000 = **0004**,25 : 1000 = 0,00425

a) 1,6 · 100 b) 0,815 : 10 c) 7,36 · 1000 d) 377,1 · 100 e) 3,105 : 1000
f) 0,3 : 100 g) 4,103 : 1000 h) 0,15 · 1000 i) 0,079 : 100 j) 0,01 · 10000

3. a) Multipliziere mit 100: 83,23; 1,702; 0,091; 723,2; 0,625; 9,03; 0,0052; 40,14; 0,728; 14,3
b) Multipliziere mit 1000: 456,2; 0,0123; 1082,3; 0,0089; 7,85; 0,908; 47,08; 0,034; 1,0685
c) Dividiere durch 10: 35,91; 1536,1; 8,302; 0,371; 0,00021; 0,0503; 403,16; 16,25; 61,674
d) Dividiere durch 100: 1,0874; 0,4132; 50,081; 3,09; 0,039; 53,07; 9109,9; 28,429; 5,16; 7

4. Popeye ist Generalvertreter für Spinat geworden. Die Firma zahlt ihm von jedem Rechnungsbetrag den zehnten Teil als „Provision“ aus. In der letzten Woche hat er verkauft:
Montag für 2197,50 €; Dienstag für 4063,00 €; Mittwoch für 15009,80 €; Donnerstag für 6610,60 €; Freitag für 3800,10 €.
Berechne Popeyes Provision.

5. a) 1,23 · ▇ = 1230 b) 0,03 : ▇ = 0,0003
c) 68 : ▇ = 0,0068 d) 0,05 · ▇ = 50
e) 1000 : ▇ = 0,0001 f) 0,04 · ▇ = 4000

Multiplikation von Dezimalbrüchen

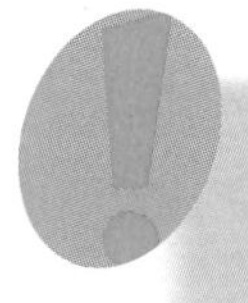

Zwei Dezimalbrüche multipliziert man so miteinander:
Man rechnet zunächst, ohne die Kommas zu beachten. Anschließend setzt man das Komma so, dass das Ergebnis genauso viele Stellen hinter dem Komma hat wie beide Faktoren zusammen.

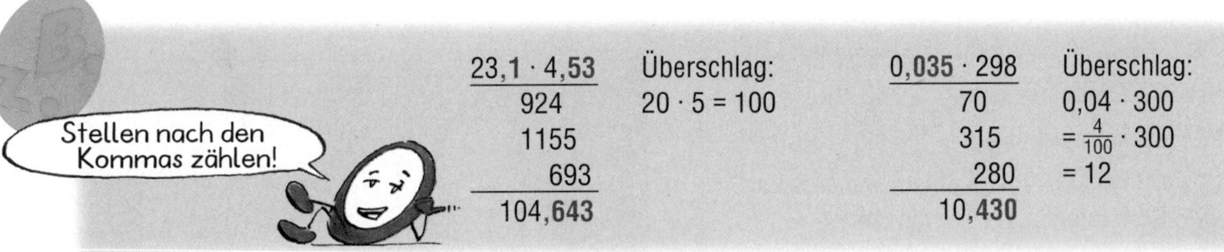

23,1 · 4,53	Überschlag:
924	20 · 5 = 100
1155	
693	
104,643	

0,035 · 298	Überschlag:
70	0,04 · 300
315	$= \frac{4}{100} \cdot 300$
280	= 12
10,430	

Aufgaben

1. Auf dem roten Feld fehlt das Komma. Schreibe die Aufgabe ins Heft und setze das Komma an die richtige Stelle. Manchmal musst du noch Nullen vor die Ziffern des Ergebnisses setzen.

a) 2,63 · 19,7 **51811** b) 17,9 · 6,3 **11277** c) 4,52 · 1,67 **75484**
d) 5,082 · 19,2 **975744** e) 0,52 · 0,67 **3484** f) 24,8 · 0,678 **168144**
g) 0,152 · 0,017 **2584** h) 3,7 · 0,00978 **36186** i) 0,366 · 217,81 **7971846**

2. Rechne schriftlich. Überschlage wie im Beispiel.
a) 7,3 · 5,4 b) 14,2 · 9,8 c) 5,984 · 3,9 d) 22,2 · 7,7
e) 32,1 · 9,1 f) 13,52 · 5,85 g) 0,97 · 38,2 h) 0,81 · 0,99

Aufgabe: 47,1 · 12,5
Überschlag: 50 · 10 = 500
Ergebnis: 588,75

Ein Überschlag bringt's.

3. a) 34,72 · 25,3 b) 462,2 · 42,8 c) 5,81 · 81,35 d) 42,07 · 8,61
e) 16,75 · 0,312 f) 316,9 · 0,052 g) 0,481 · 0,782 h) 47,09 · 91,02
i) 0,0412 · 443,1 j) 564,31 · 0,0049 k) 3,0703 · 0,109 l) 0,0508 · 0,0307

4. a) 2,59 · 4,7 · 0,82 b) 52,4 · 0,047 · 8,7 c) 0,309 · 5,1 · 0,491
d) 4,24 · 0,73 · 18,7 e) 8,37 · 10,9 · 0,031 f) 20,8 · 2,08 · 0,0208

5.

Aufgabe	Endziffer	Überschlag	Stellen nach dem Komma	Ergebnis
a) 23,6 · 9,4	4	20 · 10 = 200	2	
b) 49,9 · 4,3				
c) 8,71 · 2,4				
d) 54,91 · 3,7				

Nicht genau rechnen, nur das machen, was die Tabelle verlangt.

208,26 203,167 214,57 20,904 221,84 205,071 20,94

6. Rechne im Kopf.

a) 0,8 · 0,7 b) 2,2 · 0,3 c) 0,6 · 0,04 d) 0,05 · 0,7 e) 2,9 · 0,6 f) 0,3 · 0,15
g) 0,25 · 0,4 h) 0,15 · 0,6 i) 0,025 · 0,3 j) 0,7 · 0,013 k) 40 · 0,02 l) 0,007 · 0,9

7. Mache vor jeder Rechnung einen Überschlag.

a) 10,9 · 19,3 b) 4,915 · 9,31 c) 12,4 · 40,7
d) 20,7 · 7,3 e) 17,24 · 6,5 f) 14,3 · 0,908
g) 0,572 · 8,8 h) 23,71 · 11,2 i) 9,16 · 51,26

0,384 · 29,7
0,4 · 30 = 12
Ergebnis: 11,4048

8. a) 218,9 · 0,8 b) 53,8 · 40,9 c) 0,42 · 81,45 d) 10,8 · 0,123
e) 89,01 · 0,075 f) 0,48 · 0,793 g) 1,35 · 0,0726 h) 3,09 · 0,905

9. a) 1,63 · 0,7 · 9,51 b) 3,2 · 0,8 · 6,73 c) 0,318 · 0,1 · 3,9
d) 4,1 · 0,94 · 9,4 e) 0,05 · 0,49 · 0,12 f) 0,12 · 0,12 · 0,12

10. Das Schiff legt in einer Stunde 24,5 Seemeilen zurück. Eine Seemeile beträgt 1,852 km.

a) Wie viel km fährt das Schiff in einer Stunde?
b) Wie viel km schafft das Schiff, wenn es nur 19,5 Seemeilen in der Stunde fährt?

11. Ein Tanker fährt mit einer Geschwindigkeit von 16,8 Knoten (1 Knoten bedeutet 1 Seemeile in der Stunde). Wie viel km legt der Tanker in $5\frac{1}{2}$ Stunden zurück?

12. Berechne nur ein Ergebnis schriftlich. Bestimme die anderen mit der Kommaverschiebung.

a)	b)	c)	d)
25 · 73	909 · 72	105 · 804	53 · 709
2,5 · 7,3	9,09 · 0,72	0,105 · 8,04	53 · 0,709
0,25 · 0,73	0,909 · 7,2	10,5 · 80,4	0,53 · 7,09
0,025 · 7,3	90,9 · 0,072	1,05 · 0,0804	5,3 · 70,9

13. 10 Aufgaben und 10 Ergebnisse. Rechne aus und vergleiche.

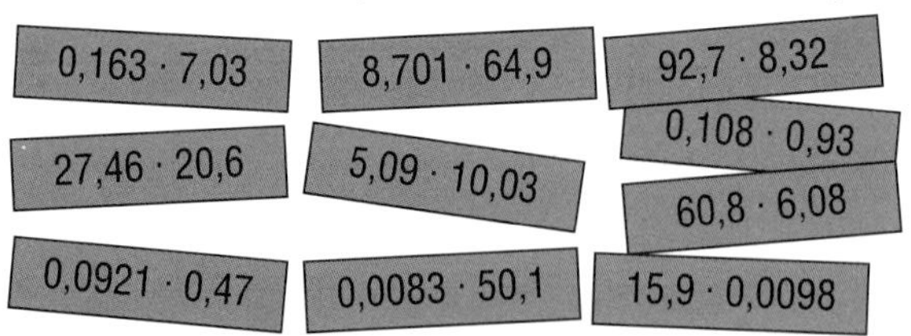

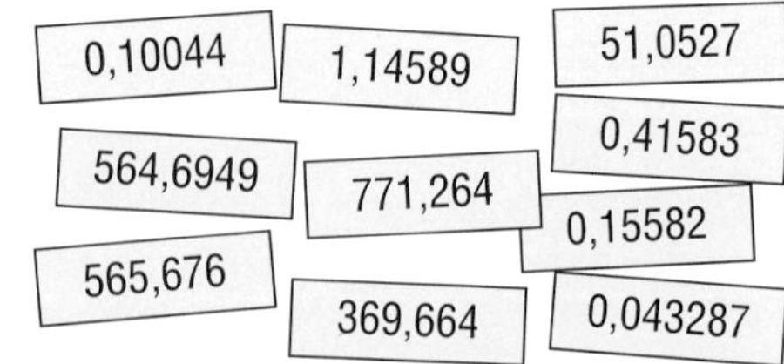

(14.) Wenn eine Betonplatte erwärmt wird, vergrößert sich ihre Länge. Bei einer Erwärmung um 30 °C dehnt sich die Platte auf das 1,0004fache aus.

a) Die Brücke hat bei 0 °C eine Länge von 87,6 m. Wie lang ist sie im Sommer bei 30 °C?
b) Eisen verhält sich bei Erwärmung wie Beton. Auf welche Länge dehnen sich Eisenstangen der Länge 17,2 m, 28,5 m und 39,7 m bei Erwärmung um 30 °C aus?

Division von Dezimalbrüchen

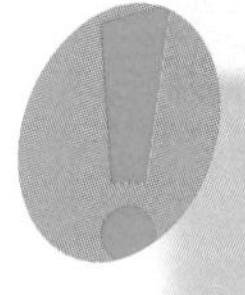

Eine Zahl wird durch einen Dezimalbruch so dividiert:
Zuerst multipliziert man beide Zahlen so mit 10, 100, 1000, …, dass bei der zweiten Zahl kein Komma mehr steht.Man **erweitert** also. Dann wird geteilt.

24,7 : 2,6 = 247 : 26 = 9,5 10,8 : 0,25 = 1080 : 25 = 43,2

Aufgaben

1. Multipliziere zuerst beide Zahlen mit 10: a) 14,4 : 7,2 b) 18 : 3,6 c) 20,9 : 1,9

2. Multipliziere zuerst beide Zahlen mit 100: a) 24,9 : 4,15 b) 66,6 : 5,55 c) 0,882 : 0,63

3. Multipliziere zuerst beide Zahlen mit 1000: a) 3,99 : 0,798 b) 7,8 : 0,039 c) 0,204 : 0,068

4. Erweitere so, dass die zweite Zahl kein Komma hat, dann rechne.
a) 563,2 : 0,8 b) 494,2 : 0,7 c) 975,6 : 0,9 d) 952,14 : 0,6 e) 280,45 : 0,05
f) 25,263 : 0,09 g) 46,28 : 1,3 h) 182,988 : 1,7 i) 68,75 : 0,25 j) 1,9965 : 0,33

5. a) 8,12 : 2,9 b) 13,02 : 3,1 c) 10,14 : 2,6 d) 2,926 : 0,19 e) 41,85 : 0,45
f) 117,03 : 8,3 g) 30,38 : 0,28 h) 112,294 : 0,91 i) 94,86 : 0,51 j) 585 : 7,2

6. a) 6,5317 : 0,043 b) 9,222 : 0,058 c) 184,002 : 0,65 d) 4981,34 : 9,8

7. Du kannst die Aufgabe im Kopf rechnen. Denke an die Kommaverschiebung.
a) 1 : 0,1 b) 10 : 0,01 c) 21 : 0,3 d) 48 : 0,08 e) 6 : 0,04 f) 0,36 : 0,06
g) 54 : 0,9 h) 6,5 : 1,3 i) 4,5 : 0,09 j) 0,85 : 0,17 k) 0,88 : 1,1 l) 8,8 : 0,11

8. Die Klasse 7c machte einen Tagesausflug in den Safaripark.
a) Die Rechnung des Busunternehmens betrug 284,80 €. Dabei wurde für 1 km 1,60 € berechnet. Wie viel km fuhr der Bus?
b) Der Eintritt in den Park kostete pro Person 8,50 €. Die Lehrerin hatte freien Eintritt. An der Kasse bezahlte sie 246,50 €. Wie viele Kinder nahmen am Ausflug teil?

Vermischte Aufgaben

1. Auf dem Markt kostet 1 kg Äpfel 0,95 €.

a) Wie viel muss Ute für 1,6 kg bezahlen?

b) Wie viel kg erhält sie für 2,28 €?

2. Herr Müller fährt im August mit seinem Pkw folgende Strecken: 1. Woche 628 km, 2. Woche: 519 km, 3. Woche: 709 km, 4. Woche: 583 km. Pro Kilometer erstattet ihm seine Firma 0,27 €. Wie viel erhält Herr Müller im August ausgezahlt?

3. a) 7,05 · 0,38 b) 4,81 · 0,046 c) 0,713 · 99 d) 19,3 · 0,029
e) 1,099 · 40,39 f) 0,074 · 3,052 g) 200,8 · 0,708 h) 0,206 · 0,089

4. a) 39,16 : 1,1 b) 27,04 : 1,3 c) 54,604 : 0,17 d) 9,05025 : 0,25
e) 0,7784 : 0,28 f) 117,18 : 0,18 g) 0,675 : 2,7 h) 0,2852 : 0,31
i) 167,992 : 0,46 j) 629,34 : 5,1 k) 0,5248 : 0,82 l) 0,13419 : 6,3

5. Achte auf die Nullen im Ergebnis.

a) 11,20384 : 1,6 b) 22,1254 : 2,2 c) 3,4221 : 0,17 d) 2,6208 : 0,52
e) 22,5009 : 4,5 f) 20,30696 : 2,9 g) 0,38736 : 0,48 h) 0,366061 : 0,61

6. Auf dem Jupiter würde ein Mensch das 2,64fache wiegen, auf dem Saturn das 1,17fache, auf dem Mars nur das 0,36fache. Wie schwer wäre ein Raumfahrer, der auf der Erde 78 kg wiegt, auf diesen Planeten?

7. Am „Familientag" des Kinos werden die Karten zum Einheitspreis von 3,90 € verkauft. Die Tageseinnahme beträgt 2 332,20 €. Wie viel Eintrittskarten wurden verkauft?

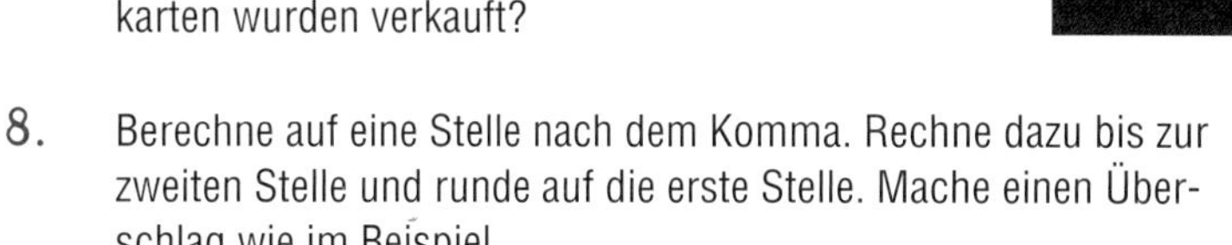

8. Berechne auf eine Stelle nach dem Komma. Rechne dazu bis zur zweiten Stelle und runde auf die erste Stelle. Mache einen Überschlag wie im Beispiel.

a) 5,35 : 0,27 b) 8,27 : 0,49 c) 45,2 : 1,9
d) 51,1 : 7,8 e) 12,8 : 0,45 f) 28,2 : 0,66

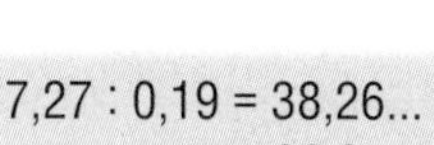

7,27 : 0,19 = 38,26...
≈ 38,3
Überschlag:
7 : 0,2 ≈ 8 : 0,2 = 40

9. Auf welchem Feld wurde am meisten geerntet? Ordne die Felder nach ihrem Ertrag.

Feld	Größe	Ertrag je ha
A	2,4 ha	4,7 t
B	3,6 ha	4,1 t
C	2,3 ha	3,8 t
D	3,2 ha	4,2 t
E	2,1 ha	3,7 t
F	3,7 ha	4,9 t

Klassenfahrt nach Spiekeroog

1. Die Klasse 7a (27 Schülerinnen und Schüler, 2 Lehrerinnen) fährt auf die ostfriesische Insel Spiekeroog. Spiekeroog ist 17,4 km^2 groß und hat 712 Einwohner. Am Tage der Ankunft der 7a sind schon 2 234 Kurgäste auf der Insel. Berechne, wie viele Menschen auf 1 km^2 kommen.

a) ohne Gäste b) mit allen Gästen

c) mit Gästen ohne 7a

2. Der Bus bringt die Klasse nach Neuharlingersiel zur Fähre. Er benötigt für die 245 km insgesamt $3\frac{1}{2}$ Stunden. Wie viel km fuhr er durchschnittlich in einer Stunde?

3. Der Leiter des Heimes „Quellerdünen", Herr Schwede, zeigt den Schülerinnen und Schülern ihre Zimmer. Jessica und Julia freuen sich, dass sie ein Doppelzimmer (5,05 m lang, 3,08 m breit) bekommen. Julia: „Das ist ja größer als mein Zimmer zu Hause!" Stimmt das, wenn Julias Zimmer 3,92 m lang, 3,98 m breit ist?

4. Die Kutterfahrt mit Fischer Jacobs zu den Seehundsbänken dauert 2 Stunden. Das Schiff hat eine Geschwindigkeit von 11,5 Knoten (1 Knoten bedeutet 1,852 km pro Stunde). Wie viel km fährt die Klasse mit dem Kutter?

5. Mittwoch macht die Klasse die gefürchtete Strandwanderung zur Ostspitze der Insel. Eine Strecke ist 8,1 km lang.
Volker hat im Sand eine durchschnittliche Schrittlänge von 60 cm. Wie viele Schritte macht er auf der Wanderung?

6. Große Stimmung beim Abschlussabend! Nichts bleibt von den Getränken und Chips über.
Eingekauft wurden:
- 6 Flaschen ($\frac{7}{10}$ *l*) Orangensaft (je 1,39 €)
- 8 Flaschen ($\frac{3}{4}$ *l*) Limonade (je 0,74 €)
- 5 Flaschen (1,5 *l*) Cola (je 1,52 €)
- 4 Flaschen (0,75 *l*) Mineralwasser (je 0,64 €)
- 8 Tüten Chips (je 1,90 €)

a) Wie viel Liter wurden insgesamt getrunken?

b) Wie viel musste jedes Kind bezahlen? Die Lehrerinnen waren eingeladen. Runde das Ergebnis sinnvoll.

7.

Abrechnung Klassenfahrt 7a	
Bus	750,—
Fähre	511,—
Gepäcktransport	75,—
Übernachtung u. Verpflegung	77,50
Kutterfahrt	70,—
Wattführung	80,—
Kurtaxe	89,50
Eintrittsgelder	73,70
Sonstiges	87,95

Lehrerinnen und Schüler zahlen gleich viel.
Wie viel muss jeder bezahlen?

1.
a) $\frac{2}{5} \cdot \frac{3}{7}$ b) $\frac{6}{11} \cdot \frac{7}{10}$ c) $\frac{4}{15} \cdot \frac{5}{9}$
d) $\frac{4}{7} \cdot \frac{1}{12}$ e) $\frac{3}{13} \cdot \frac{2}{9}$ f) $\frac{9}{16} \cdot \frac{8}{15}$
g) $\frac{8}{9} \cdot \frac{15}{16}$ h) $\frac{21}{32} \cdot \frac{8}{63}$ i) $\frac{25}{42} \cdot \frac{49}{15}$

2.
a) $1\frac{3}{4} \cdot \frac{1}{2}$ b) $4\frac{2}{3} \cdot \frac{3}{5}$ c) $5\frac{5}{6} \cdot \frac{1}{7}$
d) $3\frac{1}{3} \cdot 2\frac{3}{5}$ e) $2\frac{5}{8} \cdot 5$ f) $3\frac{5}{6} \cdot 4\frac{1}{2}$
g) $7\frac{2}{7} \cdot 7$ h) $2\frac{5}{9} \cdot 10\frac{1}{2}$ i) $2\frac{3}{16} \cdot 4\frac{4}{5}$

3.
a) $\frac{3}{10} : \frac{4}{5}$ b) $\frac{1}{7} : \frac{5}{6}$ c) $\frac{7}{12} : \frac{3}{4}$
d) $\frac{4}{7} : \frac{2}{35}$ e) $\frac{8}{15} : \frac{6}{25}$ f) $\frac{4}{27} : \frac{6}{18}$
g) $\frac{3}{8} : \frac{4}{7}$ h) $\frac{5}{8} : \frac{3}{11}$ i) $\frac{7}{36} : \frac{1}{24}$

4.
a) $1\frac{1}{3} : \frac{2}{5}$ b) $3\frac{3}{5} : \frac{3}{10}$ c) $2\frac{1}{6} : \frac{1}{2}$
d) $5\frac{1}{2} : \frac{3}{8}$ e) $4\frac{3}{4} : 5$ f) $2\frac{7}{10} : \frac{3}{5}$

5.
a) 43,21 · 100 b) 0,7902 · 100
c) 0,0081 · 10 d) 5,203 · 1000
e) 5,3 · 100 f) 0,00015 · 1000

6.
a) 58,05 : 100 b) 173,5 : 1000
c) 0,237 : 10 d) 7 536,1 : 100
e) 713 : 10 f) 0,628 : 100

7.
a) 36,7 · 2,3 b) 27,09 · 4,7
c) 3,81 · 5,16 d) 43,1 · 90,3
e) 7,02 · 1,54 f) 1,23 · 4,32
g) 53,6 · 71,2 h) 828 · 6,71

8.
a) 0,343 · 0,91 b) 35,7 · 0,052
c) 0,0561 · 8,2 d) 0,0416 · 0,909
e) 236,1 · 0,034 f) 0,606 · 0,808

9.
a) 50,73 : 1,9 b) 0,1904 : 3,4
c) 9,471 : 0,21 d) 3,348 : 3,1
e) 0,01458 : 0,27 f) 0,7515 : 0,015
g) 1,421 : 4,9 h) 11,97 : 0,38

10.
a) 5,0691 : 0,61 b) 847,55 : 5,5
c) 0,05232 : 0,048 d) 79,299 : 9,9
e) 14,62 : 0,17 f) 0,1728 : 3,2

11. Familie Siebold kauft einen 38,50 m langen Bewässerungsschlauch für den Garten. Ein Meter dieses porösen Schlauches kostet 3,85 €. Welchen Preis muss Familie Siebold zahlen?

Multiplikation mit einem Bruch

Zähler mal Zähler, Nenner mal Nenner!

$\frac{3}{5} \cdot \frac{4}{11} = \frac{3 \cdot 4}{5 \cdot 11} = \frac{12}{55}$

$\frac{10}{13} \cdot \frac{2}{5} = \frac{{}^{2}\cancel{10} \cdot 2}{13 \cdot \cancel{5}_{1}} = \frac{4}{13}$

$3\frac{1}{5} \cdot 1\frac{2}{3} = \frac{16 \cdot \cancel{5}^{1}}{{}_{1}\cancel{5} \cdot 3} = \frac{16}{3} = 5\frac{1}{3}$

Division durch einen Bruch

Mit dem **Kehrbruch** multiplizieren!

Bruch $\frac{3}{4}$ Kehrbruch $\frac{4}{3}$

$\frac{8}{9} : \frac{3}{4} = \frac{8}{9} \cdot \frac{4}{3} = \frac{8 \cdot 4}{9 \cdot 3} = \frac{32}{27} = 1\frac{5}{27}$

$\frac{6}{25} : \frac{3}{10} = \frac{6}{25} \cdot \frac{10}{3} = \frac{{}^{2}\cancel{6} \cdot \cancel{10}^{2}}{{}_{5}\cancel{25} \cdot \cancel{3}_{1}} = \frac{4}{5}$

Multiplikation und Division von Dezimalbrüchen mit 10, 100, 1000, …

Kommaverschiebung!

580,135 · 100 = 58 013,5
0,0083 · 1000 = 8,3
705,2 : 10 = 70,52
1,35 : 100 = 0,0135

Multiplikation von Dezimalbrüchen

Im Ergebnis das Komma so setzen, dass rechts vom Komma so viele Stellen sind wie bei beiden Faktoren zusammen.

35,95 · 12,8	Überschlag:
3595	40 · 10
7190	= 400
28760	
460,160	

Division durch einen Dezimalbruch

Beide Zahlen so mit 10 oder 100 oder 1000 … multiplizieren, dass die zweite Zahl kein Komma mehr hat.

0,338 : 0,13	Probe:
33,8 : 13 = 2,6	0,13 · 2,6
26	26
78	78
78	0,338
0	

1. a) $\frac{4}{9} \cdot \frac{6}{7}$ b) $3\frac{2}{3} \cdot \frac{5}{7}$ c) $\frac{6}{35} \cdot \frac{7}{12}$ d) $1\frac{5}{8} \cdot 1\frac{11}{13}$ e) $\frac{2}{3} \cdot \frac{17}{20}$ f) $\frac{15}{16} \cdot \frac{9}{10}$
g) $2\frac{2}{15} \cdot 10$ h) $2\frac{3}{5} \cdot 1\frac{1}{3}$ i) $\frac{8}{9} \cdot \frac{12}{32}$ j) $2\frac{2}{13} \cdot 6\frac{2}{4}$ k) $\frac{10}{11} \cdot \frac{33}{34}$ l) $8\frac{2}{5} \cdot \frac{5}{6}$

2. a) $\frac{5}{8} : \frac{7}{9}$ b) $\frac{4}{3} : \frac{8}{9}$ c) $\frac{1}{6} : \frac{2}{21}$ d) $5\frac{2}{3} : \frac{5}{6}$ e) $\frac{13}{15} : \frac{7}{20}$ f) $\frac{18}{25} : \frac{9}{50}$
g) $5\frac{1}{7} : \frac{3}{14}$ h) $8 : \frac{2}{7}$ i) $4\frac{2}{9} : \frac{2}{3}$ j) $\frac{15}{16} : \frac{10}{13}$ k) $8\frac{3}{4} : \frac{5}{8}$ l) $1\frac{11}{12} : \frac{1}{6}$

3. a) $\frac{15}{22} \cdot \frac{33}{20}$ b) $\frac{10}{18} : \frac{5}{12}$ c) $3\frac{1}{4} : \frac{3}{4}$ d) $7\frac{1}{6} \cdot \frac{1}{3}$ e) $\frac{4}{5} : 6$ f) $5\frac{1}{12} \cdot 1\frac{5}{11}$
g) $12\frac{2}{5} \cdot 15$ h) $1\frac{3}{9} : \frac{5}{6}$ i) $6\frac{7}{8} \cdot \frac{4}{11}$ j) $24 : \frac{8}{9}$ k) $9\frac{1}{3} \cdot 5\frac{1}{4}$ l) $2\frac{4}{5} : \frac{1}{2}$

4. Eine $1\frac{1}{2}$-*l*-Flasche ist noch zu $\frac{3}{4}$ mit Saft gefüllt. Wie viel *l* Saft sind in der Flasche?

(5.) a) Von einer Baustelle müssen $32\frac{1}{2}$ m³ Schutt abgefahren werden. Der Lkw kann 5 m³ laden. Wie viele Fahrten sind notwendig?
b) Wie oft müsste man mit einer Schubkarre, die nur $\frac{1}{10}$ m³ fasst, fahren?

6. Ein Wald besteht zu $\frac{3}{5}$ aus Laubbäumen. $\frac{4}{7}$ davon sind krank. Welcher Bruchteil des gesamten Waldes besteht aus kranken Laubbäumen?

7. a) 51,38 · 1000 b) 0,0513 · 100 c) 3,825 · 2,3 d) 25,66 · 0,73
e) 0,0296 · 47,5 f) 0,308 · 0,51 g) 21,04 · 0,039 h) 0,00673 · 19,2

8. a) 250,56 : 1000 b) 0,213 : 100 c) 14,823 : 0,18 d) 4,2884 : 0,71
e) 0,01071 : 0,021 f) 22,725 : 4,5 g) 3,9728 : 0,52 h) 0,8466 : 0,083

9. a) 2722,23 : 6,3 b) 3701 · 30,08 c) 0,0594 · 0,0486 d) 30,52 : 0,35
e) 6789,1 · 0,0075 f) 0,00437 : 0,019 g) 26,659 : 5,3 h) 2001,7 · 0,1002
i) 5,5638 : 9,9 j) 1,8601 : 0,89 k) 0,81 · 3,75 · 0,029 l) 13,2 · 0,91 · 2,8

10. Ein rechteckiges Baugrundstück ist 20,8 m lang und 27,4 m breit. Berechne die Fläche.

11. Im Urlaub gab Petra ihr gesamtes gespartes Taschengeld von 34,20 € aus, täglich im Durchschnitt 1,90 €. Wie lange dauerte der Urlaub?

(12.) In einem Wohnblock werden alle Fenster erneuert. Jede Glasscheibe ist 1,35 m breit und 98 cm hoch.

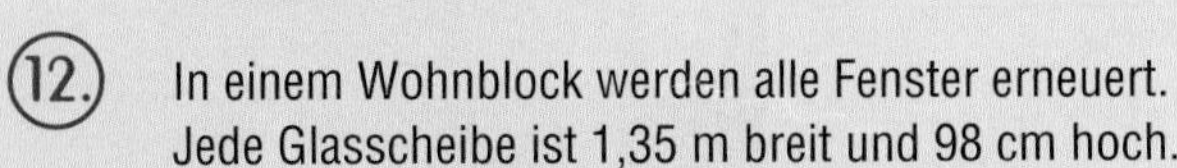

a) Berechne die Fläche einer Glasscheibe.
b) Wie viel m² Glas werden insgesamt für die 24 Fenster des Wohnblocks benötigt?

13. Frau Krüger aus Berlin muss für eine Jahresumweltkarte 540 € bezahlen.
a) Wie viele Einzelfahrscheine für jeweils 2,10 € könnte sie dafür kaufen?
b) Eine Tageskarte kostet 4,20 €. Frau Krüger überlegt: 5 mal wöchentlich braucht sie eine Tageskarte, dazu am Wochenende einen Einzelfahrschein. 4 Wochen im Jahr ist sie verreist. Lohnt sich für sie alleine eine Jahresumweltkarte?

4 Zuordnungen

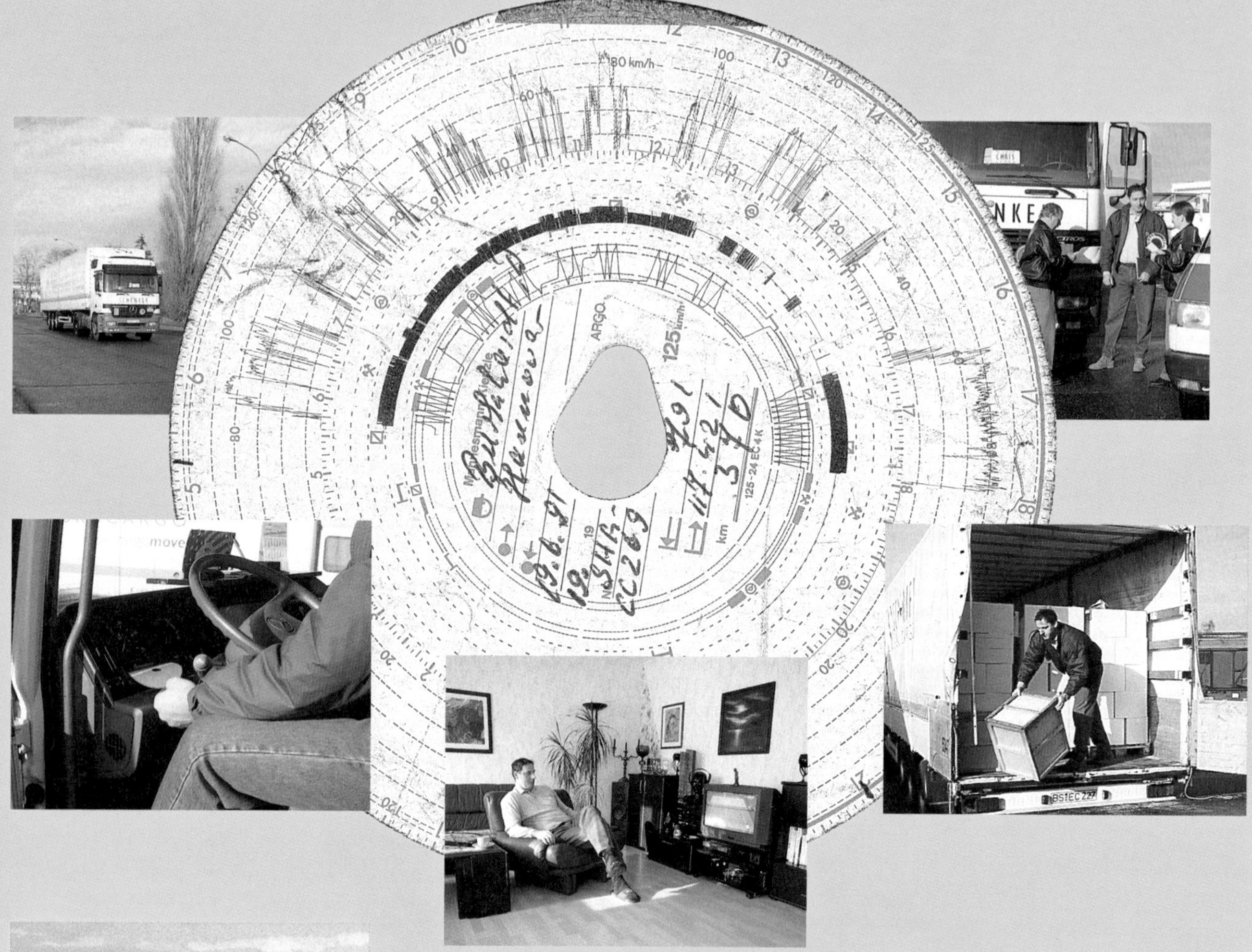

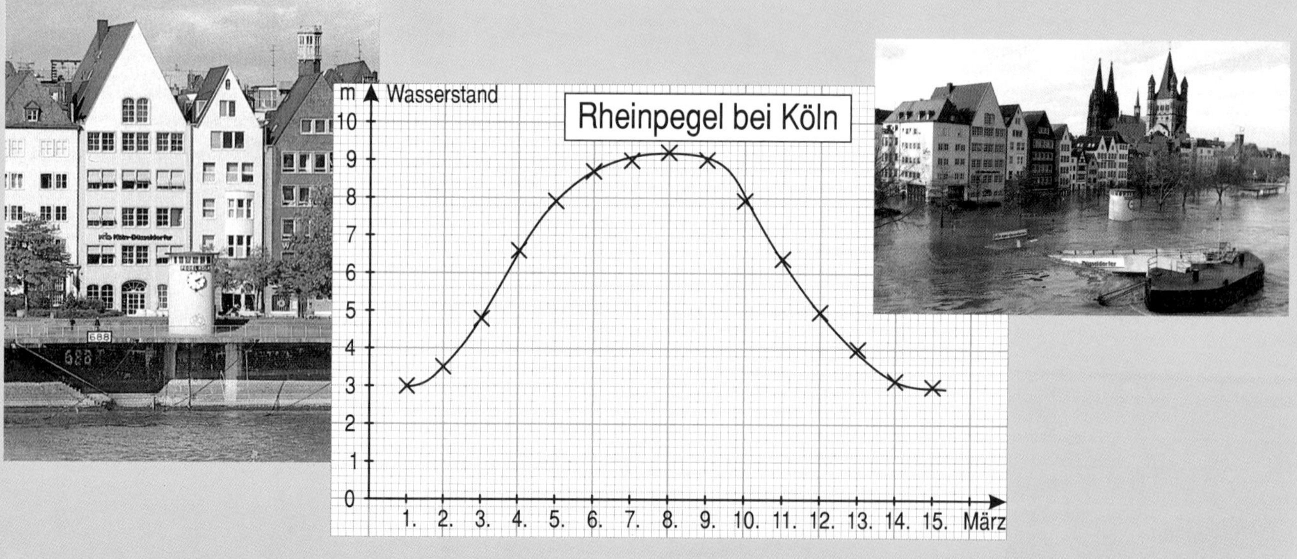

Tiefstpreis
Paket für Paket
nur 2,50 €
???
Supersonderangebot
6 Pakete nur 12,99 €
Schnappi

Wir brauchen bestimmt 12 Stunden.

Jch hole meine Freunde, dann sind wir schneller fertig!

12,2 Sekunden! Toll!
100 m

12,2 · 8 = 97,6
Dann schaffe ich den Weltrekord über 800 m!!

Arbeiten mit Tabellen und Graphen

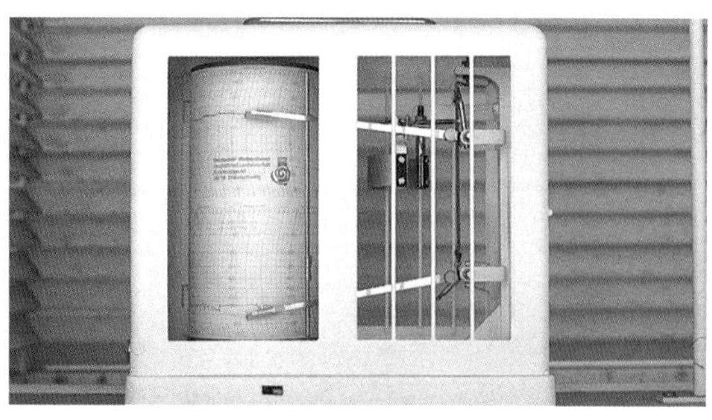

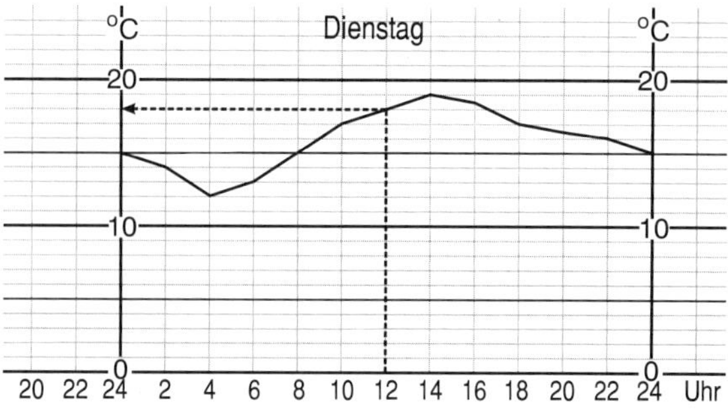

Uhrzeit	0	2	4	6	8	10	12	14	16	18	20	22	24
Temperatur in °C	15	14	12	13									

Zuordnungen zwischen zwei Größenbereichen können in einer **Tabelle** oder durch einen **Graphen** im Achsenkreuz dargestellt werden. In der *Tabelle* steht die Ausgangsgröße in der ersten Spalte, die jeweils zugeordnete Größe daneben in der zweiten Spalte. In der *grafischen Darstellung* wird die Ausgangsgröße auf der Rechtsachse, die zugeordnete Größe auf der Hochachse abgetragen.

Zuordnung: Uhrzeit ⟶ Temperatur

Uhrzeit	Temp. °C
13	20
14	21
15	20
16	18
17	16

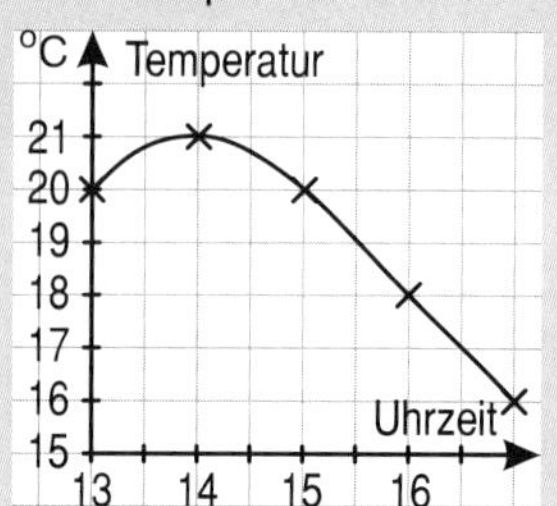

Aufgaben

1. Hier ist Heikes heutiger Weg zur Schule dargestellt.

a) Wann geht Heike zu Hause los, wann kommt sie in der Schule an?

b) Wann wartet sie an einer Fußgängerampel?

c) Wie lang ist der Schulweg?

d) Wann blickt Heike auf ihre Uhr und sagt: „Jetzt muss ich mich aber beeilen"?

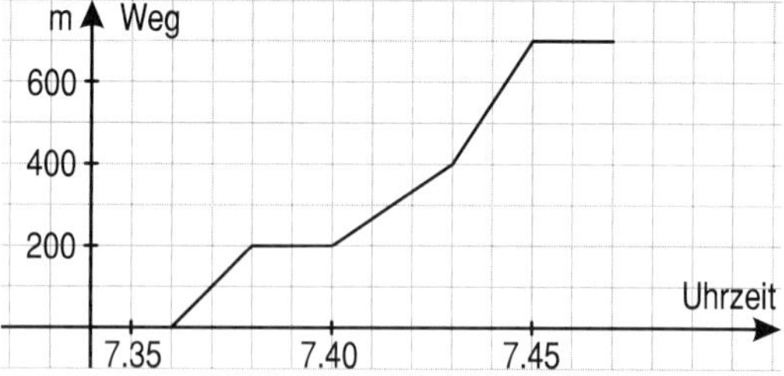

2. In Lastkraftwagen (ab 3,5 t) und Bussen muss ein Fahrtenschreiber eingebaut sein. Dieser hält auf einer runden Scheibe die zum jeweiligen Zeitpunkt gefahrene Geschwindigkeit fest.

a) Wann hat der Fahrer Frühstückspause, Mittagspause, Feierabend gemacht?

b) Um 9.30 Uhr geriet der Fahrer in einer Ortschaft in eine Geschwindigkeitskontrolle. Er bestreitet, zu schnell gefahren zu sein.

c) Wann und um wie viel hat der Fahrer die Höchstgeschwindigkeit für Lkws (80 $\frac{km}{h}$) überschritten?

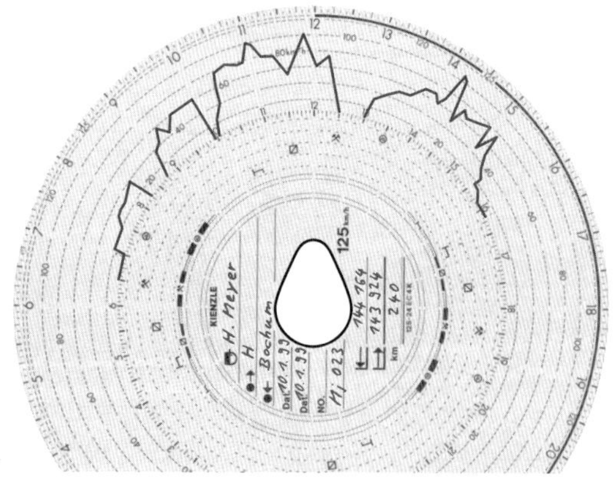

3.

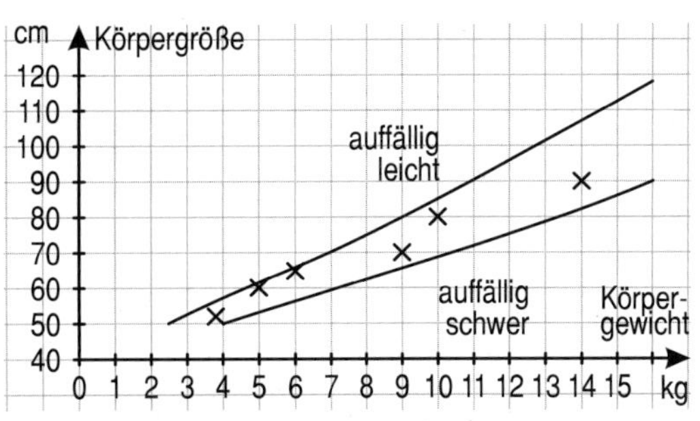

In Marcos Untersuchungsheft wurde in einem *Somatogramm* dargestellt, wie schwer und wie groß er bei den Untersuchungsterminen war.

a) Übertrage die Tabelle ins Heft und vervollständige sie anhand des Somatogramms.

Körpergewicht in kg	3,8	5		
Körpergröße in cm	52		65	

b) Wie groß sollte ein Kind, das 14 kg wiegt, höchstens sein?

c) Wie schwer sollte ein Kind, das 90 cm groß ist, mindestens sein?

d) Kannst du aus dem Somatogramm ablesen, wie groß Marco war, als er 12 kg wog?

4. Im Quadratgitter ist dargestellt, welcher Zusammenhang zwischen dem Volumen und der Masse von Eis besteht.

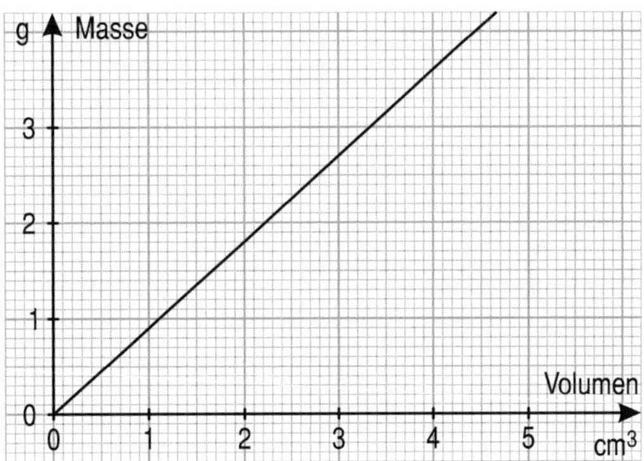

a) Lies ab, welche Masse 1 cm^3 Eis hat.

b) Wie viel wiegen 2 cm^3 und 3,5 cm^3 Eis?

c) Welches Volumen haben 1,8 g und 3,6 g Eis?

d) Dividiere vier Massenangaben durch die zugehörigen Rauminhalte und vergleiche.

e) Welches Volumen haben 8 g Eis?

f) Wie viel wiegen 12 cm^3 Eis?

5.

PARKHAUS CENTRAL
Parkgebühren

	bis 1 Stunde	.... 1,50 €
über 1 Stunde	bis 2 Stunden	.... 2,00 €
über 2 Stunden	bis 3 Stunden	.... 2,50 €
über 3 Stunden	bis 4 Stunden	.... 3,00 €
über 4 Stunden	bis 5 Stunden	.... 3,50 €
über 5 Stunden		.... 4,00 €

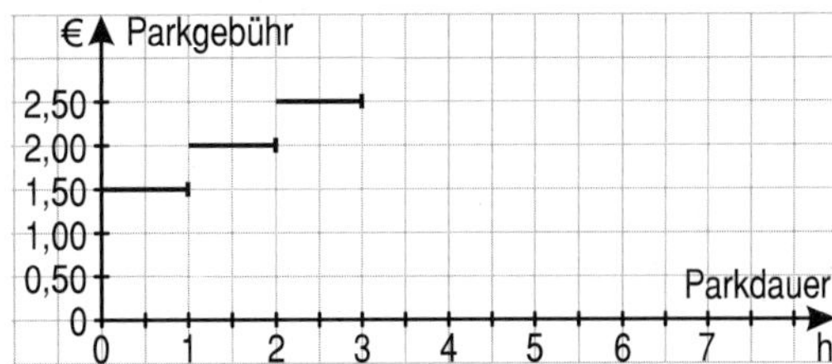

a) Wie viel muss man für eine Parkzeit von 45 min, 2 h, $3\frac{1}{2}$ h, $7\frac{3}{4}$ h, 9 h bezahlen?

b) Übertrage den Graphen der Zuordnung ins Heft und ergänze ihn.

6. 60 Apfelsinen sollen so in Netze verpackt werden, dass in jedem Netz gleich viele Apfelsinen sind.

a) Übertrage die Tabelle und ergänze sie.

Anzahl der Netze	2	3	4	5	6	10	12	15	20	30	60
Apfelsinen pro Netz											

b) Übertrage die Zeichnung in dein Heft und ergänze die fehlenden Punkte.

c) Zeichne durch die Punkte eine Kurve.

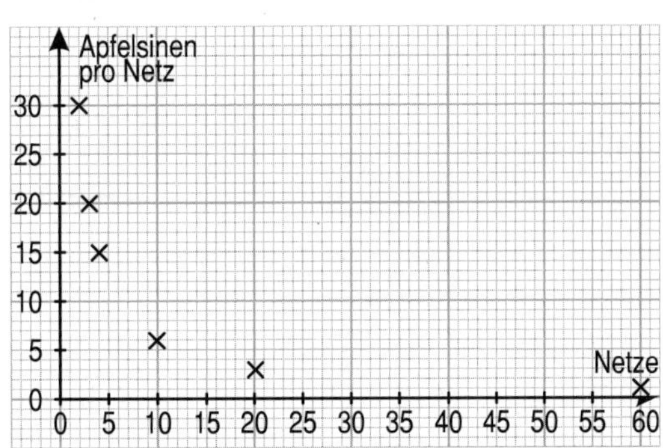

Zeichnen von Graphen

Ausgangsgröße nach rechts, zugeordnete Größe nach oben!

Bei einem 20-minütigen Rundflug in den Alpen wurden die in der Tabelle angegebenen Flughöhen erreicht. Stelle die Zuordnung Flugzeit ⟶ Flughöhe in einem Graphen dar.

Flugzeit (min)	Flughöhe (m)	Flugzeit (min)	Flughöhe (m)
0	1200	11	2000
1	1350	12	1900
2	1420	13	1750
3	1500	14	1900
4	1650	15	1700
5	1800	16	1500
6	1750	17	1300
7	1900	18	1250
8	2000	19	1200
9	2000	20	1200
10	2000		

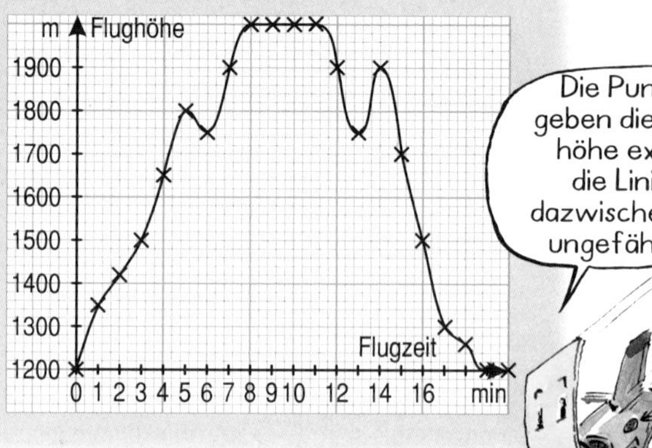

Die Punkte geben die Flughöhe exakt, die Linien dazwischen nur ungefähr an.

Aufgaben

1.

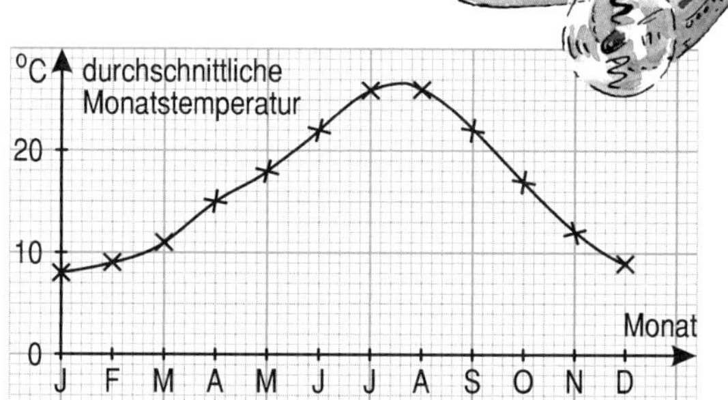

Volker freut sich auf den Urlaub in Griechenland. Im Reisekatalog findet er die Temperaturkurve von Athen.

a) Trage die durchschnittlichen Monatstemperaturen von Athen in eine Tabelle im Heft ein.

Monat	J	F	M	A	M	J	J	A	S	O	N	D
Temperatur in °C												

b) Zum Vergleich sucht er die Temperaturwerte seines Heimatortes Köln heraus. Zeichne die Temperaturkurve in ein Quadratgitter. Wähle 0,5 cm für 1 °C und 1 cm für einen Monat.

Monat	J	F	M	A	M	J	J	A	S	O	N	D
Temperatur in °C	2	3	6	9	14	17	18	18	15	10	6	3

2.

In der Tabelle sind die Wasserstände eines Fischereihafens an der deutschen Nordseeküste für die 24 Stunden eines Tages notiert. Zeichne den Graphen der Zuordnung Uhrzeit ⟶ Wasserstand (Rechtsachse: 1 cm für 2 Stunden; Hochachse: 1 cm für 1 m).

Uhrzeit	0	1	2	3	4	5	6	7	8	9	10	11	12	13	14	15	16	17	18	19	20	21	22	23	24
Wasserstand in m	3,0	2,0	1,2	0,6	0,4	0,6	1,2	2,0	2,8	3,4	3,6	3,4	2,8	2,0	1,4	0,8	0,6	0,8	1,4	2,2	2,8	3,2	3,4	3,2	2,8

Proportionale Zuordnungen

Also zum Doppelten das Doppelte ...

Eine Zuordnung heißt **proportional,** wenn zum Vielfachen einer Ausgangsgröße das entsprechende Vielfache der zugeordneten Größe gehört.

	Portionen	Preis (€)	
· 2	3	14,40	· 2
	6	28,80	

	Portionen	Preis (€)	
: 5	10	48,00	: 5
	2	9,60	

Der Graph einer proportionalen Zuordnung ist ein vom Nullpunkt ausgehender Strahl.

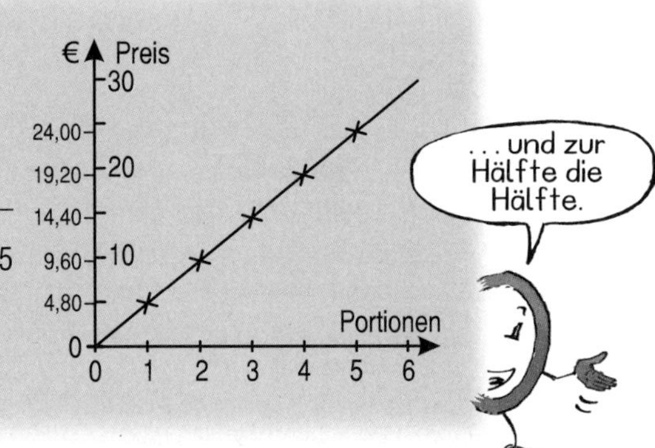

... und zur Hälfte die Hälfte.

Aufgaben

1. Übertrage die Tabelle in dein Heft und ergänze die fehlende Größe der proportionalen Zuordnung.

a)

Masse (g)	Preis (€)
300	2,50
1 200	

b)

Anzahl	Preis (€)
4	6,00
20	

c)

Weg (m)	Zeit (h)
5	3
35	

d)

l	Masse (kg)
6	12
18	

2. Berechne die fehlenden Größen der proportionalen Zuordnung.

a)

Glühlampen	Preis (€)
6	3
30	
60	
5	

b)

Paar Socken	Preis (€)
8	24
16	
40	
4	

c)

Farbe (ml)	Fläche (m^2)
500	6
1 000	
2 000	
200	

d)

Flaschen Malzbier	Preis (€)
3	2,10
12	
60	
2	

3. a) Lies aus dem abgebildeten Graphen die zugehörigen Preise ab für: 4 kg; 2 kg; 1,5 kg; 4,2 kg.

b) Wie viel kg bekommt man für 2,50 € (3,00 €)?

€ Preis
3
2
1
0
Masse
0 1 2 3 4 5 kg

4. Gehört der unten abgebildete Graph zu einer proportionalen Zuordnung? Begründe.

a) 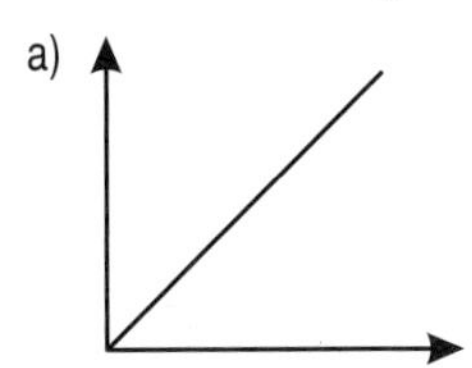

b) 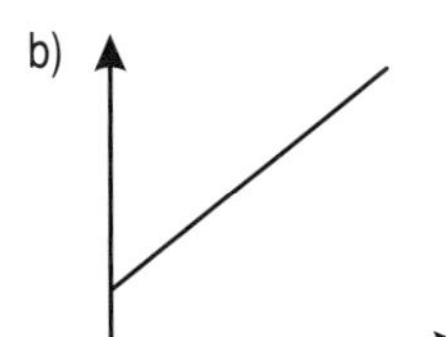

c) 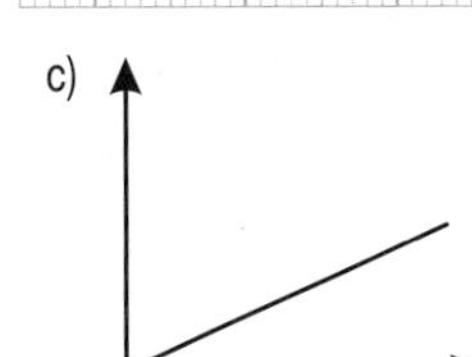

d) 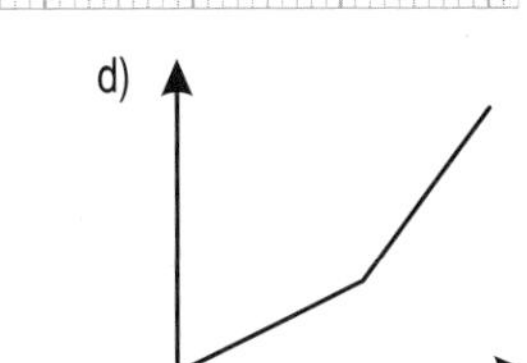

Grafische Lösung bei proportionalen Zuordnungen

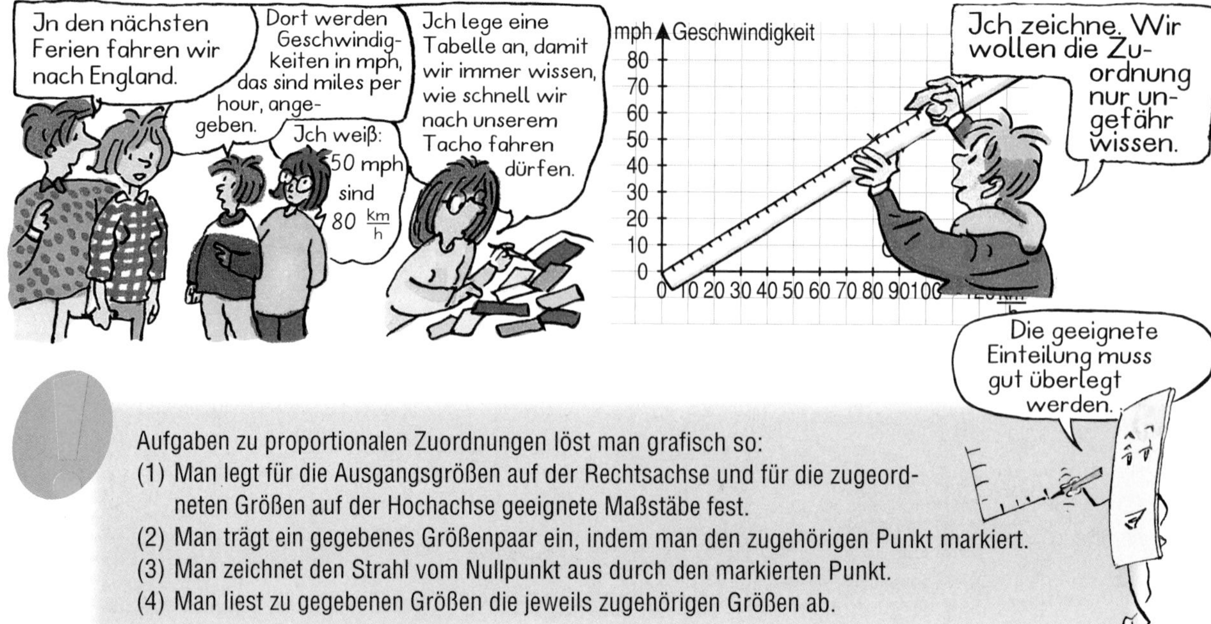

Aufgaben zu proportionalen Zuordnungen löst man grafisch so:
(1) Man legt für die Ausgangsgrößen auf der Rechtsachse und für die zugeordneten Größen auf der Hochachse geeignete Maßstäbe fest.
(2) Man trägt ein gegebenes Größenpaar ein, indem man den zugehörigen Punkt markiert.
(3) Man zeichnet den Strahl vom Nullpunkt aus durch den markierten Punkt.
(4) Man liest zu gegebenen Größen die jeweils zugehörigen Größen ab.

Aufgaben

1. Für 65 € bekommt man 100 sFr (Schweizer Franken). Zeichne den Graphen der Zuordnung € ⟶ sFr, sodass man bis 250 € den Gegenwert in sFr ablesen kann.

a) Wie viel sFr bekommt man ungefähr für folgende €-Beträge: 50 €; 70 €; 240 €; 65 €; 215 €?

b) Wie viel € bekommt man ungefähr für folgende sFr-Beträge: 60 sFr; 130 sFr; 40 sFr; 265 sFr; 95 sFr?

2. Für 30 € bekommt man 50 *l* Diesel. Löse grafisch und gib angenähert an:

a) Wie viel Liter Diesel bekommt man für 10 € (18 €; 41 €; 26 €; 54 €)?

b) Wie teuer sind 20 *l* Diesel (50 *l*; 19 *l*; 44 *l*; 12 *l*; 24 *l*; 40 *l*; 35 *l*)?

3. Abgebildet ist der *Preisstrahl* für Kartoffeln.

a) Wie teuer sind 2,5 kg (3 kg; 4 kg; 1,8 kg)?

b) Wie viel kg erhält man für 0,40 € (1,00 €; 1,40 €)?

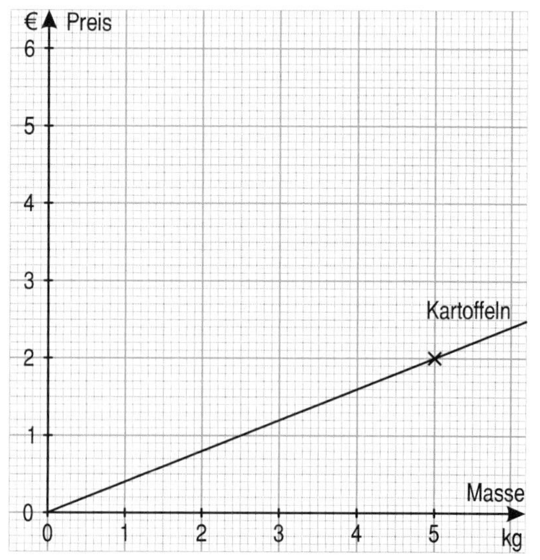

4. Bei Mehl kosten 4 kg den Betrag von 1,60 €. Für 2,50 € erhält man 3 kg Reis, während 3,5 kg Zucker 3 € kosten.

a) Übertrage den Preisstrahl für Kartoffeln ins Heft und ergänze die grafische Darstellung um die Preisstrahlen für Mehl, Reis und Zucker.

b) Notiere die Tabellen im Heft und fülle sie aus.

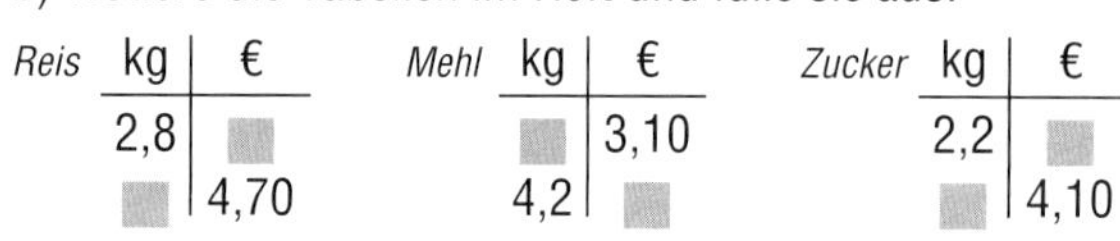

Reis

kg	€
2,8	
	4,70

Mehl

kg	€
	3,10
4,2	

Zucker

kg	€
2,2	
	4,10

Dreisatz bei proportionalen Zuordnungen

Dreisatz, weil jede Zeile als Satz geschrieben werden kann.

Beim **Dreisatz** schließt man zunächst von dem gegebenen Vielfachen einer Größe auf die Einheit und anschließend auf ein anderes Vielfaches der Größe.

Aufgabe: 4 kg einer Ware kosten 20 €. Wie teuer sind 7 kg der Ware?
Beurteilung: Die Zuordnung Masse ⟶ Preis ist proportional.
Antwort: 7 kg kosten 35 €.

	Masse (kg)	Preis (€)	
	4	20	
: 4	1	5	: 4
· 7	7	35	· 7

Aufgaben

1. Bestimme die fehlenden Größen der proportionalen Zuordnung in der Tabelle. Rechne im Kopf.

a)

Anz.	g
8	24
1	
10	

b)

Anz.	€
12	96
1	
20	

c)

Pers.	€
3	21
1	
5	

d)

Pakete	Stücke
7	840
1	
3	

e)

Anz.	kg
15	60
1	
5	

f)

Anz.	€
10	170
1	
6	

g)

Pers.	€
6	54
1	
4	

h)

Pakete	Stücke
25	500
1	
10	

2. Nach einem Unwetter stehen viele Keller unter Wasser. Die Feuerwehr setzt eine Pumpe ein, die 4 m³ Wasser in 10 Minuten abpumpen kann.

a) Wie lange dauert es, bis 72 m³ Wasser aus einem Keller abgepumpt sind?

b) Ein anderer Keller ist in 45 Minuten leer gepumpt. Wie viel m³ Wasser waren in diesen Keller eingedrungen?
Hinweis: Notiere die gesuchte Größe in der rechten Spalte der Tabelle.

3. 5 Taschenbücher für die Klassenlektüre kosten 28,00 €. Wie viel kostet ein Klassensatz von 26 Büchern, wenn es keine Ermäßigung gibt?

4. 3 Öltanks derselben Größe können von einem Tankwagen nacheinander in 108 Minuten gefüllt werden. Wie lange dauert es, bis 8 dieser Tanks voll sind?

5. Der Physiklehrer erklärt: 500 m³ Luft wiegen 650 kg. Das Klassenzimmer der 7a hat ein Volumen von 220 m³. Wie viel kg wiegt die Luft in diesem Raum?

6. Bestimme die Einheit und berechne danach die gesuchte Größe der proportionalen Zuordnung.

a)

kg	€
2,5	4,80
1	
3	

b)

km	min
5	62
1	
8	

c)

l	kg
3	40,65
1	
7	

d)

Anzahl	€
7	9,24
1	
15	

7. Zwei Mädchen und zwei Jungen führen ein Experiment durch. Sie füllen 19 °C warmes Wasser in ein Gefäß und erhitzen es. Alle 3 Minuten erwärmt sich das Wasser um 27 °C.

a) Um wie viel Grad erwärmt es sich bei gleicher Wärmezufuhr in 8 Minuten? Welche Temperatur hat das Wasser dann?

b) Wie lange dauert es vom Beginn des Erhitzens an, bis das Wasser 100 °C warm ist?

8. Eine Maschine fertigt in 20 Minuten 1 800 Schrauben an.

a) Wie viele Schrauben fertigt sie in 45 Minuten (65 Minuten, $3\frac{1}{2}$ Stunden) an?

b) Wie lange braucht sie für 900 Schrauben (2 070 Schrauben, 6 570 Schrauben)?

9. Für eine Griechenlandreise tauschen Schülerinnen und Schüler griechische Drachmen (gr. Dra.) um. Maria bekommt für 150 € 49 650 gr. Dra. Petra tauscht bei einer anderen Bank und bekommt für 200 € 65 400 gr. Dra. Mario hat vom letzten Besuch in Athen noch die Bankquittung: Für 350 € bekamen die Eltern 122 850 gr. Dra. Berechne, wie viel griechische Drachmen jeder für 100 € bekommen hätte. Welcher Wechselkurs war am besten?

10. In einem Neubaugebiet verkauft die Gemeinde Grundstücke. Der Preis für 1 m² ist für alle Grundstücke gleich. Es sind folgende Grundstücke vorhanden: 422 m², 498 m², 565 m², 605 m², 688 m², 712 m². Das kleinste kostet 73 850 €. Berechne zunächst, wie viel € in diesem Gebiet 1 m² Bauland kostet. Bestimme dann die Preise für die einzelnen Grundstücke.

11. Der Mietpreis der Wohnung von 60 m² beträgt im Haus Badstraße 10 ohne Nebenkosten 360 €. Wie hoch ist der Mietpreis für die Wohnung mit 40 m² und die von 90 m², wenn der Preis für einen Quadratmeter immer gleich ist?

(12.) Der Teil eines Hofes soll mit Verbundsteinen gepflastert werden. Auf der Verpackung der Steine steht: „500 St. ausreichend für 15 m²". Zu pflastern sind 363 m². Wie viele Steine werden benötigt?

13. a) 3 kg Kartoffeln kosten 60 Cents. Frau Schmidt kauft einen Vorrat von 600 kg.

b) Martin läuft 400 m in 60,2 s, Sebastian 100 m in 14,5 s. Wer ist der bessere Sportler?

c) Ein $\frac{1}{4}$-*l*-Glas soll mit Orangensaft gefüllt werden. Aus 5 kg Orangen gewinnt man 0,8 *l* Saft.

d) 9 Flaschen Wein kosten doppelt so viel wie 4 Flaschen plus 2,50 €. Wie viel kostet eine Flasche?

Vermischte Aufgaben

1. Im Technikunterricht wickeln die Schülerinnen und Schüler Kupferspulen für einen Elektromotor. Die Lehrerin plant: Für 16 Schülerinnen und Schüler brauche ich 400 m Kupferdraht. Nun sind nur 14 Schülerinnen und Schüler anwesend. Wie viel m benötigt sie?

2. Ein Fahrer tankt 30 Liter für 28,50 €. Was kosten 50 Liter an derselben Tankstelle?

3. Mit seinem Rasenmäher mäht Karl eine Fläche von 240 m² in 30 Minuten.
   a) Welche Fläche schafft er bei gleicher Leistung in 50 Minuten?
   b) Welche Fläche schafft er in einer Stunde, wenn er gleichmäßig weiterarbeitet?

4. Ein Lkw verbraucht für eine Strecke von 200 km 42 *l* Diesel.
   a) Wie viel Kraftstoff benötigt er für 600 km bei gleichem Verbrauch?
   b) Wie viel Kraftstoff benötigt er für 450 km bei gleichem Verbrauch?

5. Die sechs Personen auf dem nebenstehenden Bild bewegen sich mit gleichmäßiger Geschwindigkeit. Fertige eine grafische Darstellung an (Rechtsachse 1 cm für 1 km, Hochachse 1 cm für 4 min) und zeichne die „Bewegungsstrahlen" der sechs Personen ein. Bestimme dann aus der Zeichnung die fehlenden Angaben der Tabellen.

Spaziergänger				
km	1	2	3	4
min		24		

Jogger				
km	1	2	3	4
min			18	

Leistungssportlerin				
km	1	2	3	4
min				16

Radfahrer				
km	1	2	3	4
min	2,5			

Mopedfahrer				
km	1	2	3	4
min		4		

Motorradfahrerin				
km	1	2	3	4
min			3	

6. a) Elf Gallonen (gallons) in England sind etwa 50 Liter. Stelle die Zuordnung Gallonen ⟶ Liter grafisch dar (1 cm für 1 Gallone und 1 cm für 5 Liter).
   b) Wie viel Gallonen sind 5 *l* (10 *l*, 25 *l*, 30 *l*, 43 *l*)? c) Wie viel Liter sind 4 Gallonen (9 Gallonen, 12 Gallonen)?

7. Familie Bauer möchte einen neuen Scherenzaun um ihr Grundstück errichten. Es gibt zwei Längen: 6 m kosten 33 €, 8 m kosten 42 €. Es werden 4 von der kürzeren und 7 von der längeren Sorte benötigt. Wie viel kostet die neue Umzäunung insgesamt?

8. Aus 210 kg Äpfeln gewinnt man 60 Liter Most. Wie viel Kilogramm benötigt man für 25 *l* und für 1000 *l*?

9. Eine Raumstation umkreist die Erde 2-mal in 3 Stunden.
   a) Wie viele Umkreisungen schafft sie an einem Tag (24 Stunden)?
   b) Welche Zeit benötigt sie für 1 Umrundung?
   ⓒ Nach welcher Zeit kann die 10 000ste Umrundung gefeiert werden?

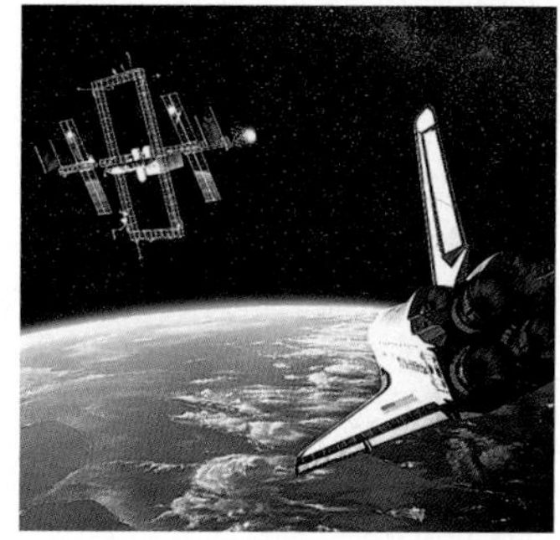

10. Ein Offsetdrucker druckt „normal" 100 Blatt in 40 Sekunden.
    a) Welche Zeit benötigt er für 560 Blatt?
    b) Wie viele Drucke schafft er störungsfrei bei gleicher Geschwindigkeit in 30 Minuten?

11. Die Klasse 7d will 20 der abgebildeten Brote backen und auf dem Schulfest verkaufen. Berechne die benötigten Zutaten, runde dabei sinnvoll.

12. Notiere die benötigten Zutaten für 3 Pane con pomodori e cipolle.

13. Auf dem Schulfest hat die Klasse 7c einen Kuchenverkauf organisiert. Sie hat 6 Obstkuchen zu je 12 Stück und 8 Marmorkuchen zu je 20 Stück vorrätig. Nach einer Stunde hat die Klasse mit dem Verkauf von 8 Stück Obstkuchen 6,40 € und dem Verkauf von 5 Stück Marmorkuchen 3 € eingenommen. Am Ende des Schulfestes ist aller Kuchen verkauft. Berechne die Einnahmen.

Aus einem italienischen Kochbuch:
Pane con pomodori e cipolle
(Brot mit Tomaten und Zwiebeln)
Zutaten für 8 Brote: 2 000 g Weizen, 8 Päckchen Frischhefe, 250 ml Olivenöl, 50 g Salz, 4 Teelöffel Honig, ca. 1 *l* lauwarmes Wasser, 8 mittelgroße Zwiebeln, 18 reife Tomaten (ca. 2 000 g), 1 Tasse Olivenöl, 10 zerdrückte Peperoni, 5 Prisen getrockneter Oregano, Salz und Pfeffer aus der Mühle.

14. a) Der Schall legt in der Luft in 5 s rund 1,7 km zurück. Stelle die Zuordnung Zeit ⟶ Weg für den Schall grafisch dar (1 cm für 1 s, 1 cm für 1 km).
b) Welchen Weg legt der Schall in 6 s (3 s; 9 s; 10 s; 7 s) zurück?
c) Wie lange braucht der Schall für 3 km (1 km; 2,5 km)?

15. In einer neu gebauten Wohnanlage soll eine Wohnung von 60 m^2 Fläche für 96 000 € verkauft werden. Eine andere Wohnung hat eine Größe von 70 m^2. Der Preis für einen Quadratmeter ist derselbe. Wie viel kostet der Quadratmeter, wie viel kostet die andere Wohnung?

16. Ein 12 m langes Seil lässt sich 38-mal um eine Trommel wickeln. Wie oft kann ein 36 m langes Seil in gleicher Weise um diese Trommel gewickelt werden?

(17.) Grand Prix von Monaco: Der Kurs von Monte Carlo muss 78-mal durchfahren werden, das sind 257,4 km. Wie viel Kilometer wären bei einem Rennabbruch nach 52 Runden zurückgelegt?

18. Soeben reist das Ehepaar Krause aus der Pension „Zum Löwen" ab (siehe nebenstehendes Bild). Nach ihnen verbringen Frau Niemitz und ihr Lebensgefährte 18 Tage in der Pension, und zwar auch im Zimmer 25. Mit welchem Rechnungsbetrag müssen sie am Abreisetag rechnen?

19. Für ein Einzelzimmer in der Pension „Zum Löwen" zahlt man für 7 Tage 203 €. Wie teuer ist der Aufenthalt von 11 Tagen im Einzelzimmer?

20. a) Familie Schmitz will eine 793 m^2 große Fläche mit Sportrasen einsäen. Sie hat die Wahl zwischen drei Verpackungsgrößen, will so preiswert wie möglich einkaufen und so wenig wie möglich Rasensamen übrig behalten. Mache einen Vorschlag für den Einkauf.
b) Ein Fußballfeld ist 6 076 m^2 groß und soll Sportrasen erhalten. Wie sollte unter dem Gesichtspunkt äußerster Sparsamkeit eingekauft werden?

Antiproportionale Zuordnungen

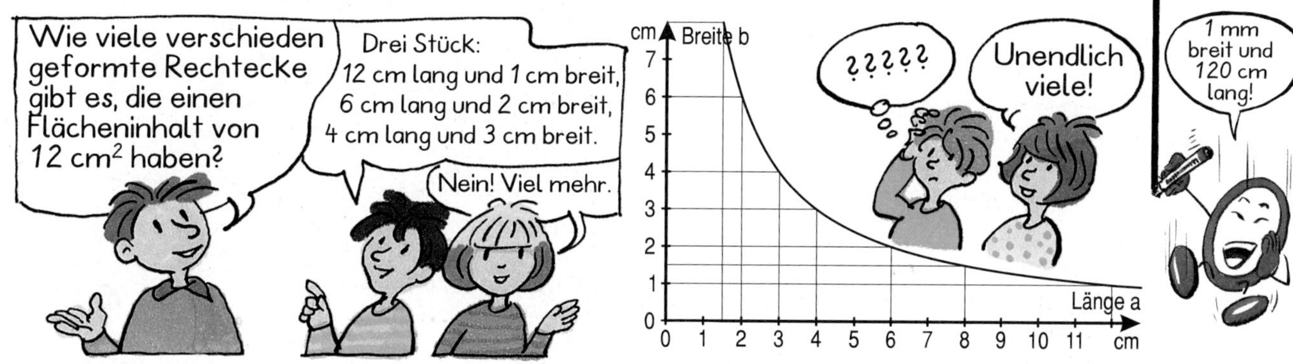

Also zum Doppelten die Hälfte ...

Eine Zuordnung heißt **antiproportional**, wenn zum Vielfachen einer Ausgangsgröße der entsprechende Teil der zugeordneten Größe gehört.

Beispiel: Rechtecke mit 12 cm² Flächeninhalt.

	Länge (cm)	Breite (cm)	
$\cdot 2$	4	3	$:2$
	8	1,5	

	Länge (cm)	Breite (cm)	
$:3$	12	1	$\cdot 3$
	4	3	

Der Graph einer antiproportionalen Zuordnung heißt **Hyperbel.**

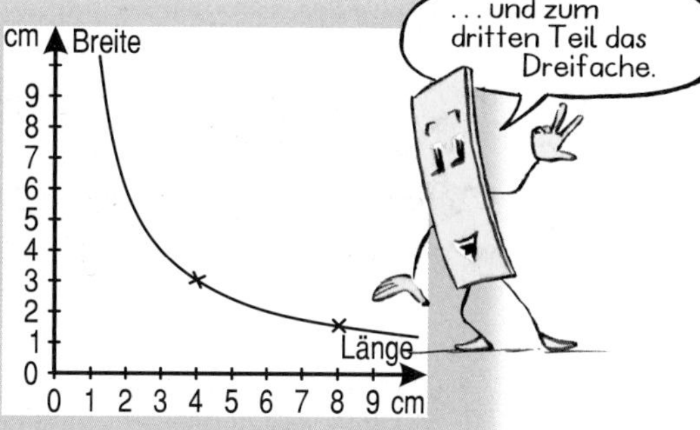

Aufgaben

1. Übertrage die Tabelle für zwei antiproportionale Größen in dein Heft. Ergänze die fehlenden Größen.

a)

1. Größe	2. Größe
3	24
6	
2	

b)

1. Größe	2. Größe
8	12
2	
10	

c)

1. Größe	2. Größe
20	28
80	
8	

d)

1. Größe	2. Größe
18	48
3	
24	

2. In einer Weberei kann ein Auftrag mit 8 Webstühlen in 4 Stunden erledigt werden. Die Websachen sollen aber schon in 2 Stunden lieferbar sein. Wie viele Webstühle müssen eingesetzt werden?

3. Ein Metallband wurde im Technikunterricht zerschnitten. Es reicht für 16 Stücke zu je 25 cm. Wie lang wären die Streifen, wenn man das Band in 4 gleiche Teile zerschnitten hätte?

4. Zum Ernten von Getreide werden im mittleren Westen der USA Maschinen eingesetzt. 24 Mähdrescher schaffen eine Großfläche in 12 Tagen. Wie viele Tage benötigen 8 Fahrzeuge bei gleicher Leistung?

5. Der City-Hopper-Jet Jumbolino legt mit einer durchschnittlichen Reisegeschwindigkeit von 480 $\frac{km}{h}$ eine bestimmte Distanz in ziemlich genau 72 Minuten zurück. Berechne die benötigten Zeiten für einen ICE (240 $\frac{km}{h}$) und einen Interregiozug (120 $\frac{km}{h}$).

6. Ein Blumenbeet soll mit Pflanzen eingefasst werden. Wenn die Pflanzen mit 60 cm Abstand in die Erde gebracht werden, benötigt der Gärtner 32 Pflanzen. Er entscheidet sich für einen Abstand von 20 cm.

7. Bäcker Glück backt aus seiner normalen Teigmenge 80 Brote zu 2,5 kg. Er möchte gern 40 Brote herstellen. Wie schwer darf dann ein Brot sein?

Dreisatz bei antiproportionalen Zuordnungen

Aufgabe
Atlantiküberquerung im Segelboot: Werden täglich 6 *l* Frischwasser verbraucht, reicht der Vorrat 24 Tage. Der Vorrat soll 36 Tage reichen, wie viel Liter dürfen täglich verbraucht werden?

Beurteilung der Zuordnung
Die Zuordnung
Tag ⟶ Liter pro Tag
ist antiproportional:
Wenn der Vorrat **doppelt** so lange reichen soll, darf täglich nur **halb** so viel verbraucht werden.

Dreisatz

	Tage	Liter pro Tag	
: 24	24	6	· 24
· 36	1	144	: 36
	36	4	

Antwort: Es dürfen täglich 4 *l* verbraucht werden.

Antwortsatz nicht vergessen.

Aufgaben

1. Die Zuordnung Anzahl ⟶ Zeit ist antiproportional. Übertrage die Tabelle in dein Heft und bestimme die fehlenden Größen.

a)

Anzahl	Zeit
4	12
1	■
3	■

b)

Anzahl	Zeit
10	2,5
1	■
5	■

c)

Anzahl	Zeit
7	25
1	■
5	■

d)

Anzahl	Zeit
9	14
1	■
7	■

e)

Anzahl	Zeit
100	16
1	■
80	■

2. Ein Schulhof wird gepflastert. Sind die Pflastersteine 25 cm breit, benötigt man 80 in einer Reihe. Wie viele braucht man pro Reihe, wenn die Steine nur 20 cm breit sind?

3. 8 Arbeiter heben einen Graben in 6 Tagen aus. Wie lange würden 12 Arbeiter für das Ausheben benötigen?

4. Ein Hüttenvorrat reicht bei einer Belegung mit 32 Personen 15 Tage lang. Wie lange reicht der Vorrat bei 40 Personen in der Hütte?

5. 10 Arbeiter vollenden ein Projekt normalerweise in 24 Tagen. Gleich zu Beginn fallen 2 Arbeiter wegen Krankheit aus. Wie viele Tage später wird nun das Projekt fertig?

6. Mit 3 C-Rohren pumpt die Feuerwehr einen überschwemmten Keller in 48 Minuten leer. Wie lange hätte die Aktion beim Einsatz von 4 C-Rohren gedauert?

Stunden in Minuten umrechnen.

7. Mit 5 Automaten wird die Tagesproduktion von 400 000 Schrauben in 12 Stunden geschafft. Dieselbe Tagesproduktion soll zukünftig bereits in 10 Stunden geschafft werden. Wie viele Automaten müssen eingesetzt werden?

8. Das Schwimmbecken einer Badeanstalt wird durch 4 Ablaufröhren in $2\frac{1}{2}$ Stunden geleert. Bei der letzten Leerung war eine Ablaufröhre total verstopft. Wie lange hat die Leerung gedauert?

9. 8 Maurer erstellen einen Rohbau in 24 Tagen. Beurteile, ob die Frage sinnvoll ist, dann rechne aus.
   a) Wie lange brauchen 12 Maurer für den Rohbau?
   b) Wie viele Maurer müssen eingesetzt werden, damit der Rohbau in 2 Stunden fertig ist?
   c) Wie lange braucht ein halber Maurer allein für den ganzen Rohbau?

Vermischte Aufgaben

Zuerst prüfen: Proportional ... oder antiproportional ...

1. Eine Zahnradbahn überwindet bei gleichmäßiger Steigung einen Höhenunterschied von 1800 m auf einer Länge von 7 200 m.

a) Welchen Höhenunterschied hat sie nach der Hälfte der Länge überwunden?

b) Die Mittelstation erreicht die Bahn nach 2 200 m. Welchen Höhenunterschied hat sie bis dahin geschafft?

2. Bei den Bundesjugendspielen werden die Schüler in Riegen eingeteilt. Die Sportlehrer können 35 Riegen zu je 12 Schülern bilden. Da der Zeitplan so nicht erfüllt werden kann, werden 30 Riegen gebildet. Wie viele Schüler müssen dann in einer Riege sein?

... oder keins von beiden?

3. Welche der Graphen gehören zu proportionalen Zuordnungen und welche nicht? Begründe deine Meinung.

a) 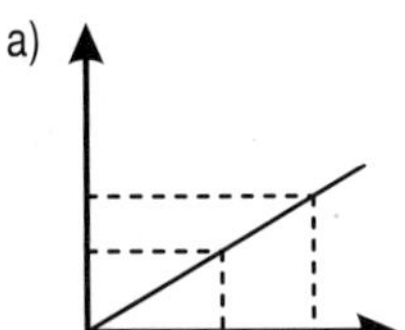

b) 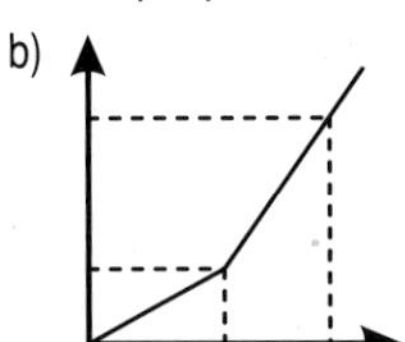

c) 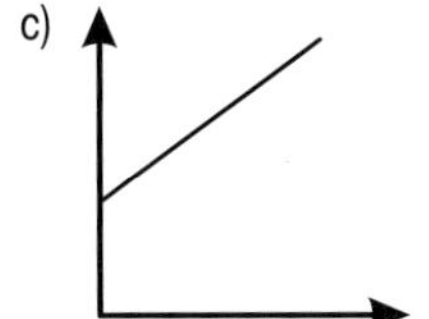

d) 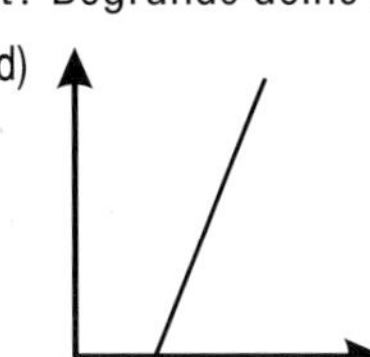

4. Löse die Aufgaben aus einem alten Rechenbuch.

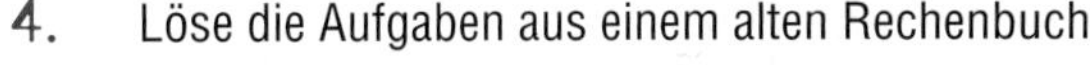

I Eine Kokerei mit 150 Öfen produziert normalerweise in 12 Tagen den Koksbedarf der Stadt. Unglücklicherweise stehen für den Februar nur 120 Öfen zur Verfügung. Wie lange müssen diese arbeiten, um die gleiche Koksmenge zu produzieren?

II Der Förderkorb des Hauptschachtes bringt mit jedem Aufzug 8 Kohlenwagen zu Tage. In 7 Stunden wird die abgebaute Kohlenmenge gefördert. In einem älteren Schacht der Zeche fasst der Korb 6 Wagen. Mit welcher Förderzeit muss bei gleicher Fördermenge gerechnet werden?

III Vier Eiformpressen stellen in 9 Stunden den Tagesbedarf an Eierbriketts her. Eine Presse fällt aus. Wie lange müssen an diesem Tag die anderen Pressen laufen, um die gleiche Menge Briketts herzustellen?

5. 9 Brötchen kosten 1,80 €. Wie teuer sind 15 Brötchen?

6. Ein Spaceshuttle umkreist die Erde auf einer Bahn von 42 000 km in 90 Minuten. Übertrage die Tabelle in dein Heft und bestimme die gesuchten Werte.

Zeit	30 min	1 h	24 h	3 min
Weg				

7. Ein Talkmaster überzieht seine 4. TV-Sendung um 12 Minuten. Wie lange überzieht er seine 12. Sendung?

8. In einem alten Buch finden wir unter dem Kapitel „Dreisatz" Tabellen, die kaum noch lesbar sind. Kannst du erkennen, welche Zuordnung jeweils vorliegt, und die Tabellen vervollständigen?

a)

1. Größe	2. Größe
40	25
1	
120	75

b)

1. Größe	2. Größe
4	27
1	108
3	

c)

1. Größe	2. Größe
60	120
1	
40	180

d)

1. Größe	2. Größe
	180
1	
30	60

Achtung – aufgepasst

Achtung – aufgepasst

Einige Aufgaben enthalten proportionale oder antiproportionale Zuordnungen und können mit dem Dreisatz gelöst werden.
Viele Aufgaben müssen mit anderen Überlegungen gelöst werden oder sind gar nicht lösbar. Formuliere einen Antwortsatz, wenn du eine Lösung gefunden hast.

1. An einer Kreuzung werden zwischen 12.00 Uhr und 12.15 Uhr 312 Fahrzeuge gezählt. Wie viele Fahrzeuge werden diese Kreuzung ungefähr zwischen 12.00 Uhr und 13.00 Uhr befahren?

2. 4 Personen waren mit einem Kleinbus von Köln nach München 6 Stunden unterwegs. Wie lange hätte die Fahrt gedauert, wenn 8 Personen im Kleinbus gesessen hätten?

3. Der 12-jährige Peter ist 1,40 m groß.
a) Wie groß war er als Sechsjähriger?
b) Wie groß wird er mit 18 Jahren sein?

4. Borussia hat nach einer Viertelstunde Spielzeit 2 Tore erzielt. Wie viele Tore werden es am Ende des Spiels sein (2 x 45 min)?

5. Ein Quadrat mit einer Kantenlänge von 3,5 cm hat einen Flächeninhalt von 12,25 cm². Wie groß ist der Flächeninhalt eines Quadrates mit einer 7 cm großen Kantenlänge?

6. Bei einem Verbrauch von 5 *l* auf 100 km kommt ein Pkw mit einer Tankfüllung rund 1200 km weit. Welche Strecke schafft er mit einer Tankfüllung bei einem Verbrauch von 8 *l* auf 100 km?

7. Andrea hat Lieblingssendungen im Fernsehen mit einem Videorekorder aufgenommen. Sie verfügt über 24 Kassetten von 2 Stunden Spieldauer. Diesen Bestand will sie auf 3-Stunden-Bänder überspielen. Wie viele dieser Bänder braucht sie?

8. Ein Taschenrechner multipliziert eine 5-stellige Zahl mit 8 in einer Hundertstelsekunde. Wie lange braucht er, um eine 5-stellige Zahl mit 800 zu multiplizieren?

9. Ein Rechteck hat einen Umfang von 1 m und eine Fläche von 625 cm². Welche Länge hat ein Rechteck mit gleicher Fläche, das 50 cm breit ist?

10.
Ein Buch mit 160 Seiten ist ohne Einband 12 mm dick.
Wie dick ist ungefähr ein Buch mit 560 Seiten ohne Einband?

11.
Ein Rechteck mit einem Umfang von 20 cm hat einen Flächeninhalt von 21 cm². Welchen Flächeninhalt hat ein Rechteck mit einem Umfang von 60 cm?

12.
Ina hat Perlen von 3 mm Durchmesser; Jens' Perlen haben 5 mm Durchmesser. Sie wollen jeweils gleich lange Ketten herstellen. Ina brauchte für ihre Kette 120 Perlen. Wie viele Perlen braucht Jens?

15.
Nach 10 s anstrengendem Pusten hat Michaels Luftballon einen Durchmesser von 25 cm. Welchen Durchmesser hat er, wenn Michael mit gleicher Stärke 3 min lang aufpustet?

13.
Herr Mahnke muss 3 Kartoffeln 20 Minuten kochen lassen, bis sie gar sind.
Wie lange hätte er 12 Kartoffeln kochen lassen müssen?

14.
5 cm³ Aluminium wiegen 14 g.

a) Wie viel cm³ Aluminium wiegen 42 g?

b) Wie viel g wiegen 60 cm³ Aluminium?

16.
Durch gewaltige Regenfälle sind von einem 100 Hektar großen Gebiet 20 ha überschwemmt worden, 80 ha blieben verschont.
Wie viel Hektar wären verschont geblieben, wenn eine doppelt so große Fläche überschwemmt worden wäre?

17.
Ilona gibt ihren Fischen täglich 4 g Trockenfutter. Die Packung reicht ungefähr 120 Tage.
Durch den Zukauf weiterer Fische muss sie täglich 6 g Trockenfutter geben. Wie lange reicht nun eine Packung?

18.
Angelika schafft am PC 60 Anschläge pro Minute, Jessica 80 Anschläge. Beide tippen denselben Brief ab. Jessica braucht 12 Minuten. In welcher Zeit schafft Angelika den Brief?

19.
An Miriams Schule gibt es 40 Lehrerinnen und Lehrer. Sie schafft ihren Schulabschluss nach 10 Jahren. Wie lange hätte sie für ihren Schulabschluss gebraucht, wenn an ihrer Schule 80 Lehrerinnen und Lehrer tätig wären?

20.
Ein 9 dm² großes Bild kostet 280 €.
Wie teuer ist ein anderes Bild vom gleichen Künstler, das 180 dm² groß ist?

Ausflug in den Safaripark

1. Die Klasse 7a fährt mit dem Bus in den Safaripark. Bei einer Durchschnittsgeschwindigkeit von 60 $\frac{km}{h}$ braucht der Bus 1 h 20 min. Maren hat den Bus verpasst. Ihre Mutter bringt sie mit dem Pkw hinterher und braucht 5 min weniger für dieselbe Strecke. Mit welcher Durchschnittsgeschwindigkeit ist sie gefahren?

2. Der Eintritt für den Safaripark kostet 9 €. Fahrten auf der Looping-Achterbahn müssen mit 2 € extra bezahlt werden.
   a) Die Schülerinnen und Schüler fahren zweimal mit der Achterbahn. Fülle die Tabelle aus (Gesamtkosten).

Anzahl Jugendliche	1	2	3	4	5
Kosten in €					

   b) Liegt eine proportionale Zuordnung „Anzahl der Jugendlichen ⟶ Gesamtkosten in €" vor?

3. Mehrere Schülerinnen und Schüler fahren auf der Go-Kart-Bahn. Uwe stoppt für 3 Runden eine Zeit von 35,7 Sekunden. Wird er bei gleicher Geschwindigkeit 10 Runden in der Höchstzeit von 2 Minuten schaffen?

4. Ina erkundigt sich nach dem Futter für die 10 Giraffen des Safariparks. Sie erfährt, dass so viel im Lager ist, dass es noch für 24 Tage reicht.
Wie lange reichen die Vorräte, wenn noch 2 Giraffen aus einem benachbarten Zoo dazukommen?

5. Kemal erfährt, dass für die Antilopen gerade Futter zum Preis von 650 € geliefert worden ist. Es wird für 5 Wochen ausreichen.
Wie viel kostet das Futter für die Antilopen über das ganze Jahr? Gleich bleibender Verbrauch und unveränderte Preise werden vorausgesetzt.

6. Bei der Planung des Ausflugs waren für die 28 Schülerinnen und Schüler für die Busfahrt je 17,50 € angesetzt worden.
3 Schüler konnten wegen Krankheit nicht mitfahren. Wie viel muss jetzt jeder bezahlen?

1. Berechne die fehlende Größe der proportionalen Zuordnung.

a)

€	kg
6	31
12	

b)

h	km
5	13
25	

c)

m	g
40	88
5	

d)

h	€
6	39
2	

e)

kg	m
4	10
	5

f)

g	€
12	7
	21

2. a) Für 5 $ (US-Dollar) bekommt man 4 €. Stelle die Zuordnung Dollar ⟶ € grafisch dar (je 1 cm für € und $).

b) Wie viel € bekommt man für 12 $ (3 $, 8 $)?

c) Wie viel $ bekommt man für 20 € (13 €, 6 €, 16 €)?

3. In der Seefahrt wird die Geschwindigkeit in Knoten (Kn) gemessen. 24 Kn sind ca. 45 $\frac{km}{h}$. Stelle die Zuordnung Knoten ⟶ $\frac{km}{h}$ grafisch dar (1 cm für 5 Knoten und 1 cm für 10 $\frac{km}{h}$).

a) Wie viel $\frac{km}{h}$ sind 35 Knoten ungefähr?

b) Wie viel Knoten sind 40 $\frac{km}{h}$ ungefähr?

4. Berechne die fehlende Größe der antiproportionalen Zuordnung.

a)

cm	cm
7	44
14	

b)

$\frac{km}{h}$	h
2	36
8	

c)

Anz.	h
12	21
4	

d)

l	km
15	41
3	

e)

cm	cm
12	5
	15

f)

Tage	Anz.
50	3
	30

5. Berechne die fehlende Größe mit dem Dreisatz.

a) *proportional*

1. Größe	2. Größe
7	84
1	
9	

b) *antiproportional*

1. Größe	2. Größe
6	14
1	
7	

6. Ein Bericht der Klassenfahrt hat einen Umfang von 80 Seiten, wenn auf jede Seite 32 Zeilen passen. Welchen Umfang hat der Bericht, wenn auf jede Seite 40 Zeilen passen?

7. 7 Vollkornbrötchen kosten 2,80 €. Wie teuer sind 15 Vollkornbrötchen?

8. Herr Krause erhielt seinen Lottogewinn mit 400 Scheinen zu 100 € ausgezahlt. Wie viele Scheine zu 20 € hätte er bekommen müssen?

Eine Zuordnung heißt **proportional,** wenn zum Vielfachen einer Ausgangsgröße das entsprechende Vielfache der zugeordneten Größe gehört.

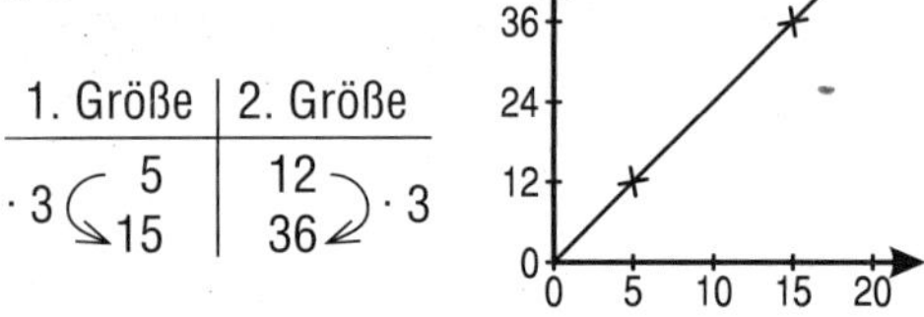

Der Graph einer proportionalen Zuordnung ist ein vom Nullpunkt ausgehender Strahl.

Aufgaben zu proportionalen Zuordnungen löst man grafisch so:

(1) Man legt geeignete Einteilungen auf der Rechtsachse (Ausgangsgröße) und der Hochachse (zugeordnete Größe) fest.
(2) Man trägt den Punkt ein, der zu einem gegebenen Größenpaar gehört.
(3) Man zeichnet den Strahl vom Nullpunkt durch den eingetragenen Punkt.
(4) Man liest zu gegebenen Größen die jeweils zugehörigen Größen ab.

Eine Zuordnung heißt **antiproportional,** wenn zum Vielfachen einer Ausgangsgröße der entsprechende Teil der zugeordneten Größe gehört.

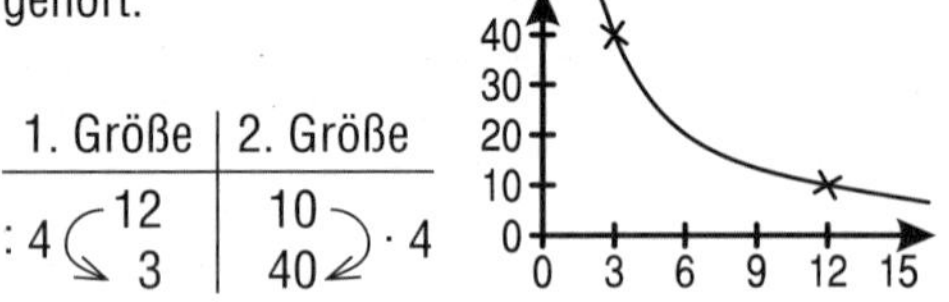

Beim **Dreisatz** schließt man zunächst von dem gegebenen Vielfachen einer Größe auf die Einheit und anschließend auf ein anderes Vielfaches der Größe, das der Aufgabenstellung zu entnehmen ist.

Beispiel: 7 kg kosten 35 €. Wie teuer sind 12 kg?

	kg	€	
: 7	7	35	: 7
· 12	1	5	· 12
	12	60	

Antwort: 12 kg kosten 60 €.

1. Dies ist das Angebot einer Telefongesellschaft für den Nahbereich (City und Region 50):

	Freizeittarif	Vormittagstarif	Nachmittagstarif	Nachttarif
City	für 4 Einheiten 10 min	für 10 Einheiten 15 min	für 6 Einheiten 9 min	für 3 Einheiten 12 min
Region 50	für 4 Einheiten 3 min	für 15 Einheiten 6,5 min	für 6 Einheiten 3 min	für 3 Einheiten 6 min

a) Stelle für jeden der vier Tarife die Zuordnung Einheiten ⟶ Minuten grafisch dar (jeweils 1 Karolänge für Einheit und Minute).

b) Beantworte mithilfe der Zeichnung folgende Fragen:
- Wie lange kann man beim Freizeittarif in der Region 50 für 6 Einheiten telefonieren?
- Wie lange kann man beim Vormittagstarif in der City für 8 Einheiten telefonieren?
- Wie lange kann man beim Nachmittagstarif in der City für 14 Einheiten telefonieren?
- Wie lange kann man beim Nachttarif in der Region 50 für 13 Einheiten telefonieren?

c) Beantworte mithilfe der Zeichnung folgende Fragen. Beachte dabei, dass die Gesellschaft keine Bruchteile von Einheiten vorsieht. Sind 3 Einheiten überschritten, werden sofort 4 Einheiten berechnet.
- Wie viele Einheiten werden beim Nachttarif für ein 17-minütiges Telefonat in der City berechnet?
- Wie viele Einheiten werden beim Freizeittarif für ein 10-minütiges Gespräch in der Region 50 berechnet?

2. Stellt der Graph eine proportionale, eine antiproportionale oder eine sonstige Zuordnung dar? Begründe.

a) 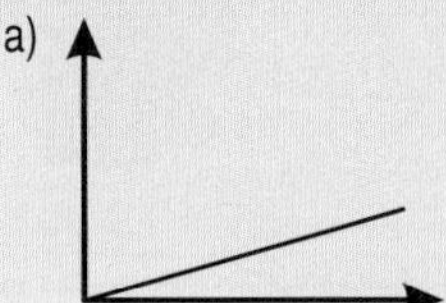
b) 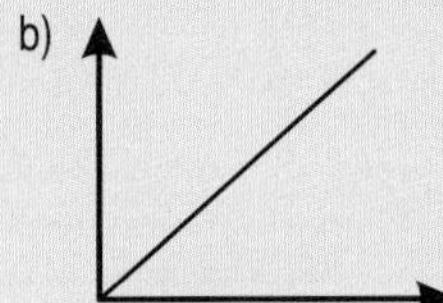
c) 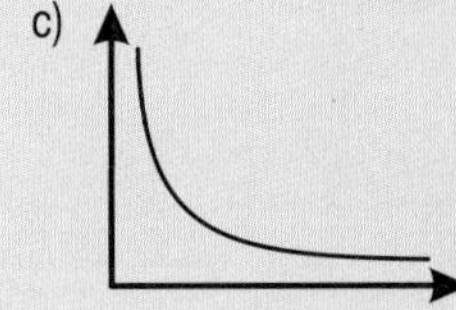
d) 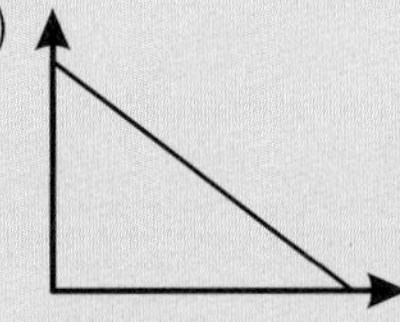

3. Durch den Wasserhahn über einer Badewanne laufen bei voller Öffnung 36 Liter in 4 Minuten.

a) Wie viel Liter fließen in 7 Minuten durch den geöffneten Wasserhahn?

b) Wie lange dauert es, bis die Badewanne mit 270 *l* Fassungsvermögen gefüllt ist?

4. Früher konnten Containerschiffe nur 400 Container laden, heute mühelos 8 000.
Um eine größere Ladung von Containern von New York nach Hamburg zu transportieren, mussten früher 320 Schiffe eingesetzt werden. Wie viele Schiffe sind heute erforderlich?

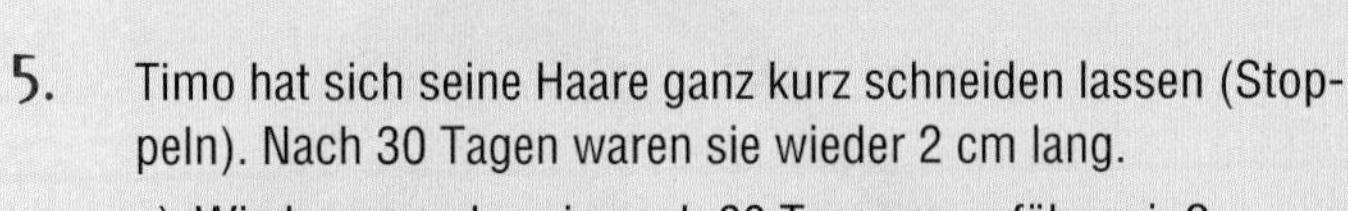

5. Timo hat sich seine Haare ganz kurz schneiden lassen (Stoppeln). Nach 30 Tagen waren sie wieder 2 cm lang.

a) Wie lang werden sie nach 60 Tagen ungefähr sein?

b) Wie lange muss Timo warten, bis seine Haare 2 m lang sind?

6. Die Tabelle gibt an, wie viele Tage man mit einem Satz Batterien im Walkman auskommt, wenn man ihn die genannte Zahl von Stunden pro Tag benutzt. Berechne die fehlende Angabe.

a)

Std. pro Tag	Tage
6	16
12	▒

b)

Std. pro Tag	Tage
3	32
12	▒

c)

Std. pro Tag	Tage
2	48
▒	6

d)

Std. pro Tag	Tage
6	16
▒	96

7. Gabi joggt mit gleich bleibendem Tempo. Nach 20 Minuten hat sie 3 km zurückgelegt. Sie joggt $1\frac{1}{2}$ Stunden. Welche Strecke legt sie dabei zurück?

8. Katrin sprintet 100 m in 13 Sekunden. Wie lange wird sie für einen 10 000-m-Lauf benötigen?

5 Flächeninhalt und Volumen

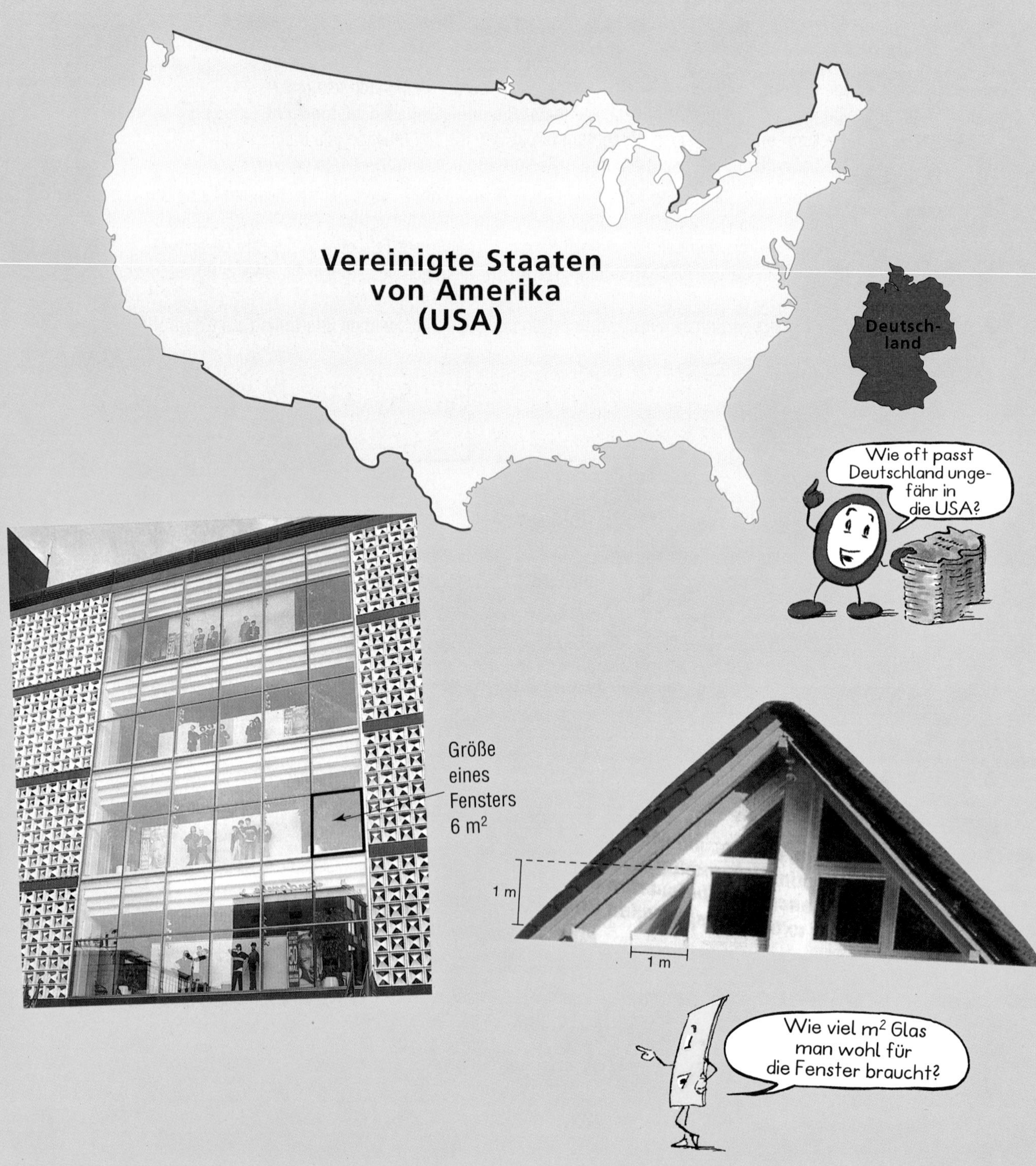

Wie viel Kubikmeter stehen wohl auf dem Schiff?
Ein Container sind 40 m³

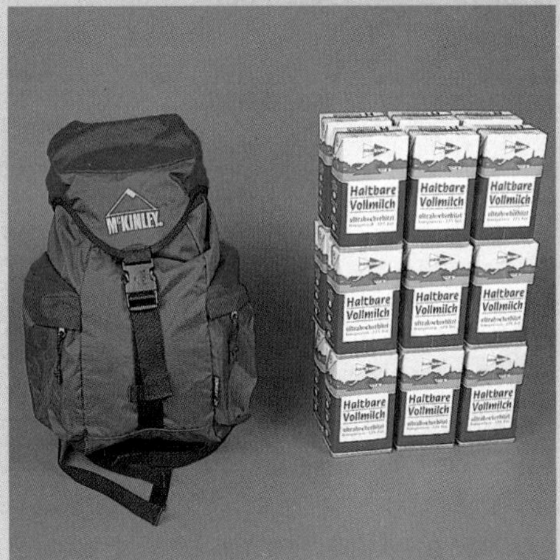
McKINLEY
Haltbare Vollmilch

So viele Milchkartons passen hinein:
1 Liter = 1 dm³

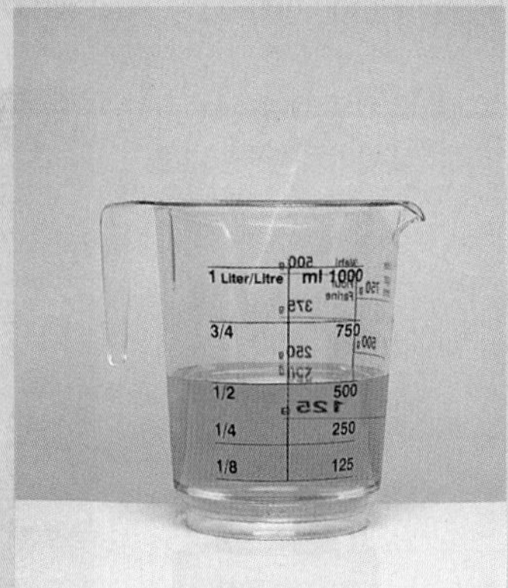
1 Liter/Litre
ml 1000
3/4
750
1/2
500
1/4
250
1/8
125

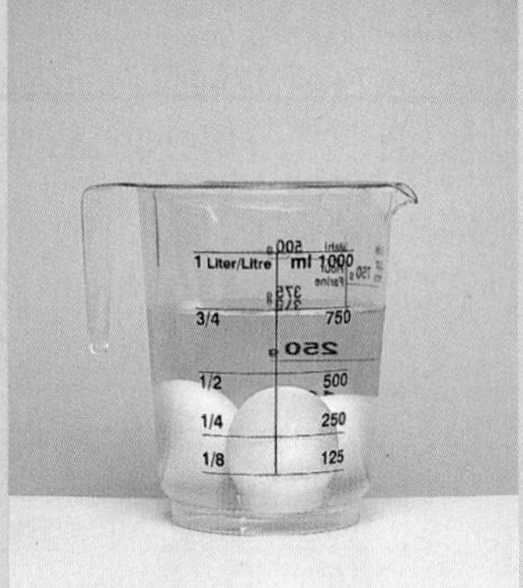
1 Liter/Litre
ml 1000
3/4
750
1/2
500
1/4
250
1/8
125

Flächeninhalt und Umfang von Rechteck und Quadrat

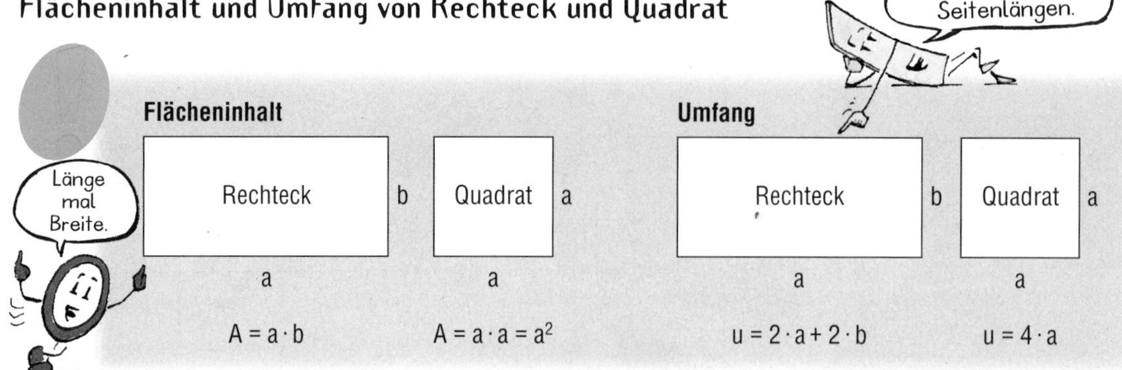

Berechne Flächeninhalt und Umfang eines Rechtecks mit den Seitenlängen 35 cm und 20 cm.

Flächeninhalt:
$A = 35\text{ cm} \cdot 20\text{ cm}$
$= 35 \cdot 20\text{ cm}^2$
$= 700\text{ cm}^2$

Umfang:
$u = 2 \cdot 35\text{ cm} + 2 \cdot 20\text{ cm}$
$= 70\text{ cm} + 40\text{ cm}$
$= 110\text{ cm}$

Aufgaben

1. Berechne Flächeninhalt und Umfang des Rechtecks mit den angegebenen Seitenlängen.

a) 8 cm, 16 cm b) 18 cm, 9 cm c) 25 cm, 20 cm d) 40 m, 40 m e) 12 m, 6,5 m f) 20 m, 15,5 m

2. Berechne die Bodenfläche des rechteckigen Zimmers.

a) Länge 3,6 m, Breite 3,8 m b) Länge 3,5 m, Breite 4,2 m
c) Länge 4,8 m, Breite 5,4 m d) Länge 3,6 m, Breite 2,8 m

$2{,}6\text{ m} \cdot 3{,}4\text{ m} = 8{,}84\text{ m}^2$

Nebenrechnung: 2,6 · 3,4
78
104
8,84

So viele Stellen nach dem Komma wie beide Faktoren zusammen.

3. Wer hat die größere Holzplatte für die Modelleisenbahn?
Jan: Länge 2,60 m, Breite 2,30 m Tim: Länge 2,80 m, Breite 2,10 m

4. Berechne Flächeninhalt und Umfang des Quadrats mit der angegebenen Seitenlänge.

a) 15 m b) 36 cm c) 2,5 m d) 18,6 m e) 0,5 cm f) 0,75 m

5. Was hat die größere Fläche, was den größeren Umfang? Schätze zuerst, dann rechne:
Ein Rechteck mit den Seitenlängen 4 cm und 6 cm oder ein Quadrat mit 5 cm Seitenlänge?

6. Auf dem Schulhof wurde eine neue Tischtennisplatte aufgestellt. Berechne ihren Flächeninhalt und Umfang.

7. Eine Firma bietet rechteckige Markisen in vier Fertiggrößen an. Aus wie viel m² Stoff besteht jede Markise?

Größe	I	II	III
Länge	3,5 m	3,0 m	3,5 m
Breite	4,0 m	4,7 m	5,5 m

8. a) Wie viele quadratische Platten mit 25 cm Seitenlänge passen auf 1 m^2?

b) Wie viele quadratische Fliesen mit 10 cm Seitenlänge passen auf 1 m^2?

9. Stefan möchte ein CD-Regal mit 20 Fächern bauen. Er hat alle rechteckigen Bauteile skizziert mit Maßangaben und Stückzahl. Genügt 1 m^2 Holzplatte für das Regal?

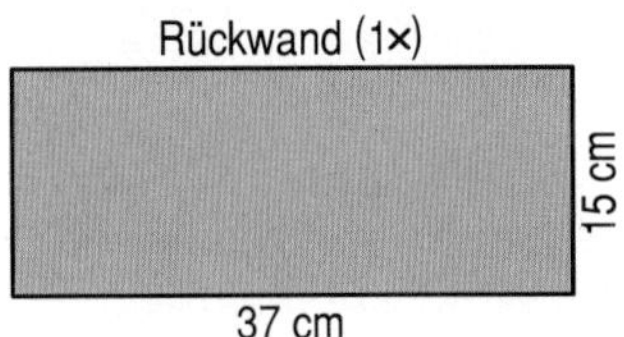

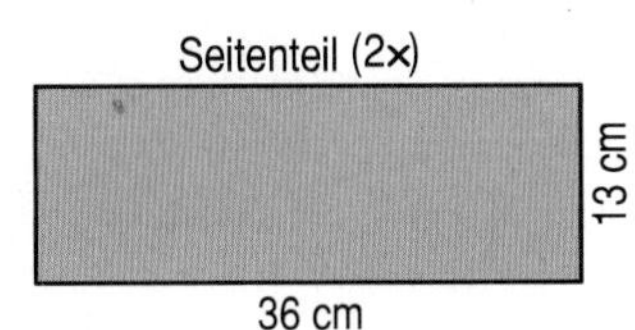

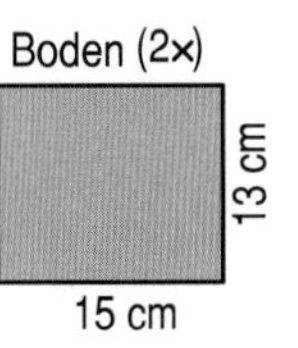

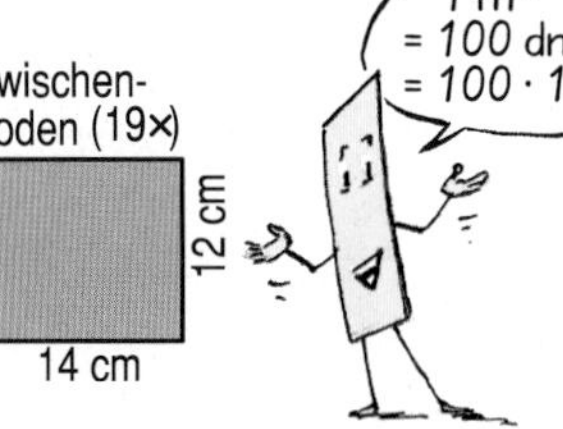

10. Ein Quadrat hat 1 m Seitenlänge. Wie ändert sich sein Flächeninhalt, wenn man die Seitenlänge verdoppelt, verdreifacht?

11. Ein Rechteck hat 2 cm und 3 cm Seitenlänge. Wie ändert sich sein Flächeninhalt,

a) wenn man eine der Seitenlängen verdoppelt, verdreifacht?

b) wenn man beide Seitenlängen verdoppelt, verdreifacht?

12. Berechne Flächeninhalt und Umfang des Rechtecks.

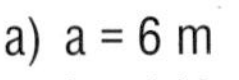

a) a = 6 m, b = 110 cm b) a = 250 mm, b = 20 cm c) a = 13 cm, b = 1,5 m d) a = 50 mm, b = 7,8 cm

a = 5 m, b = 40 cm	
in m *oder*	in cm
a = 5 m	a = 500 cm
b = 0,4 m	b = 40 cm
A = 5 m · 0,4 m = 2,0 m^2	A = 500 cm · 40 cm = 20 000 cm^2

13. Ein Fensterrollo ist 82 cm breit und 1,80 m lang. Berechne seine Fläche, wenn es ganz geöffnet ist.

14. Ein Warenhaus bietet 130 cm breite „Lackfolie" für Tischdecken an.

a) Welche Fläche hat ein Stück der Länge: 2 m 3 m 3,50 m 2,80 m 1,75 m?

b) Der laufende Meter kostet 5 €. Wie viel kosten die einzelnen Stücke?

15. Von einer rechteckigen Terrasse sind der Flächeninhalt A und eine Seitenlänge bekannt. Wie lang ist die andere Seite?

a) A = 20 m^2, a = 5 m b) A = 16 m^2, b = 4 m c) A = 14 m^2, b = 3,5 m d) A = 21 m^2, a = 4,2 m

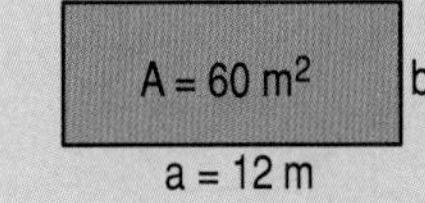

16. Bestimme die Seitenlänge des Quadrats und dann seinen Umfang.

a) A = 25 m^2 b) A = 121 m^2 c) A = 400 m^2 d) A = 0,25 m^2 e) A = 1,44 m^2

17. Wie groß ist die fehlende Seitenlänge des Rechtecks?

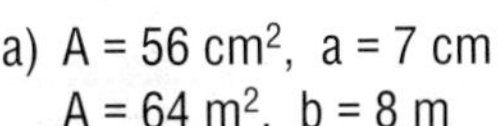

a) A = 56 cm^2, a = 7 cm; A = 64 m^2, b = 8 m; A = 35 dm^2, a = 5 dm

b) A = 600 m^2, b = 30 m; A = 800 cm^2, a = 20 cm; A = 2 000 mm^2, a = 40 mm

c) A = 12,5 m^2, b = 2,5 m; A = 32,2 cm^2, a = 4,6 cm; A = 226 mm^2, b = 11,3 mm

18. Familie Grün besitzt einen rechteckigen Schrebergarten, der 7,50 m lang und 12 m breit ist. Im Zuge einer Umlegung sollen sie diesen gegen einen 9 m breiten Garten tauschen.

a) Wie lang muss der neue Garten sein, wenn er genauso groß wie der alte sein soll?

b) Benötigt Familie Grün zum Einzäunen des neuen Gartens mehr Zaun?

19. Pkw-Anhänger sind 114 cm breit. Bestimme ihre Länge bei vorgegebener Ladefläche.

a) 1,596 m^2 (= 15 960 cm^2) b) 1,824 m^2 (= 18 240 cm^2) c) 2,28 m^2 (= 22 800 cm^2)

Aus Rechtecken zusammengesetzte Flächen

Zerlegen und addieren:

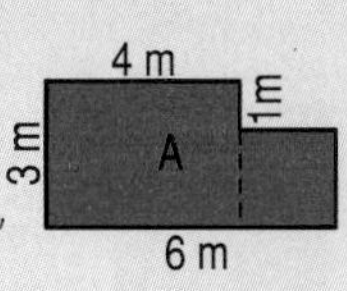

$A = 3\,m \cdot 4\,m + 2\,m \cdot 2\,m$
$= 12\,m^2 + 4\,m^2$
$= 16\,m^2$

Ergänzen und Subtrahieren:

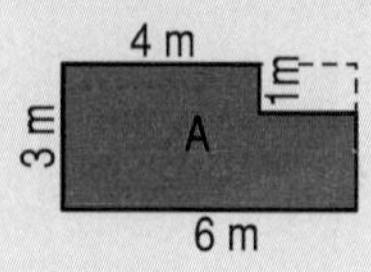

$A = 3\,m \cdot 6\,m - 1\,m \cdot 2\,m$
$= 18\,m^2 - 2\,m^2$
$= 16\,m^2$

Aufgaben

1. Berechne den Flächeninhalt. Alle Längen sind in cm angegeben.

a)
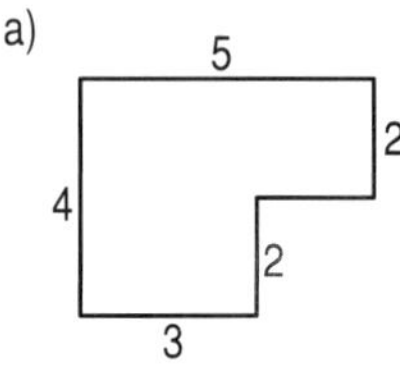

b)
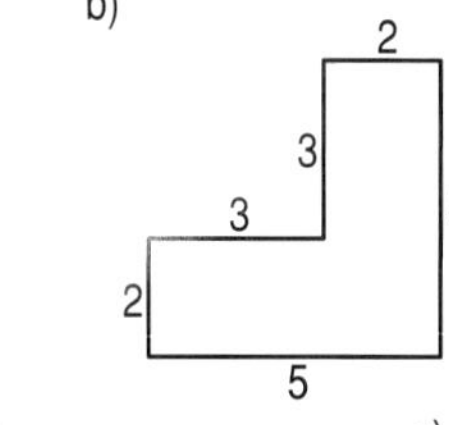

c)
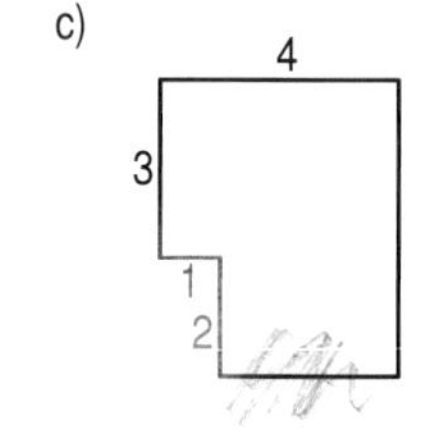

d)
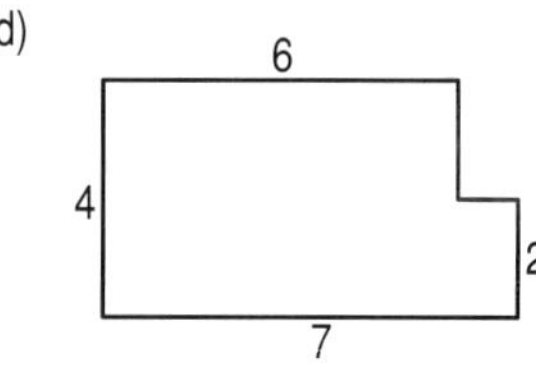

e)
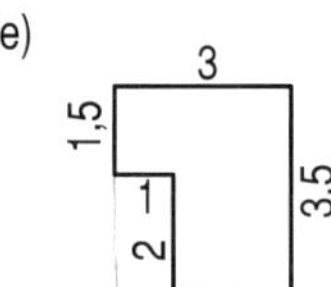

f)
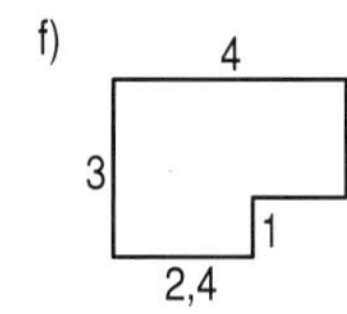

g)
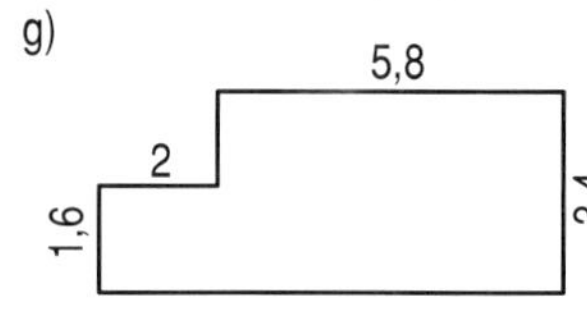

h)
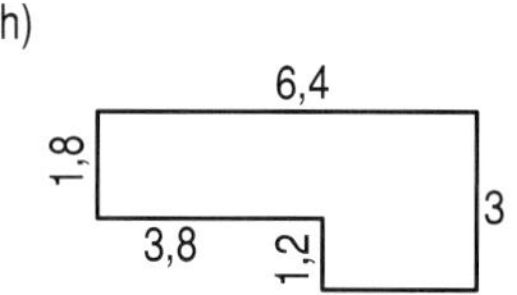

2. Bauer Moltke umzäunt die Auslauffläche für Hühner. Berechne Flächeninhalt und Umfang.

a)
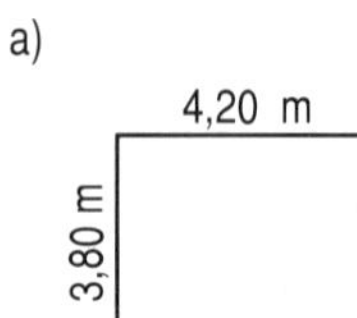

b)
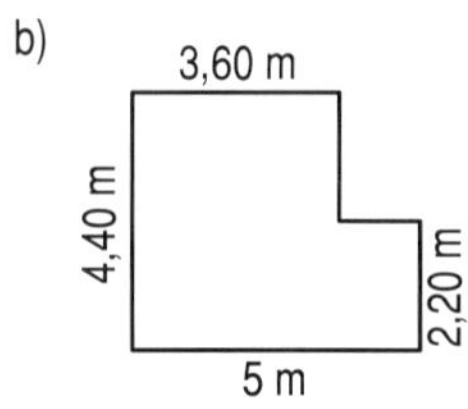

c)
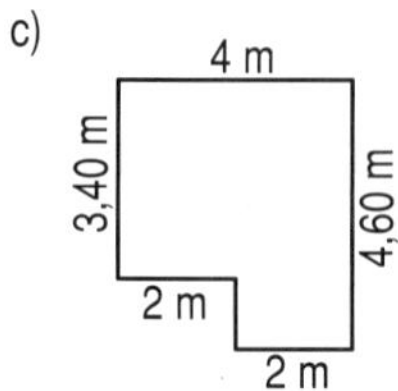

d)
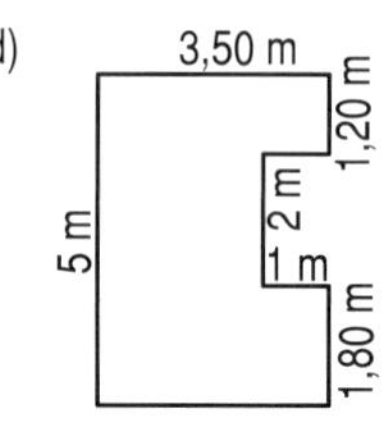

3. Im Badezimmer wird die Bodenfläche (ohne Dusche/Badewanne) gefliest und ringsum mit Silikon abgedichtet. Berechne die Fläche und ihren Umfang und dann die Kosten. 1 Paket Fliesen für 1 m² kostet 16,95 €, 1 Tube Silikon für 15 m kostet 2,85 €.

a)
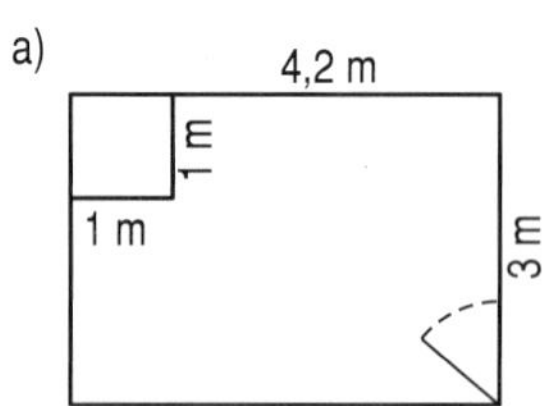

b)
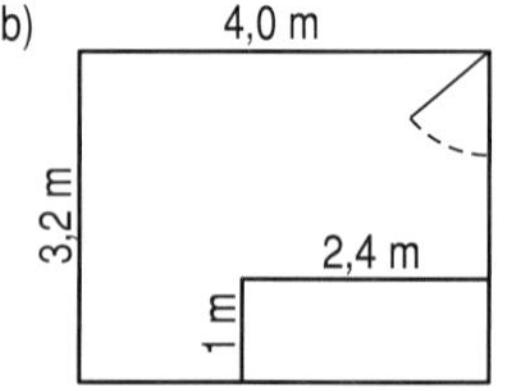

c)
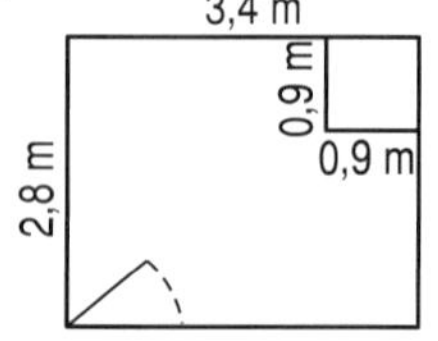

d)
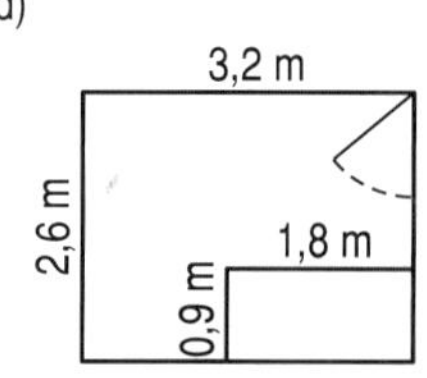

(4.) Jeder dieser Reklamebuchstaben ist 60 cm hoch und 40 cm breit. Die „Strichdicke" ist 10 cm. Berechne Flächeninhalt und Umfang.

FLETH

Nordrhein-Westfalen

1. Wie groß ist die Fläche des Landes?

a) Einige Stellen des Landes sind nicht von Rechtecken bedeckt, an anderen Stellen ragen Rechtecke über das Land hinaus. Beurteile nach Augenmaß, ob sich das ungefähr ausgleicht.

b) Berechne die von Rechtecken bedeckte Fläche. Beachte den Maßstab.

2. Wie lang ist die Grenze des Landes?

a) Beurteile: Ist der Umfang der aus Rechtecken zusammengesetzten Figur kürzer oder länger als die Landesgrenze?

b) Miss Abschnitt für Abschnitt die passenden Rechteckseiten und bestimme damit die ungefähre Länge der Grenze von NRW.

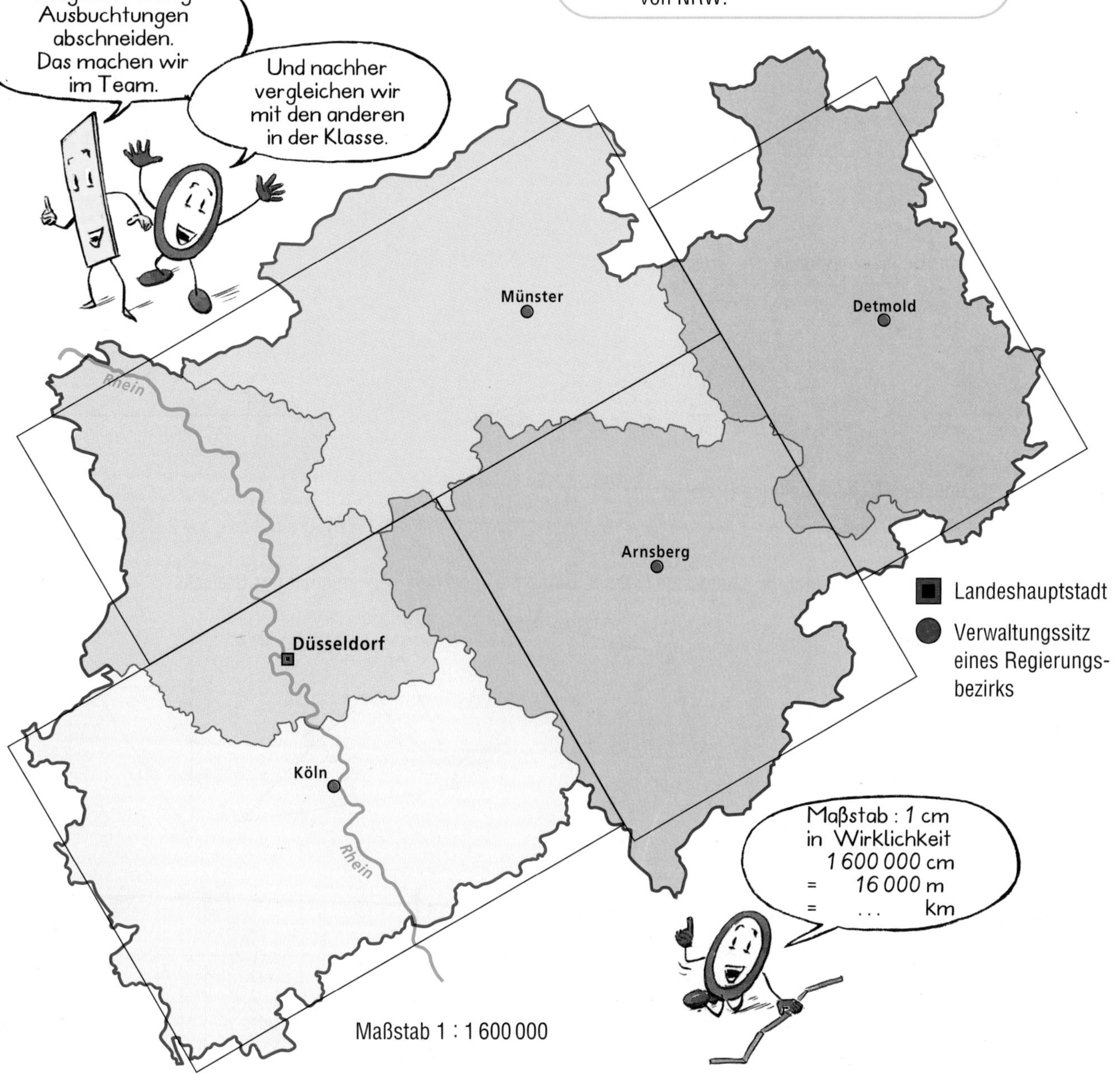

Flächeninhalt des Dreiecks

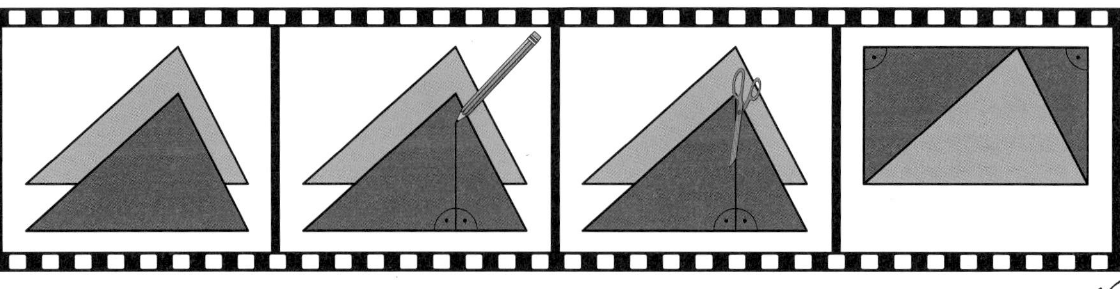

Ein Dreieck ist halb so groß wie ein Rechteck gleicher Breite und Höhe.

Flächeninhalt des Dreiecks:
Grundseite mal zugehörige Höhe, geteilt durch 2

$A = \frac{g \cdot h}{2}$

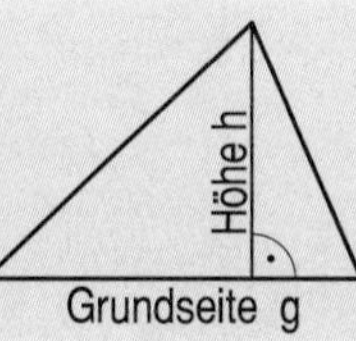

Beispiel:
Welchen Flächeninhalt hat ein Dreieck mit 4 cm langer Grundseite und 3 cm Höhe?

$A = \frac{4\text{ cm} \cdot 3\text{ cm}}{2} = \frac{12}{2}\text{ cm}^2 = 6\text{ cm}^2$

Aufgaben

1. Bestimme den Flächeninhalt des Dreiecks.

a)
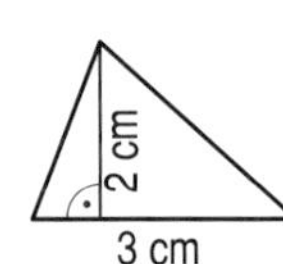

b)
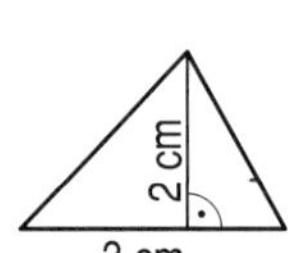

c)
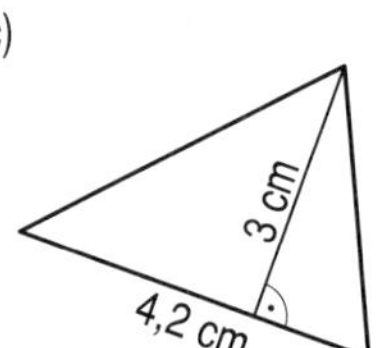

d)
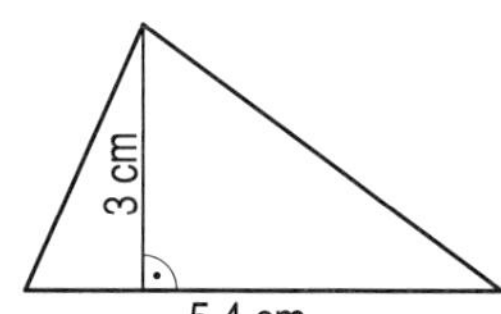

2. Berechne den Flächeninhalt des Dreiecks.

a) g = 6 cm, h = 4 cm b) g = 5 m, h = 2,4 m c) g = 9 m, h = 4,4 m d) g = 5,2 cm, h = 2,6 cm

3. Miss die Grundseite g und die zugehörige Höhe h. Berechne dann den Flächeninhalt des Dreiecks.

a)
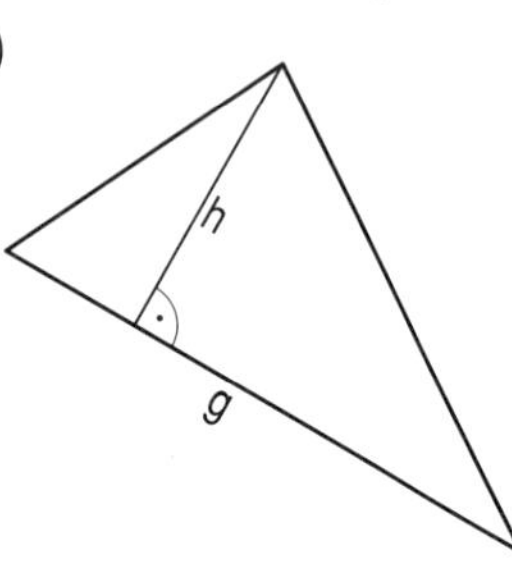

b)
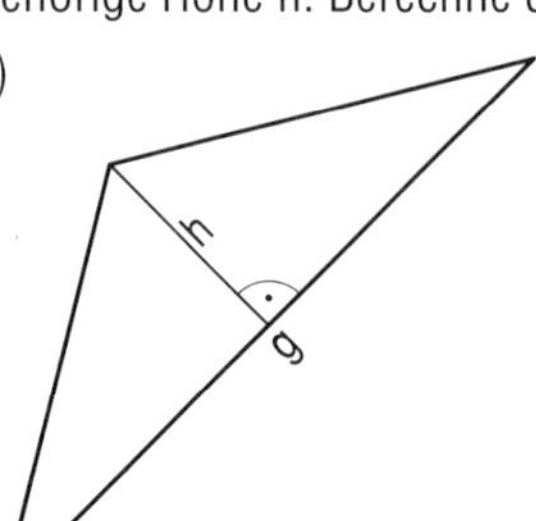

c) d)
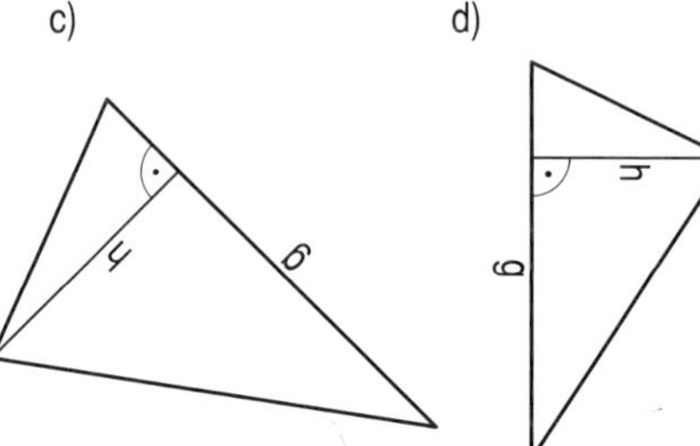

4. Zeichne das Dreieck ABC. Wähle eine Seite, die auf einer Gitterlinie liegt als Grundseite und zeichne die zugehörige Höhe. Bestimme beide Längen und berechne den Flächeninhalt.

a) A(1|6) B(3|6) C(2|8) b) A(1|2) B(6|2) C(2,5|4)
c) A(2|0,5) B(10|0,5) C(7|5,5) d) A(4|11) B(4|4) C(7,5|9)
e) A(1,5|10) B(4|12) C(0|12) f) A(9|6) B(9|12) C(4,5|10)

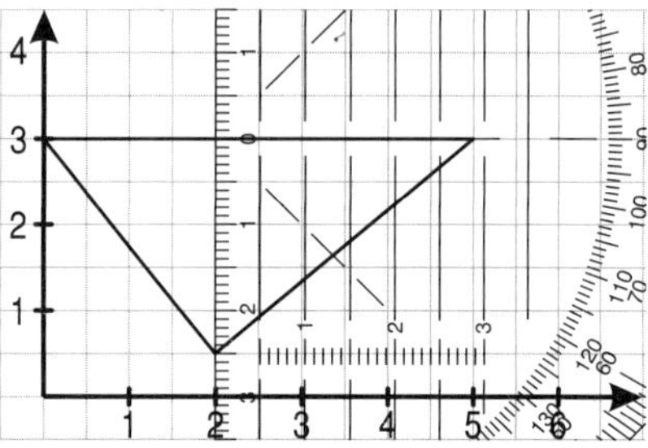

5. Übertrage das Dreieck ins Heft. Zeichne zur Grundseite die zugehörige Höhe. Miss beide Längen und berechne den Flächeninhalt des Dreiecks.

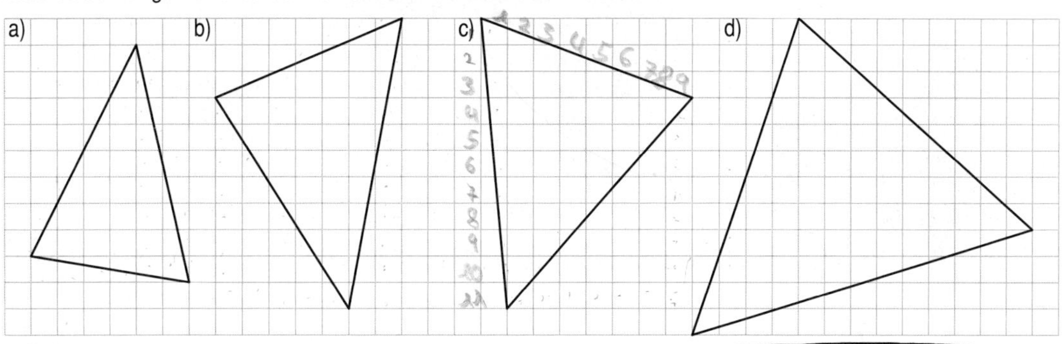

6. Ein Dreieck, aber drei Rechenwege für den Flächeninhalt:

a) Führe alle drei Rechenwege aus und vergleiche sie.

b) Erkläre die Unterschiede und miss selbst die benutzten Längenmaße.

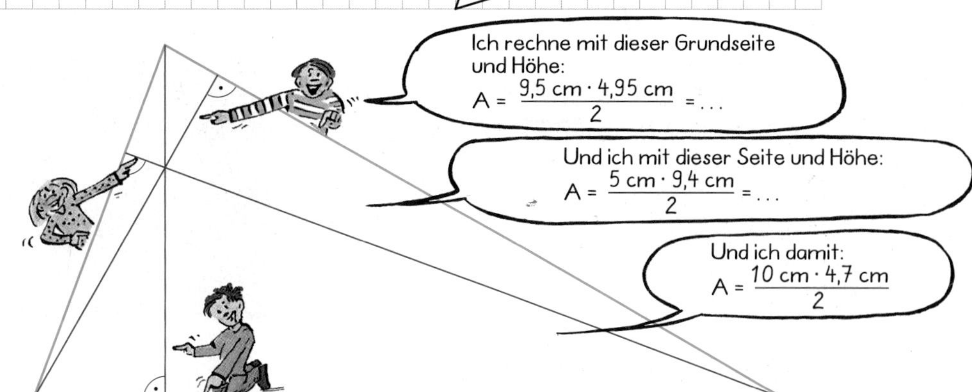

7. Zeichne das Dreieck ABC. Wähle eine Seite als Grundseite und zeichne die zugehörige Höhe. Miss beide Längen und berechne den Flächeninhalt des Dreiecks.

a) A(0|5) B(4|5) C(2|10) b) A(0|0) B(4,5|0) C(3|3) c) A(6|4,5) B(11|4,5) C(10|11)
d) A(7|1) B(11|2) C(9|4) e) A(10,5|2,5) B(12,5|9) C(7,5|8) f) A(5|12,5) B(7,5|9,5) C(9,5|11,5)

8. Bestimme den Flächeninhalt und außerdem den Umfang des Dreiecks.

a)

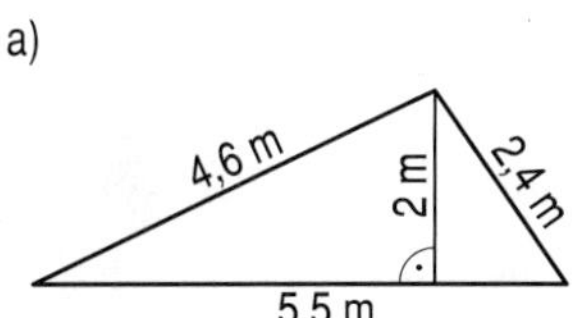

b)

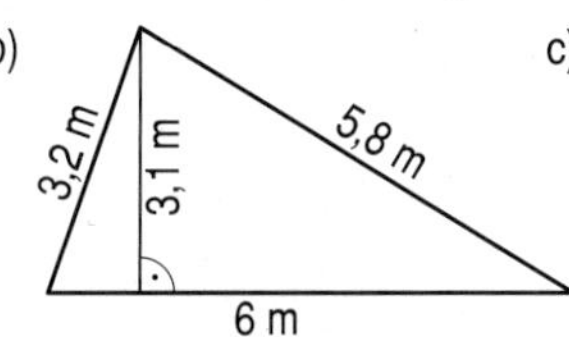

c)

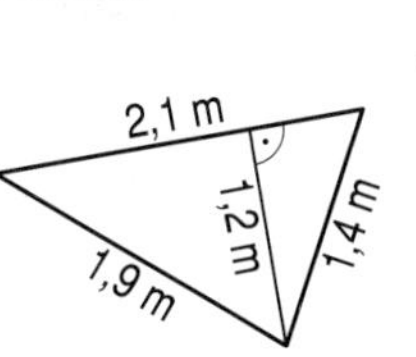

d)

9. Zeichne das Dreieck ABC und bestimme seinen Flächeninhalt und seinen Umfang. Die benötigten Seitenlängen und Höhe entnimmst du deiner Zeichnung.

a) A(0|0) B(9|0) C(5|7) b) A(5,5|6,5) B(16,5|6,5) C(11,5|13,5) c) A(1|1) B(9|1) C(1|7)
d) A(0|8,5) B(7|3,5) C(7|8,5) e) A(10|0) B(15|3,5) C(9|6) f) A(1|9) B(5,5|9) C(4,5|15)

10. Anja berechnet die Dreiecksfläche mit der blauen Seite als Grundseite und der zugehörigen Höhe.
Könnte sie auch mit der roten Seite und der Höhe am Rand oder außerhalb des Dreiecks rechnen?

a)

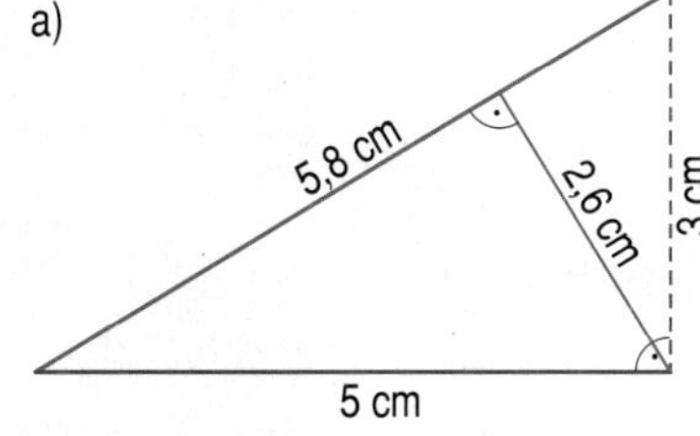

b)

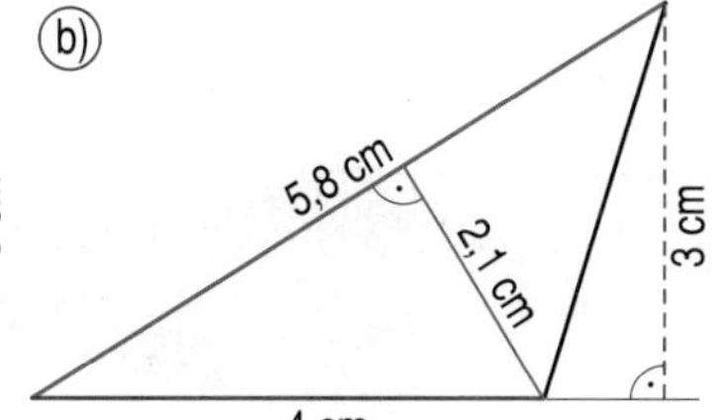

11. Berechne die dreieckige Fläche.

a)

b)

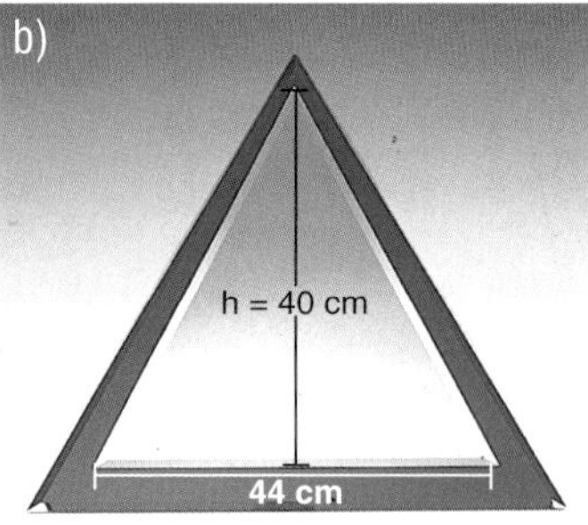

c)

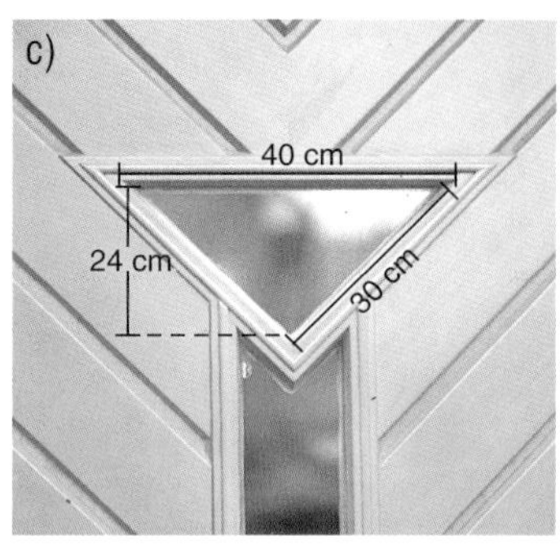

12. Ein Möbelhaus bietet Tische mit dreieckiger Holzplatte an.

a) Wie viel cm^2 ist die Fläche einer Platte groß?

b) Wie viel m^2 sind das?

c) Ein Konditor kauft für sein neues Café 25 Tische mit so einer Tischplatte. Wie viel m^2 Holz werden für die Tischplatten gebraucht?

d) Wie teuer sind die 25 Tische, wenn ein Tisch 145,– € kostet?

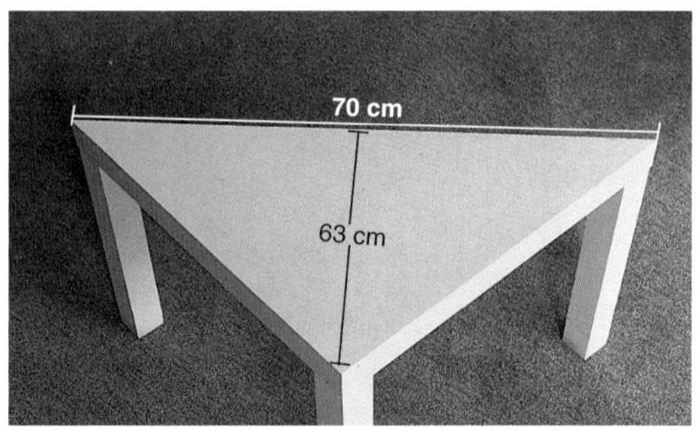

13. „Vorfahrt beachten": Berechne
- die Fläche des Schildes
- die weiße Innenfläche
- die rote Randfläche.

14. „Fußgängerweg": Berechne
- die Fläche des Schildes
- die Dreiecksfläche
- die blaue Fläche.

15. Frau Zenz will für ihre Küche ein kleines Eckregal aus Holz bauen. Sie hat die einzelnen Bauteile skizziert mit Angabe der Maße und der benötigten Anzahl.

a) Aus wie viel cm^2 Holz wird das Regal bestehen? Wie viel m^2 sind das?

b) Wie viel € kostet das Holz, wenn 1 m^2 Holz 6,95 € kostet?

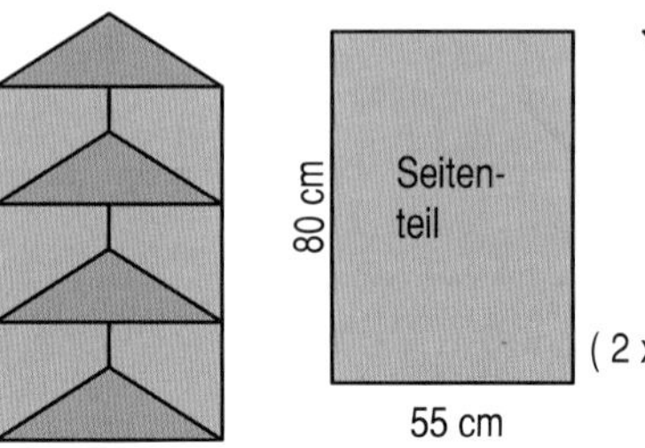

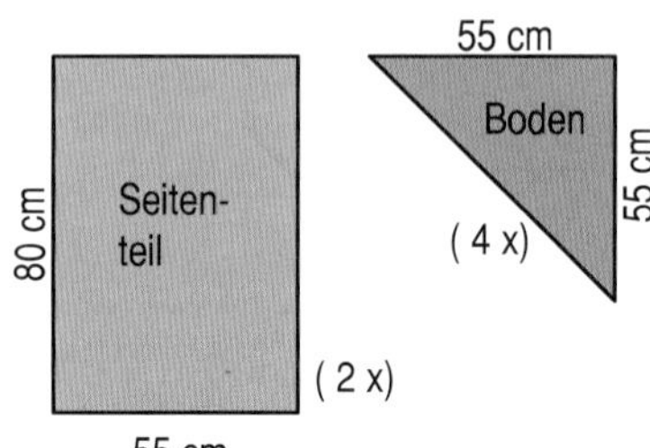

16. Berechne den Flächeninhalt und Umfang:

a) von Annas selbstgebasteltem Drachen.

b) der Sandfläche im Inneren des Spielkastens.

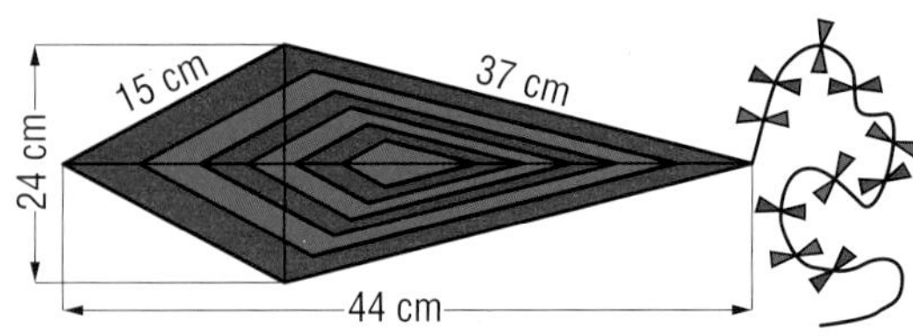

Buchstützen

1. Zeichne das Schrägbild des Grundmodells.

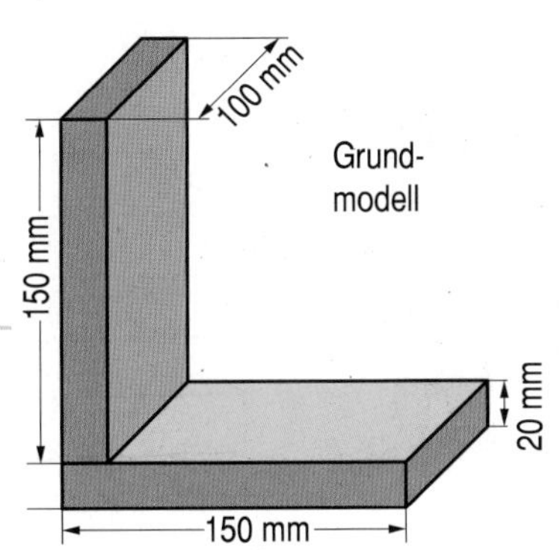

Material pro Buchstütze
- 2 Kiefernholzbrettchen 150 mm x 100 mm x 20 mm
- 2 Senkkopfschrauben (Durchmesser 3 mm, 30 mm lang)
- Farbe

2. Die fertig zugeschnittenen Brettchen werden von einem Versandhaus angeboten.
   a) Schreibe eine Bestellung für 25 Stützen.
   b) Wie hoch ist der Gesamtpreis incl. Porto?
   c) Wie viel € sind das pro Buchstütze?

Kiefernholzbrettchen

Seiten glatt gehobelt, 2 Seiten sauber gesägt.

Dicke	Breite	Länge	Bestell-Nr.	Preis je Stück
10 mm	100 mm	100 mm	**625.058**	**0,35**
10 mm	150 mm	200 mm	**625.597**	**0,65**
15 mm	100 mm	200 mm	**626.019**	**0,55**
15 mm	150 mm	300 mm	**626.639**	**1,30**
20 mm	100 mm	150 mm	**627.070**	**0,55**

Portokosten:

Bestellung bis	€ 15,–	€ 4,50
Bestellung bis	€ 50,–	€ 3,–
Bestellung bis	€ 100,–	€ 1,50
Bestellung über	€ 100,–	portofrei

3. Im Baumarkt gibt es das gleiche Holz in Platten von 60 cm x 120 cm zum Preis von 10 €.
   a) Wie viele Brettchen kann man aus einer solchen Platte sägen?
   b) Wie viel kosten 2 Brettchen für 1 Stütze?

4. Durch Ändern des Seitenbretts kann jeder sein Spezialmodell bauen.
   a) Wähle dein Spezialmodell und zeichne, wie du es aus einem rechteckigen Brettchen aussägen musst.
   b) Wie viel cm² Holz gehen dabei verloren?

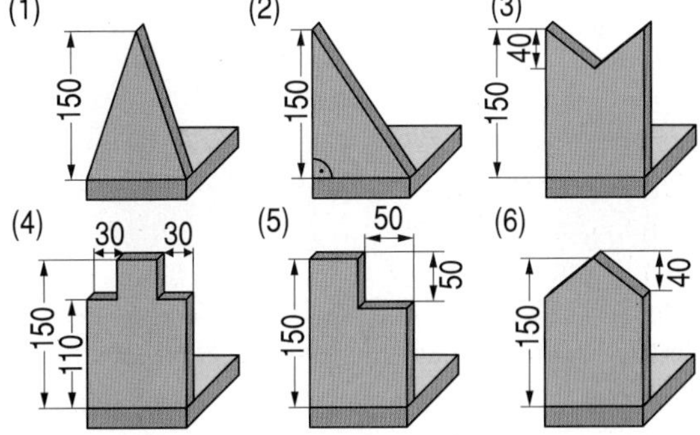

5. Wenn gleich viele Spezialmodelle (3) und (6) gebaut werden, kann man Holz sparen. Wie viele Seitenbrettchen jeder Sorte kann man aus einer 60 cm x 120 cm-Platte schneiden? Zeichne, wie man dafür schneidet.

6. Zuletzt wird die zusammengebaute Buchstütze lackiert. Wie groß ist die zu lackierende Oberfläche
   a) beim Grundmodell,
   b) bei deinem Spezialmodell?
   c) Wie viel ml Lack braucht man etwa für 25 Grundmodelle, wenn 1 l für 8 m² reicht?

Bauanleitung

Anzeichnen der Bohrlöcher (Maße in mm)

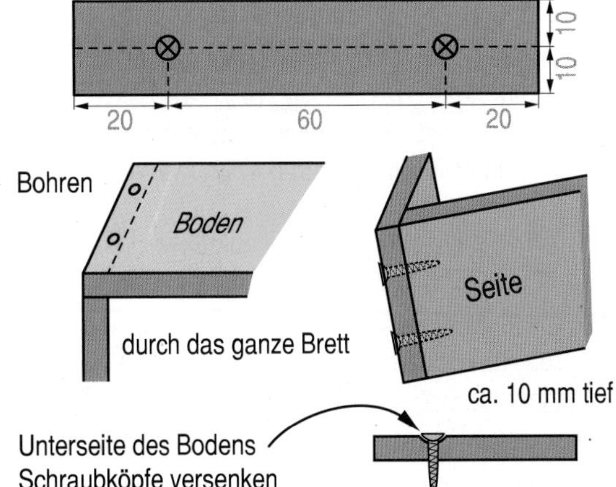

Rauminhalt des Quaders

Rauminhalt (Volumen) des Quaders:
$V = a \cdot b \cdot c$

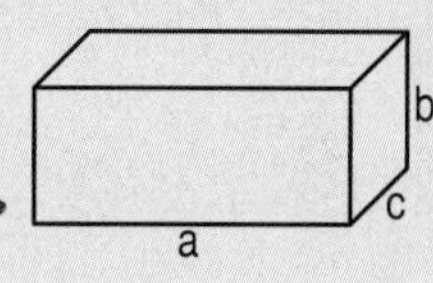

Beispiel:
$a = 6$ cm, $b = 2$ cm, $c = 10$ cm
$V = 6 \text{ cm} \cdot 2 \text{ cm} \cdot 10 \text{ cm}$
$= 120 \text{ cm}^3$

Rauminhalt (Volumen) des Würfels:
$V = a \cdot a \cdot a = a^3$

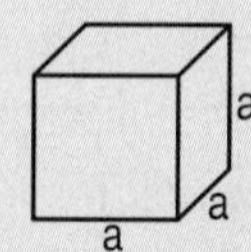

Beispiel:
$a = 3$ cm
$V = 3 \text{ cm} \cdot 3 \text{ cm} \cdot 3 \text{ cm}$
$= 3^3 \text{ cm}^3 = 27 \text{ cm}^3$

Aufgaben

1. Berechne den Rauminhalt des Quaders. (Längenmaße in cm)

a)

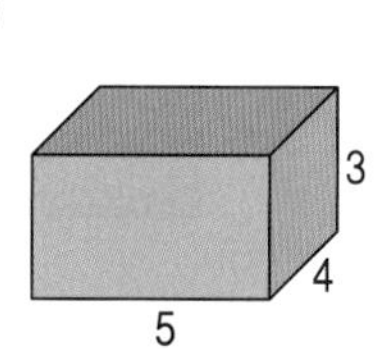

b)

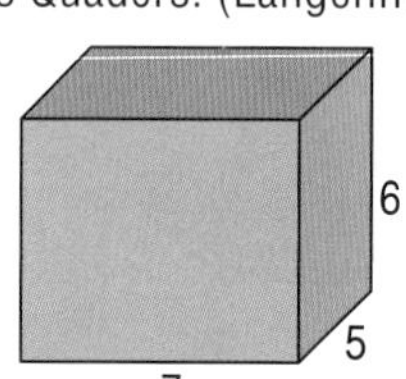

c)

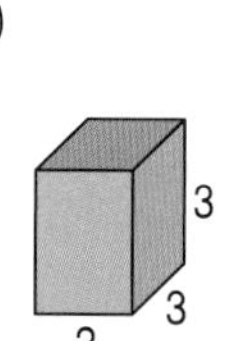

d)

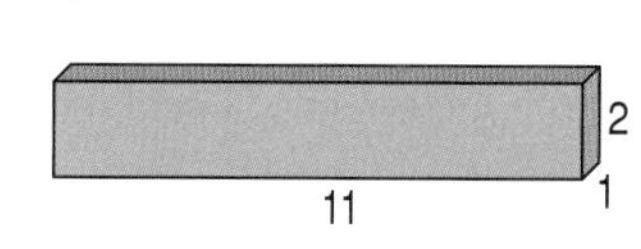

2. Berechne den Rauminhalt eines Quaders mit den angegebenen Kantenlängen.

a)	b)	c)	d)	e)	f)
a = 5 cm	a = 9 cm	a = 12 cm	a = 20 cm	a = 35,1 cm	a = 24,5 cm
b = 8 cm	b = 11 cm	b = 7 cm	b = 40 cm	b = 20 cm	b = 20 cm
c = 7 cm	c = 4 cm	c = 10 cm	c = 55 cm	c = 11 cm	c = 28 cm

3. Berechne das Volumen eines Würfels mit a) a = 8 m b) a = 20 m c) a = 0,7 cm.

4. Wie viele Würfel mit $\frac{1}{2}$ m Kantenlänge passen in einen 1-m³-Würfel? Welches Volumen hat jeder?

5. Eine Blechdose ist 18,5 cm hoch und hat eine quadratische Grundfläche mit 12 cm Kantenlänge. Berechne ihren Rauminhalt in cm³ und verwandle dann in dm³ und *l*.

6. a) Eine Pappschachtel mit Kosmetiktüchern ist 23 cm lang, 11 cm breit und 7 cm hoch. Berechne ihren Rauminhalt.
   b) Für Supermärkte sind die Schachteln wie abgebildet in Kartons verpackt. Wie lang, breit und hoch muss ein solcher Karton innen sein?
   c) Wie viel cm³ Volumen hat ein solcher Karton?
   d) Gib den Rauminhalt auch in dm³ und *l* an, runde ganzzahlig.

7. a)  b)  c) 

Sven hat mit Holzwürfeln der Kantenlänge 2 cm ein „Hochhaus“ gebaut. Aus wie vielen Würfeln besteht es? Wie groß ist sein Rauminhalt?

8. a)  b)  c) 

Janina hat mit Streichholzschachteln (5,2 cm x 3,6 cm x 1,6 cm) gebaut. Welches Volumen hat ihr „Haus“?

Erst mm in cm umwandeln.

1 cm³ Holz

0,9 g

9. a) Berechne das Volumen eines Leimholzbretts mit 80 cm Länge, 20 cm Breite und 1,8 cm Dicke in cm^3 und verwandle in dm^3.

b) Wie schwer ist eine Ladung von 38 solcher Bretter in g und kg?

10. a) Eine Tür aus Leimholz ist 215 cm hoch, 60 cm breit und 2,8 cm dick. Berechne den Rauminhalt der Tür in cm^3 und in dm^3.

b) Wie schwer ist eine solche Tür? Berechne in g und kg.

11. Bestimme die fehlende Kantenlänge des Quaders.

a) $V = 30\ cm^3$	b) $V = 36\ cm^3$	c) $V = 78\ cm^3$	d) $V = 120\ m^3$	e) $V = 605\ m^3$
$a = 4$ cm	$a = 2$ cm	$a = 13$ cm	$a = 12$ m	$a = 11$ m
$b = 5$ cm	$b = 3$ cm	$b = 3$ cm	$b = 5$ m	$b = 11$ m

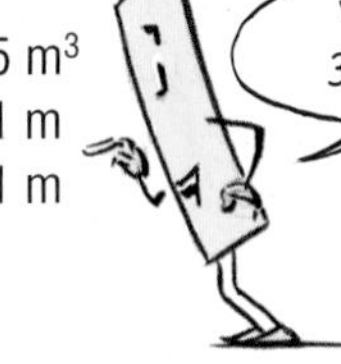

12. Welche Kantenlänge hat ein Würfel mit dem Volumen V? Löse durch Probieren.

a) $V = 8\ cm^3$ b) $V = 27\ cm^3$ c) $V = 125\ cm^3$ d) $V = 1000\ cm^3$ e) $V = 64\,000\ cm^3$

13.

Schätze zuerst: Ist der linke Behälter größer als der rechte oder ist er kleiner? Dann berechne von beiden das Volumen in cm^3. Verwandle in dm^3 (= l) und runde ganzzahlig.

Oberfläche und Rauminhalt von Quadern

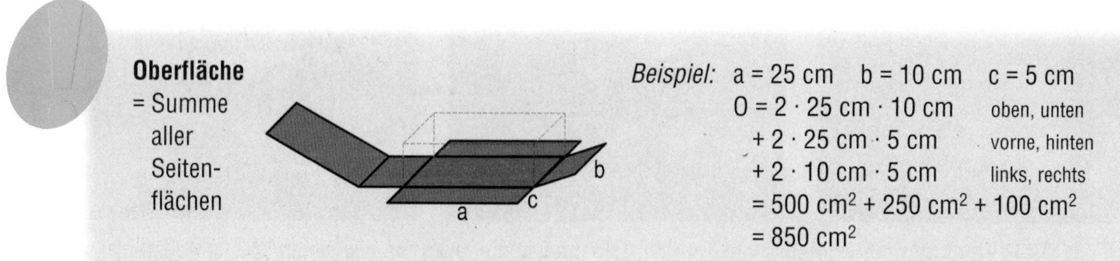

Aufgaben

1. Welche Oberfläche hat der Quader? (Die Längen sind in cm angegeben.)

a) 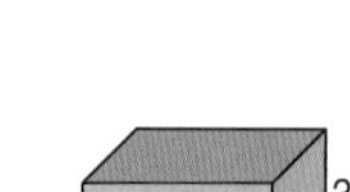

b) 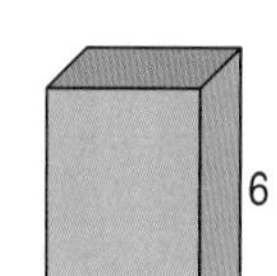

c) 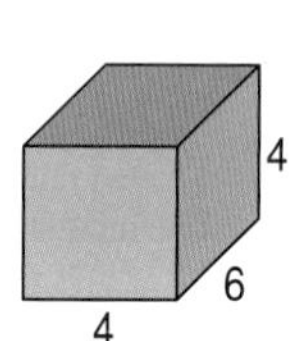

d) 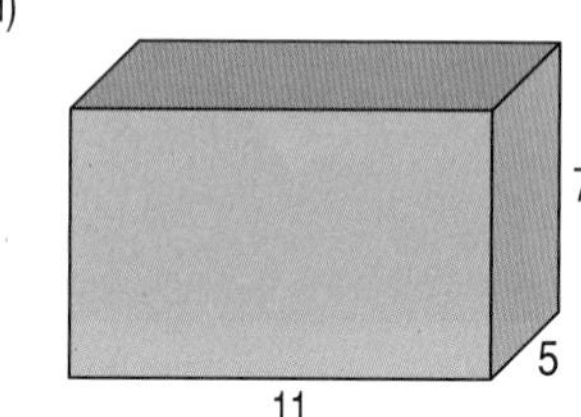

2. Berechne die Oberfläche und das Volumen des Quaders.

a)	b)	c)	d)	e)	f)
a = 4 cm	a = 12 cm	a = 20 cm	a = 9 m	a = 8 mm	a = 12 m
b = 7 cm	b = 5 cm	b = 10 cm	b = 9 m	b = 10 mm	b = 7 m
c = 6 cm	c = 2 cm	c = 35 cm	c = 11 m	c = 6 mm	c = 4,5 m

3. Berechne Oberfläche und Volumen eines Würfels. a) a = 7 cm b) a = 16 cm c) a = 30,5 cm

4. a) Ein Koffer ist 80 cm breit, 35 cm hoch und 45 cm tief. Berechne das Volumen in cm³. Verwandle dann in dm³ (= *l*).

b) Wie viel cm² Fläche bietet er für Aufkleber, mehr als 2 m²?

5. Ein Geschäft verschenkt Pappwürfel mit 14 cm Kantenlänge.

a) Wie groß ist das Volumen eines Würfels?

b) Wie groß ist die Oberfläche eines solchen Würfels?

c) Reichen 2 m² Pappe zur Herstellung von 20 Würfeln?

6. Ein quaderförmiger Briefkasten aus Blech ist 40 cm hoch, 45 cm breit und 11,5 cm tief.

a) Wie viel *l* Volumen hat er? b) Wie viel cm² Blech braucht man bei der Herstellung mindestens?

7. Wie viel Liter Kompost passen in den Holzkomposter, wenn er bis zum Rand gefüllt ist?

8. Die Schubkarre fasst bis zum Rand 85 *l*. Wie viel Liter fasst sie mit dem quaderförmigen Aufsatz?

9. a) Ein Baumarkt bietet „Quadratsteine“ an. Alle sind 8 cm dick. Berechne die Volumina.

b) Wie schwer ist ein Stein jeder Sorte?

c) Wie viel wiegen 300 Steine der mittleren Größe in kg, wie viel in t (gerundet)?

$1 cm^3$ Stein wiegt 2,5 g.

10. a) Wie viel m^3 Gerste fasst der Erntewagen, wenn er bis zum Rand gefüllt wird?

b) $1 m^3$ Gerste wiegt etwa 700 kg. Wie viel t wiegt die Ladung des vollen Wagens?

c) Gelagert wird die Gerste in einem quaderförmigen Raum: 3 m hoch, 5 m breit und 6 m lang. Wie viel m^3 passen hinein? Wie viel t sind das etwa?

d) Wie viele Wagenladungen passen hinein?

11. Esther baut sich selbst zwei Lautsprecherboxen.

a) Wie viel cm^2 Stoff braucht sie mindestens zur Bespannung einer Frontfläche, wie viel für beide?

b) Wie viel cm^2 Holz braucht sie für eine Box, wie viel für beide?

c) Welches Gesamtvolumen kommt in Schwingung, wenn beide Boxen in Betrieb sind? Runde auf ganze Liter.

12. Vergleiche zwei Würfel, der eine mit 2 cm Kantenlänge, der andere mit der doppelten Kantenlänge.

a) Berechne und vergleiche beide Oberflächen.

b) Berechne und vergleiche beide Volumina.

13. Die Jugendlichen einer Klasse bauen oben offene Holzkisten für ihr Freiarbeitsmaterial.

a) Berechne das Fassungsvermögen einer Kiste, wenn sie bis zum Rand gefüllt ist. Wie viel *l* sind das?

b) Die Holzbretter sind 1 cm dick. Wie lang, breit und hoch ist die Kiste außen gemessen?

c) Wie viel cm^2 Holz braucht man für 4 Kästen? Reicht $1 m^2$?

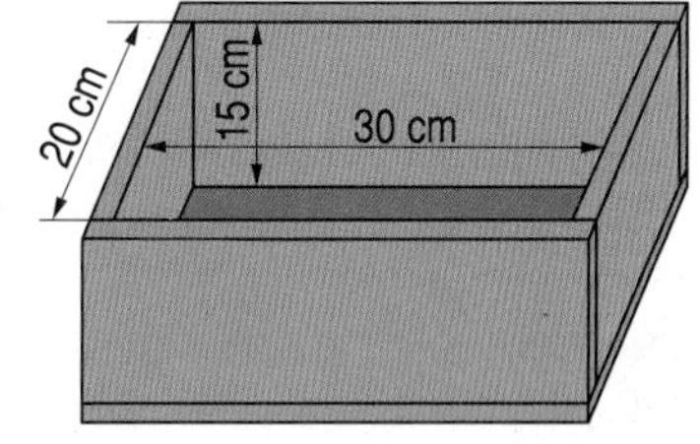
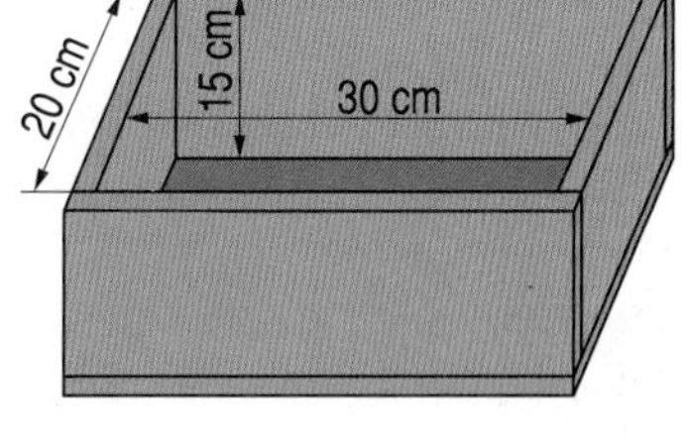

14. a) Eine quaderförmige Kühlbox ist innen 20 cm lang, 15 cm breit und 30 cm hoch. Wie viel cm^3 passen hinein? Wie viel *l* sind das (gerundet)?

b) Außen ist die Kühlbox 25 cm lang, 20 cm breit und 35 cm hoch. Berechne das Außenvolumen. Gib auch in *l* an.

c) Wie dick sind die Wände der Box? Welches Volumen haben sie zusammen?

15. Martin will seiner Mutter eine oben offene Kiste für die Waschmittel bauen. Seine Mutter zeigt, welche Pakete stehend hineinpassen sollen. (Längen in cm).

a) Skizziere eine rechteckige Grundfläche, auf der alle Pakete stehen können. Wie lang und breit ist sie?

b) Das Holz für die Kiste ist 1 cm dick. Welches sind die Außenmaße der Kiste, wenn sie 15 cm hoch sein soll? Wie viel cm^2 Holz braucht Martin?

16. a) Ein quaderförmiges Schwimmbecken (Maße: 25 m x 15 m x 2 m) muss an Wänden und Boden neu gefliest werden. Wie viel m² sind das?

b) Die Fliesen für 1 m² kosten 9,95 €. Wie viel kosten die Fliesen insgesamt?

c) Das Becken wird wieder gefüllt, wie viel m³ Wasser sind es bis zum Rand?

d) 1 m³ Wasser kostet 2,50 €. Wie teuer ist die Beckenfüllung?

17. Das Nichtschwimmerbecken (8 m x 6 m x 0,6 m) wird gefliest und gefüllt. Wie teuer ist das? Rechne mit den Preisen aus Aufgabe 16.

18. Familie Neiß erneuert den Farbanstrich in ihrem quaderförmigen Schwimmbecken.

a) Das Becken ist 12 m lang, 5,50 m breit und 2,20 m tief. Wie viel m² Fläche ist zu streichen?

b) Ein 10-*l*-Eimer Farbe reicht für 55 m² und kostet 32,95 €. Wie teuer wird die Farbe?

c) Das Becken wird bis zum Rand gefüllt. Wie viel m³ Wasser sind dazu erforderlich?

d) Wie viel € kostet die Beckenfüllung, wenn das Wasserwerk 2,50 € für 1 m³ verlangt?

19. Ein Schwimmbecken kann mit 210 m³ Wasser gefüllt werden, bis es randvoll ist. Berechne seine Länge, wenn es 7 m breit und 2 m tief ist.

20. Eine quaderförmige Baugrube ist nach einem Wolkenbruch voll Wasser gelaufen. Es werden 408 m³ Wasser ausgepumpt. Wie breit ist die Grube, wenn sie 12 m lang und 4 m tief ist?

21. Eine Schmuckschatulle (10 cm breit, 12 cm hoch, 12 cm tief) soll mit Samt ausgelegt werden. Wie viel cm² Samtstoff werden benötigt?

22. Ein Stahlträger hat einen Querschnitt von 50 cm². Er ist 2,5 m lang.

a) Berechne sein Volumen. b) Berechne seine Masse (1 dm³ Eisen wiegt 8 kg).

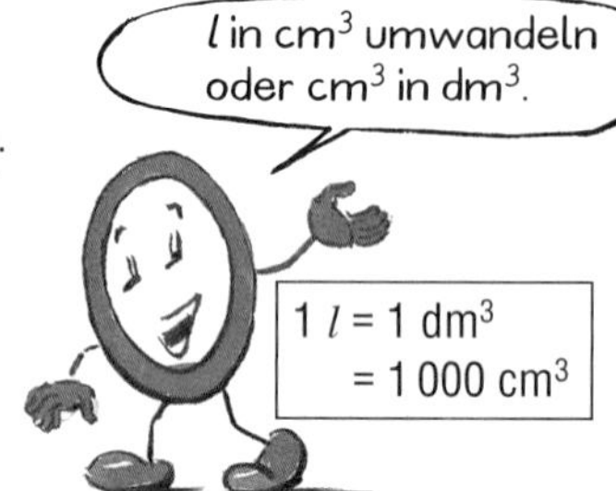

23. Eine Tiefkühltruhe ist innen 80 cm lang, 50 cm breit und 50 cm tief. Wie viel *l* fasst sie?

24. Berechne das fehlende Innenmaß der Tiefkühltruhe.

a) V = 240 *l*; 100 cm lang, 40 cm breit b) V = 540 *l*; 150 cm lang, 60 cm breit

25. Ein quaderförmiger Mörtelkasten fasst 65 *l*. Er ist 50 cm lang und 32,5 cm tief. Berechne die Breite.

26. Berechne die Tiefe einer Klappbox, die das Volumen 36 *l* hat. Sie ist 50 cm lang und 36 cm breit.

27. Ein kleiner Benzinkanister fasst 5 *l*. Er ist 20 cm lang und 15 cm breit. Berechne seine Höhe.

28. Ein quaderförmiges Aquarium fasst 210 *l* Wasser. Es ist 100 cm lang und 30 cm breit.

a) Berechne seine Höhe. b) Berechne seine innere Glasfläche (oben ist es offen!).

(29.) a) Die Oberfläche eines Würfels ist 600 cm² groß. Berechne zuerst die Größe einer Seitenfläche, dann die Kantenlänge und zuletzt das Volumen des Würfels.

b) Löse die entsprechende Aufgabe für einen Würfel mit 864 cm² Oberfläche.

Ein Schluck aus dem Möhnesee

1. a) Schreibe das Wasservolumen ausführlich mit Ziffern. Wie viele Nullen brauchst du?

b) Wie viel *l* sind das?

Aus dem Lexikon:
Wenn die Möhnetalsperre ganz gefüllt ist, enthält sie 135 Mio. Kubikmeter Wasser.

2. Wenn jeder Einwohner von NRW 1 *l* Wasser schöpft, wie viel *l* sind das, wie viel m^3?

Aus dem Erdkundeunterricht:
Im Jahr 1998 hatte NRW 17 415 000 Einwohner.

1 km² 1000 m
1000 m

3. Gib die Fläche des Sees in m^2 an.

Aus dem Lexikon:
Der Möhnesee bedeckt eine Fläche von 10 km^2.

4. Angenommen, der See ist überall gleich tief. Wie hoch steht dann das Wasser, wenn er ganz gefüllt ist?

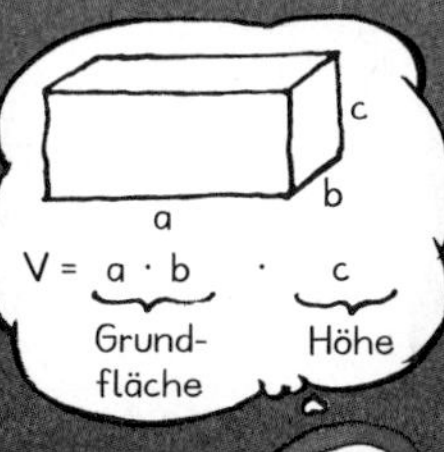

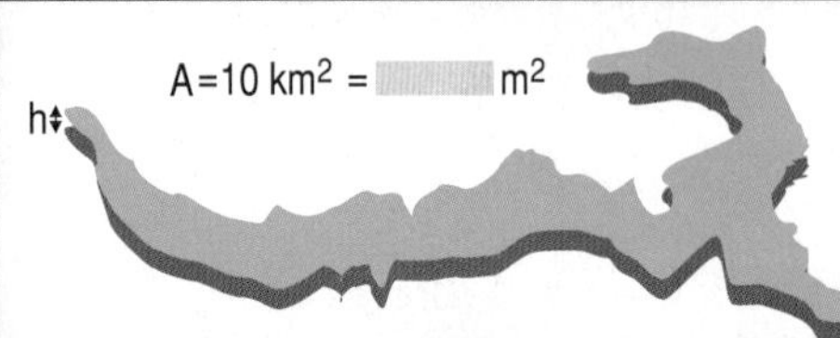

5. Wie hoch steht das Wasser, wenn jeder Einwohner 1 *l* geschöpft hat? Und jetzt weißt du, um wie viel der Wasserspiegel sinken würde.

6. Rings um den ganzen Möhnesee mit 40 km Umfang sind Uferwege. Könnten die Einwohner von NRW alle *gleichzeitig* ihren Liter Wasser schöpfen?

1. Berechne den Flächeninhalt und den Umfang des Rechtecks.

a) a = 28 cm, b = 35 cm b) a = 16 cm, b = 5,5 cm c) a = 50 mm, b = 7,7 cm

2. Berechne den Flächeninhalt und den Umfang des Quadrates.

a) a = 12 cm b) a = 55 mm c) a = 5,6 dm
d) a = 0,8 m e) a = 0,77 m f) a = $\frac{1}{2}$ m

3. Bestimme die Seitenlänge des Quadrats.

a) A = 4 cm² b) A = 64 cm² c) A = 900 m²
d) A = 169 cm² e) A = 6 400 m² f) A = $\frac{1}{4}$ km²

4. Berechne den Flächeninhalt des Dreiecks.

a) g = 12 cm, h = 9 cm b) g = 11 mm, h = 4,3 mm c) g = 8,8 cm, h = 7 cm

5. Bestimme den Flächeninhalt des Dreiecks.

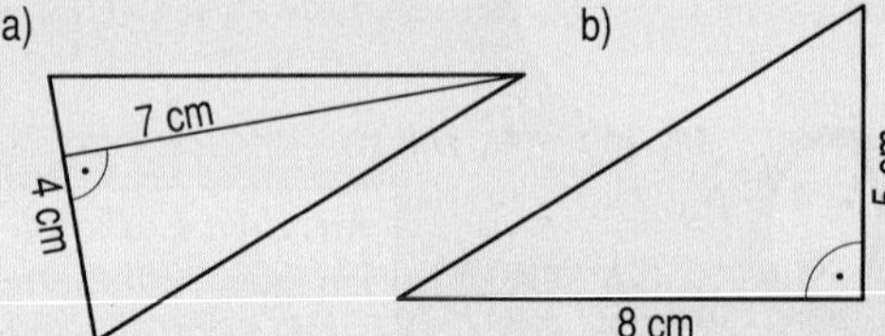

6. Berechne das Volumen des Quaders.

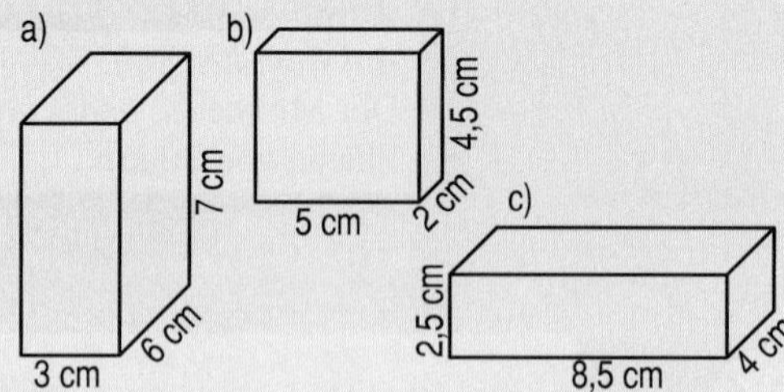

7. Berechne das Volumen des Würfels mit der Kantenlänge 5,5 cm.

8. Ein Würfel hat das Volumen V = 125 000 cm³. Wie lang sind die Kanten?

9. Berechne die Oberfläche des Quaders.

a) a = 15 cm, b = 6,5 cm, c = 14 cm b) a = 13 cm, b = 12 cm, c = 4,5 cm c) a = 7 dm, b = 9 dm, c = 3,8 dm

10. Berechne die Oberfläche des Würfels mit der Kantenlänge 13 cm.

Flächeninhalt und Umfang

des Rechtecks

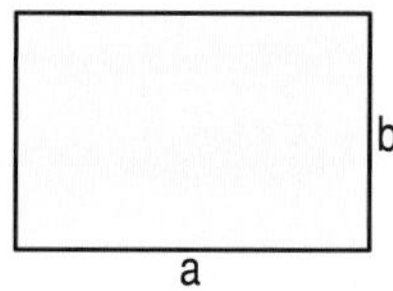

$A = a \cdot b$

$u = 2 \cdot a + 2 \cdot b$

des Quadrats

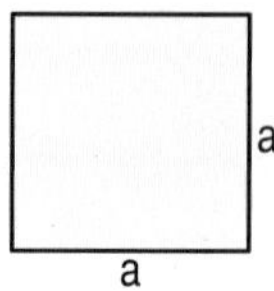

$A = a \cdot a = a^2$

$u = 4 \cdot a$

Flächeninhalt des Dreiecks

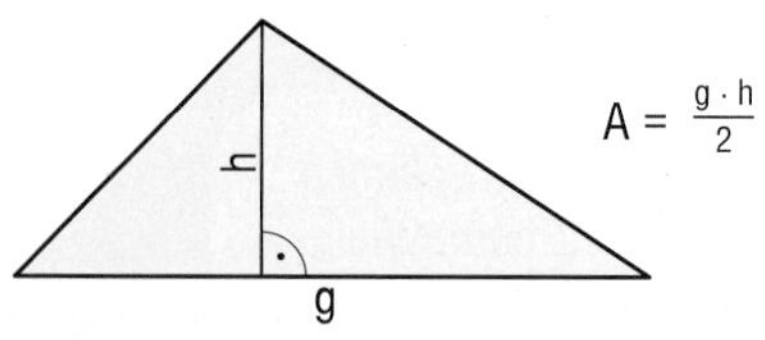

$A = \frac{g \cdot h}{2}$

Umfang des Dreiecks

„Summe aller Seitenlängen"

Volumen des Quaders

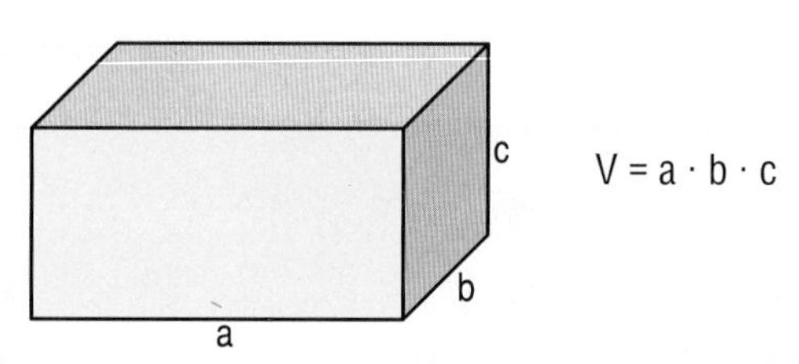

$V = a \cdot b \cdot c$

Volumen des Würfels

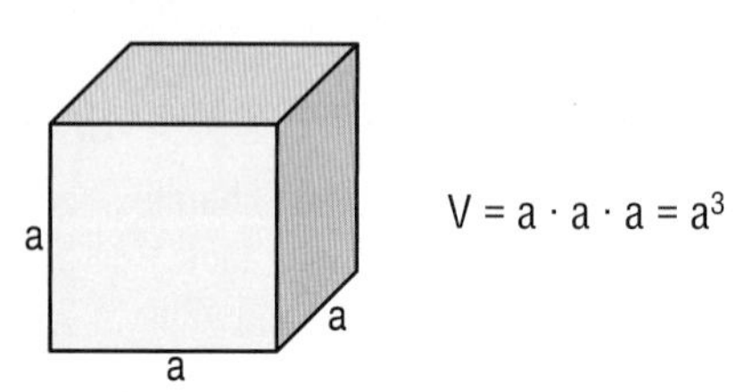

$V = a \cdot a \cdot a = a^3$

Oberfläche des Quaders

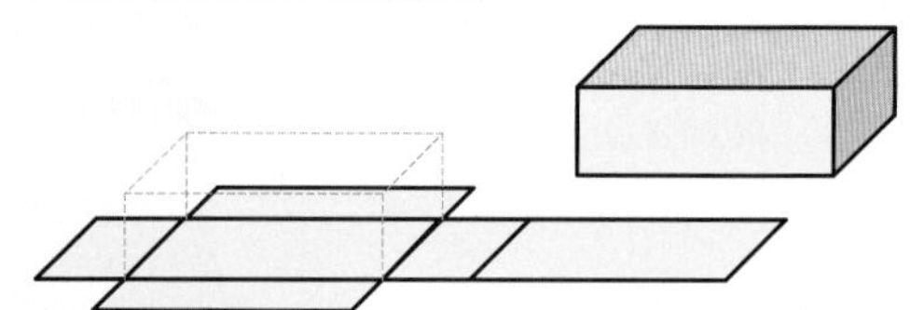

„Summe der Flächeninhalte aller Seitenflächen"

1. Berechne zuerst die Fläche von einem Regalboden, dann die des gesamten Regals mit der angegebenen Bodenanzahl. Ist die gesamte nutzbare Fläche größer als 1 m^2?

   a) 83 cm breit, 28 cm tief, 3 Böden
   b) 1,12 m breit, 36 cm tief, 4 Böden

2. Ein Teil des Schuppens wurde abgetrennt.

   a) Wie groß ist die seitliche Holzfläche links?
   b) Auch vorne soll er auf gleiche Art abgetrennt werden. Für wie viel m^2 muss noch Holz besorgt werden?

3. Die Seite eines quadratischen Tisches ist 90 cm lang. Darauf liegt eine Decke, die an allen Seiten 25 cm überhängt.

   a) Berechne die Fläche des Tisches.
   b) Berechne die Fläche der Tischdecke.
   c) Wie viel Meter Zierband sind zum Einfassen der Decke nötig?

4. Jeder Mietpartei eines Dreifamilienhauses stehen zwei gleich große rechteckige Stellplätze zur Verfügung.

   a) Wie groß ist ein Stellplatz?
   b) Wie lang muss eine Kette sein, die beide Stellplätze einer Familie zusammen umspannt?
   c) Ist die Gesamtfläche aller zu diesem Mehrfamilienhaus gehörenden Stellplätze größer als 1 a?

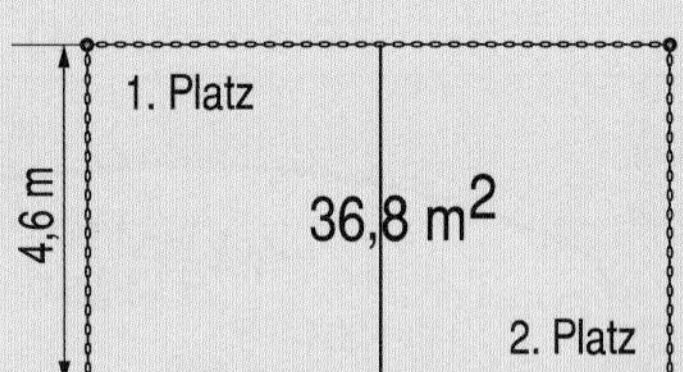

5. Norbert möchte ein Poster von der Deutschen Nationalmannschaft auf eine Spanplatte kleben. Im Baumarkt werden Spanplatten nach den gewünschten Maßen zugesägt und für 12,90 € pro m^2 verkauft. Das Poster ist 1 m lang und 65 cm hoch. Wie viel € muss Norbert für die Spanplatte bezahlen?

6. Herr Pütz möchte den dreieckigen Balkon mit Estrich versehen, um anschließend fliesen zu können.

   a) Zur Isolierung wird ringsum ein Styroporband gelegt. Wie viel Meter Styroporband muss Herr Pütz kaufen? (Entnimm die Maße der Zeichnung.)
   b) Anschließend wird Estrich aufgetragen. Pro m^2 benötigt man 18 kg. Wie viel Material verbraucht Herr Pütz für den Balkon?

3 m
2,5 m
2 m
2,5 m

7. Eine Bettkastenbox ist 70 cm breit und 130 cm lang.

   a) Berechne die Grundfläche des Bettkastens. Gib in cm^2 und in m^2 an.
   b) Der Kasten ist 30 cm hoch. Bestimme sein Volumen. Gib auch in *l* an.

8. Eine Plätzchendose ist 6,5 cm hoch und hat eine rechteckige Grundfläche mit den Längen 25 cm und 18 cm. Berechne ihr Volumen in cm^3. Wandle dann in dm^3 und *l* um.

9. Ein Bauhaus bietet 25 cm hohe Pflanzsteine an mit den Innenmaßen 40 cm und 60 cm.

   a) Berechne das Volumen eines Steins.
   b) Wie viel *l* Blumenerde kann man einfüllen, wenn der Pflanzring bis 5 cm unter dem Rand gefüllt wird?
   c) Berechne die Fläche, die ein Stein bedeckt.

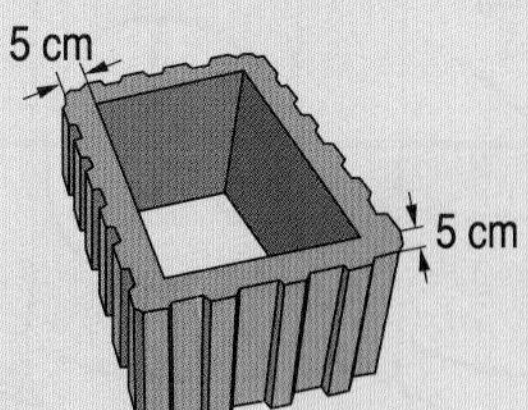

6 Prozentrechnung

Die Bahn kommt DB

		2. Klasse ohne BahnCard	2. Klasse mit BahnCard
50% günstiger mit einer BahnCard	Köln – Hamburg	60 €	
	Bonn – Berlin	88 €	
	Essen – Basel	79 €	
	Köln – München	83 €	
	Bonn – Leipzig	73 €	

pro centum (lat.)
per cento (ital.)
Perzent (österr.)

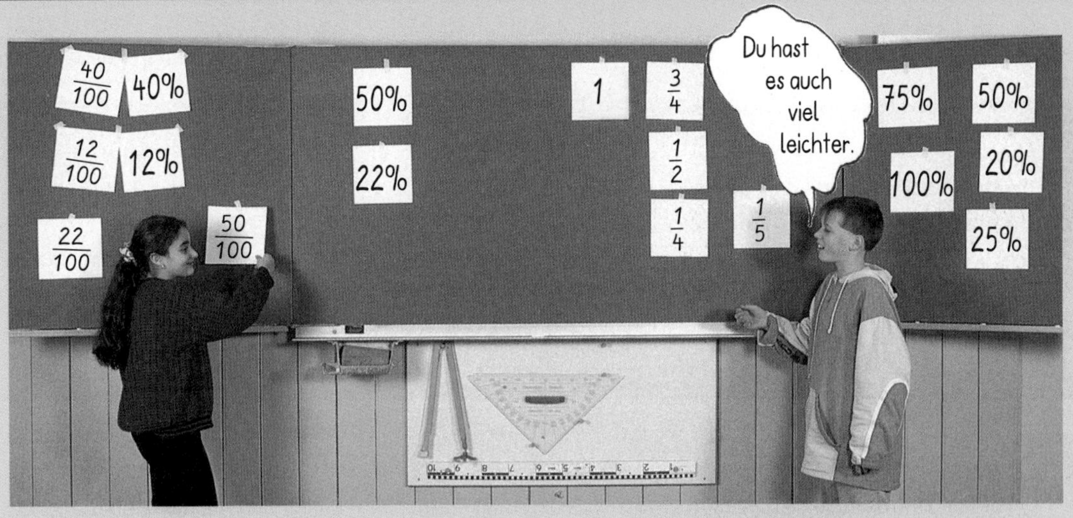

$\frac{40}{100}$
40%
$\frac{12}{100}$
12%
$\frac{22}{100}$
$\frac{50}{100}$
50%
22%
1
$\frac{3}{4}$
$\frac{1}{2}$
$\frac{1}{4}$
$\frac{1}{5}$
Du hast es auch viel leichter.
75%
50%
100%
20%
25%

Jch komme mit der Bahn!
Jch komme mit dem Bus.
Jch komme mit dem Fahrrad.
Jch komme zu Fuß.
40%
30%
20%
10%
0%
Jn unserer Schule sind rund 500 Schülerinnen und Schüler.

Prozentsätze und Brüche

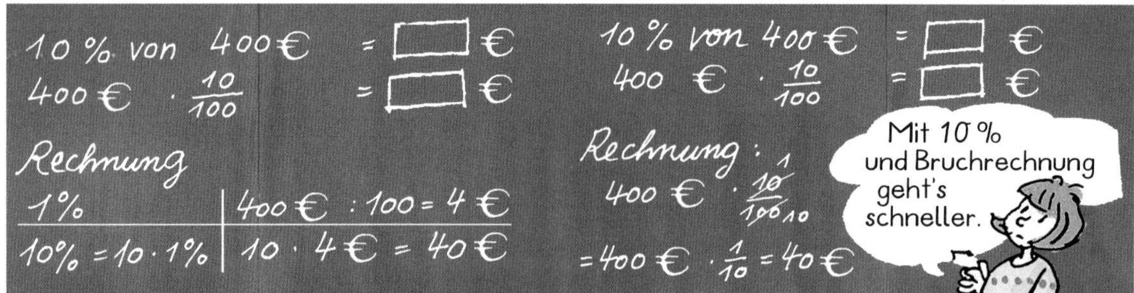

Für einige Prozentsätze gibt es Brüche, mit denen man vorteilhaft rechnen und überschlagen kann. Diese Brüche sollte man auswendig wissen.

Prozentsatz:	1%	10%	20%	25%	50%	75%	150%	200%
zugehöriger Bruch:	$\frac{1}{100}$	$\frac{1}{10}$	$\frac{1}{5}$	$\frac{1}{4}$	$\frac{1}{2}$	$\frac{3}{4}$	$\frac{3}{2}$	2

20% von 500 €	= ☐ €	25% von 800 €	= ☐ €	75% von 200 €	= ☐ €
500 € · $\frac{1}{5}$	= ☐ €	800 € · $\frac{1}{4}$	= ☐ €	200 € · $\frac{3}{4}$	= ☐ €
500 € : 5	= 100 €	800 € : 4	= 200 €	(200 € : 4) · 3	= 150 €

Aufgaben

1. a) $\frac{1}{4}$ von 80 *l* b) $\frac{1}{5}$ von 250 € c) $\frac{3}{2}$ von 900 kg d) $\frac{3}{4}$ von 800 €
e) $\frac{2}{5}$ von 60 *l* f) $\frac{1}{10}$ von 700 € g) $\frac{1}{100}$ von 500 kg h) $\frac{5}{4}$ von 120 €

2. Rechne mit dem passenden Bruch.
a) 10% von 70 € b) 20% von 25 € c) 25% von 40 € d) 50% von 60 €
e) 75% von 40 € f) 50% von 44 € g) 75% von 120 € h) 75% von 80 €

3. Bestimme immer 10% von der Größe.

a)	b)	c)	d)	e)	f)
4300 *l*	187 €	25,6 m	125,61 kg	1,5 t	386,50 €
3150 *l*	46 €	3,8 m	5,75 kg	0,3 t	5,30 €
270 *l*	8 €	0,4 m	0,63 kg	70,8 t	0,60 €

4. Welche Sportartikel wurden um 50% billiger? Welche wurden um mehr als 50% billiger?

Prozentsätze

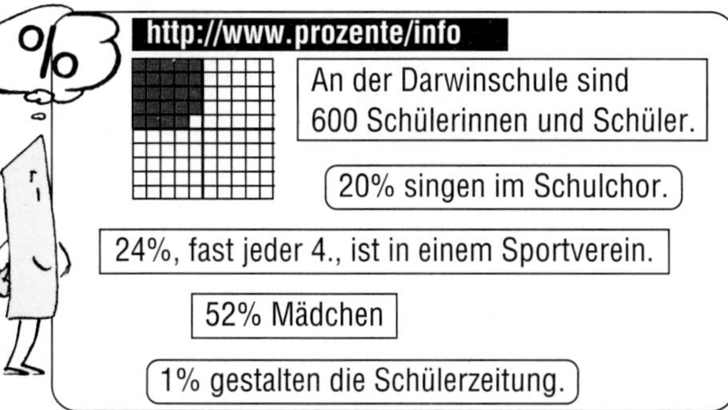

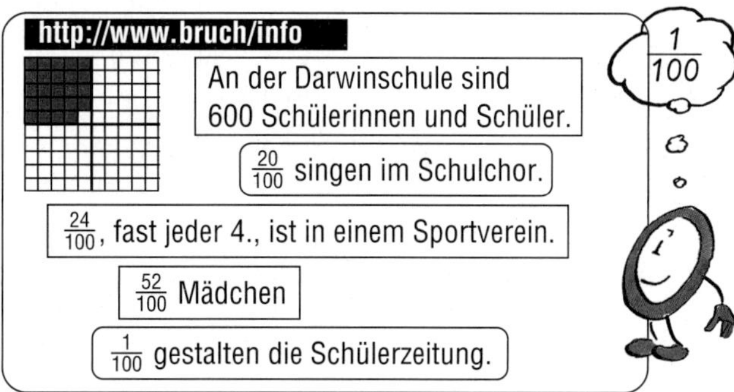

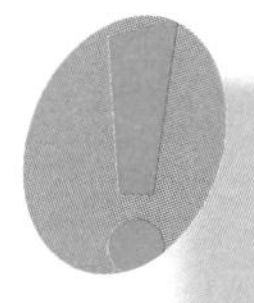

Die Angaben 1% (sprich: „ein Prozent"), 20%, 24% und 52% heißen **Prozentsätze.**
Prozentsätze sind eine andere Schreibweise für Brüche mit dem Nenner 100: $p\% = \frac{p}{100}$.

$1\% = \frac{1}{100} = 0{,}01$ $\quad 20\% = \frac{20}{100} = \frac{2}{10} = 0{,}2$ $\quad 24\% = \frac{24}{100} = 0{,}24$ $\quad 52\% = \frac{52}{100} = 0{,}52$

Aufgaben

1. Schreibe die Prozentsätze als Bruch mit dem Nenner 100.

a) 16% b) 7% c) 32% d) 2% e) 83% f) 19% g) 10%
h) 22% i) 5% j) 58% k) 1% l) 76% m) 24% n) 99%

2. Notiere den zugehörigen Prozentsatz.

a) $\frac{57}{100}$ b) $\frac{8}{100}$ c) $\frac{1}{100}$ d) $\frac{14}{100}$ e) $\frac{84}{100}$ f) $\frac{15}{100}$ g) $\frac{72}{100}$
h) $\frac{12}{100}$ i) $\frac{3}{100}$ j) $\frac{9}{100}$ k) $\frac{27}{100}$ l) $\frac{61}{100}$ m) $\frac{20}{100}$ n) $\frac{35}{100}$

3. Bestimme 1% von der Größe.

a) 1% von 500 €; 1% von 700 €
b) 1% von 900 m; 1% von 200 m
c) 1% von 300 kg; 1% von 100 kg
d) 1% von 1 000 €; 1% von 3 000 €
e) 1% von 7 000 m; 1% von 6 000 m
f) 1% von 2 000 kg; 1% von 9 000 kg

1% von 400 €
$400\,€ \cdot \frac{1}{100} = 4\,€$
1% von 400 € = 4 €

4. Welche Kugel gehört in welchen Eimer? Notiere als Aufgabe im Heft.

5. Bestimme immer ein Prozent. Verschiebe das Komma.

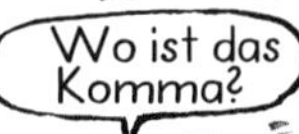

a) 1% von 67 m b) 1% von 29 € c) 1% von 94 m
d) 1% von 57 cm e) 1% von 29 kg f) 1% von 48 m
g) 1% von 7 € h) 1% von 5 kg i) 1% von 1 m
j) 1% von 2 € k) 1% von 3 kg l) 1% von 5 m

6. Bestimme immer 1% von der Größe.

a)	b)	c)	d)	e)
900 €	459,00 km	234,500 km	4 378,5 kg	0,3 kg
40 €	26,50 km	74,320 km	657,8 kg	0,07 kg
2 €	1,82 km	8,675 km	12,4 kg	0,004 kg

7. Für einen Versuch in Biologie hat Marion auf jedes Feld gleich viele Erbsen gelegt.

a) Wie viele Erbsen hat Marion insgesamt auf dem Zählbrett ausgelegt?

b) Wie viele Erbsen sind 1% davon?

c) Wie viele Erbsen sind 50% davon?

d) Übertrage die Tabelle in dein Heft und ordne jedem Prozentsatz die Anzahl der zugehörigen Erbsen zu.

Prozentsatz	3%	8%	15%	40%	75%
Anzahl der Erbsen					

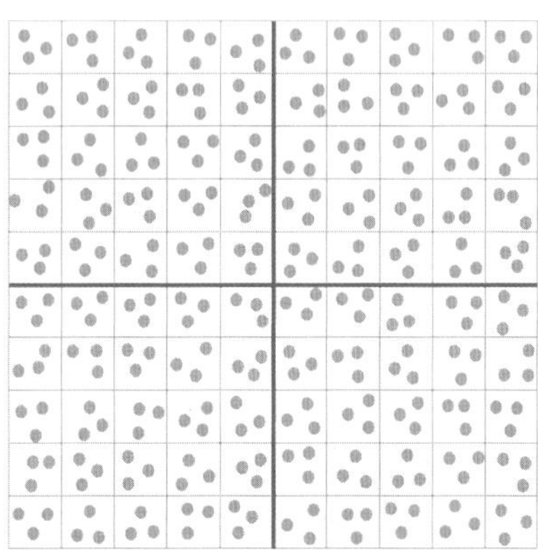

8. Denke dir auf jedem einzelnen der 100 Felder 4 Autos.

a) Wie viele Autos sind dann insgesamt auf dem Hunderterfeld?

b) Wie viele Autos sind 1%, 2%, 5% und 7% davon?

9. Denke dir auf jedem einzelnen der 100 Felder 5 Personen.

a) Wie viele Personen sind dann insgesamt auf dem Hunderterfeld?

b) Wie viele Personen sind $\frac{1}{100}$, $\frac{8}{100}$, $\frac{3}{10}$ und $\frac{7}{10}$ davon?

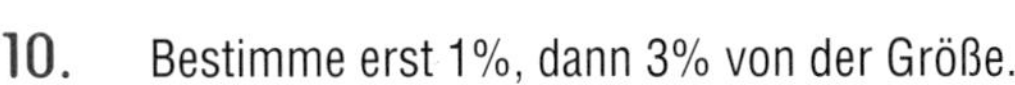

10. Bestimme erst 1%, dann 3% von der Größe.

a) 500 € b) 800 € c) 700 €
d) 2 000 kg e) 3 000 kg f) 6 000 kg
g) 250 m h) 110 m i) 320 m

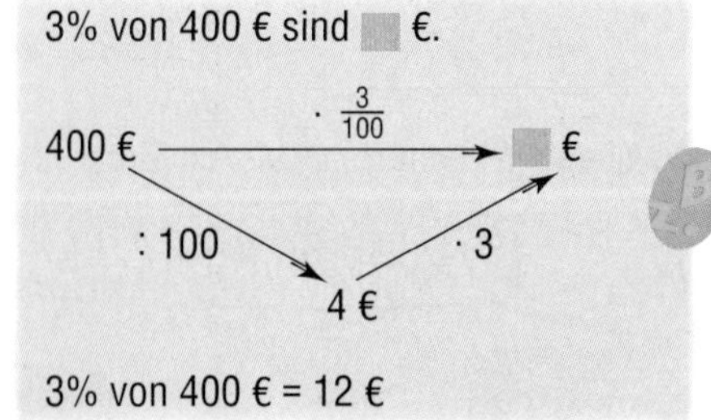

11. Bestimme immer 5% von der Größe.

a) 200 € b) 600 € c) 500 €
d) 4 000 kg e) 2 000 kg f) 1 000 kg

12. a) 2% von 700 € b) 4% von 300 € c) 5% von 600 € d) 10% von 500 €

13. Pascal hat 300 Briefmarken. 4% davon sind aus Asien, 3% stammen aus Afrika. Wie viele Marken besitzt er von diesen Erdteilen?

14. Bei einer Tombola sind 3% von 600 Losen mittlere Gewinne. Wie viele Gewinne sind das?

Grundwert und Prozentwert

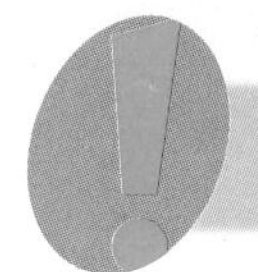

In der Prozentrechnung spricht man von **Grundwert** (G), **Prozentwert** (W) und **Prozentsatz** (p%).

Aufgaben

1. Was ist der Grundwert (G), was der Prozentsatz (p%) und was der Prozentwert (W)?

a) Von 1 000 € sind 50% genau 500 €.
b) 8 kg von 80 kg sind 10%.
c) 32 kg sind 10% von 320 kg.
d) 4,50 € sind 1% von 450 €.
e) 2% von 150 Personen sind 3 Personen.
f) 2 000 € sind 500% von 400 €.

2. Bestimme den Prozentwert (W).

a)

Grundwert (G)	Prozentsatz (p%)
900 €	10%
160 €	25%
300 €	20%

b)

Grundwert (G)	Prozentsatz (p%)
240 kg	1%
150 kg	20%
640 kg	10%

c)

Grundwert (G)	Prozentsatz (p%)
48 *l*	50%
62 *l*	10%
80 *l*	20%

3. Überlege zunächst, wie viel Prozent des Kreises eingefärbt sind. Bestimme dann den Grundwert (G).

a)
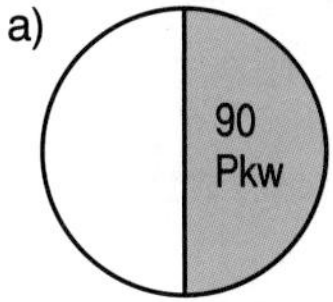

b)
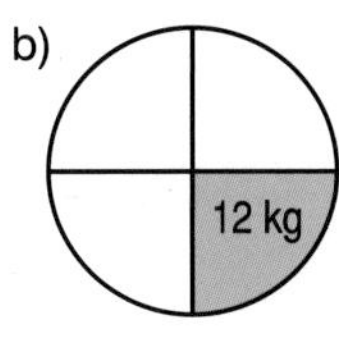

c)
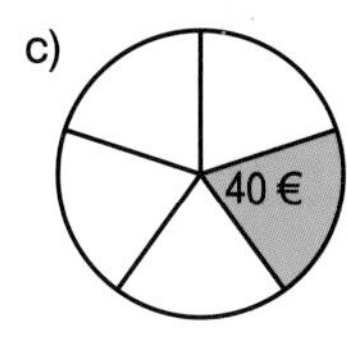

d)

4. Bestimme den Grundwert (G).

a) 25%, das sind 50 €
b) 50%, das sind 62 kg
c) 20%, das sind 80 m
d) 1%, das sind 4 €
e) 10%, das sind 23 kg
f) 50%, das sind 74 m
g) 200%, das sind 80 €
h) 600%, das sind 120 kg
j) 125%, das sind 250 m

5. Auf welche Schule bezieht sich die Angabe? Notiere G, W und p%.

a) 20% der Schülerinnen und Schüler, das sind 120 Jugendliche, sind in einem Sportverein.
b) 10%, das sind 30 Schülerinnen und Schüler, kommen mit der Bahn zur Schule.
c) 250 Mädchen, das sind 50% der Schülerschaft.

Schule	Schülerinnen/Schüler
Newton	800
Celsius	600
Maxwell	500
Hertz	300

Berechnung des Prozentwertes W

Wie viel € sind 15% von 800 €? Gegeben: G = 800 €, p% = 15%; gesucht: W

Operatorschreibweise

800 € $\xrightarrow{\cdot \frac{15}{100}}$ ■ €

Rechnung: $\frac{800}{100}$ € · 15

= 8 € · 15

W = **120 €**

Dreisatz

	100%	800 €	
: 100	1%	8 €	: 100
· 15	15%	**120 €**	· 15

Lösung.

15% von 800 € sind 120 €.

Aufgaben

1. Berechne den Prozentwert (W).

a) 15% von 600 € b) 30% von 700 € c) 12% von 500 € d) 18% von 200 €
e) 14% von 240 kg f) 8% von 610 kg g) 11% von 130 kg h) 6% von 670 kg
i) 12% von 35 m j) 6% von 32 m k) 20% von 7 m l) 13% von 9 m

2. Herr Schmidt muss von seinem 1 620 €-Gehalt 22% Steuern zahlen. Welcher Betrag ist das?

3. Bei einer Verkehrskontrolle wurden 96 Lkws überprüft. 25% der Fahrzeuge hatten Mängel. Wie viele Lkws wurden beanstandet?

4. Berechne den Prozentwert (W) im Kopf oder schriftlich.

a) 12% von 100 €
30% von 273 €

b) 8% von 405 €
10% von 250 €

c) 1% von 76 kg
3% von 50 kg

d) 15% von 200 m
50% von 42 m

5. Überschlage erst mit einem Bruch. Rechne dann genau.

a) 49% von 86 € b) 26% von 160 kg c) 11% von 90 €
d) 24% von 12 € e) 51% von 520 kg f) 2% von 52 €
g) 9% von 74 € h) 19% von 350 kg i) 12% von 70 €
j) 51% von 61 € k) 24% von 40 kg l) 9% von 88 €

Kennst du noch die entsprechenden Brüche?

21% von 45 €
21% ≈ 20% = $\frac{1}{5}$
45 € : 5 = 9 €
21% von 45 € ≈ 9 €

6. Berechne den Prozentwert (W). Runde das Ergebnis auf Cent bzw. Zentimeter.

Grundwert	a) 65,40 €	b) 87,2 m	c) 256,3 m	d) 12,65 €	e) 256,6 m	f) 0,55 €
Prozentsatz	6%	14%	82%	6%	35%	5%

7. Eine Saftflasche enthält 750 ml. Davon sind 40% Fruchtanteil. Der Rest ist Wasser.

a) Gib den Anteil des Wassers in Prozent an.

b) Wie viel ml Fruchtsaft und wie viel ml Wasser sind in der Flasche?

8. Was ist richtig?
Es gibt mehrere Lösungen.
Fünfzig Prozent vom Doppelten von 1 200 € sind:

120 €

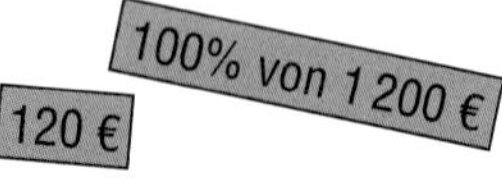

Berechnung des Prozentsatzes p%

Wie viel Prozent sind 36 kg von 400 kg? Gegeben: G = 400 kg, W = 36 kg; gesucht: p%

Operatorschreibweise

400 kg $\xrightarrow{\cdot\ \blacksquare}$ 36 kg

Rechnung: $p\% = \frac{36}{400} = \frac{9}{100}$

$p\% = \mathbf{9\%}$

Dreisatz

: 100	100%	400 kg	: 100
· 9	1%	4 kg	· 9
	9%	36 kg	

36 kg von 400 kg sind 9%.

Aufgaben

1. Berechne den Prozentsatz (p%).

a) 36 € von 600 € b) 49 € von 700 € c) 95 € von 500 €
d) 1 000 kg von 800 kg e) 44 kg von 400 kg f) 1 200 kg von 200 kg
g) 180 kg von 2 000 kg h) 4 800 kg von 3 000 kg i) 680 kg von 4 000 kg

2. Zu einem Zeltlager in Dänemark sind 300 Jugendliche angereist. 156 der Jugendlichen sind Jungen. Wie viel Prozent sind das? Wie viel Prozent der Jugendlichen sind Mädchen?

3. Notiere den Grundwert und den Prozentwert. Berechne den Prozentsatz.

a) 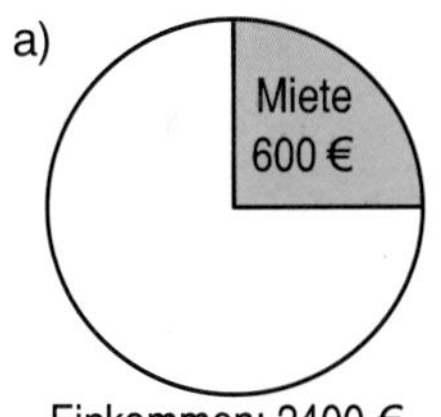

Einkommen: 2400 €

b) 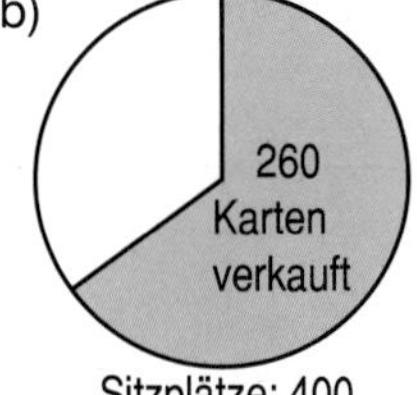

Sitzplätze: 400

c) 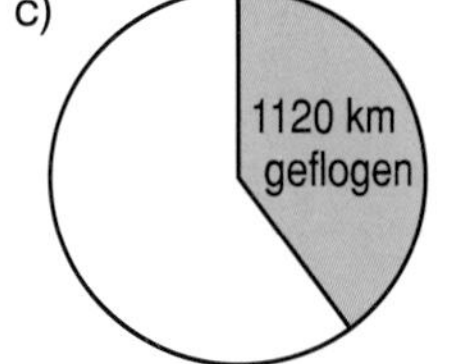

Fluglänge: 2800 km

d) 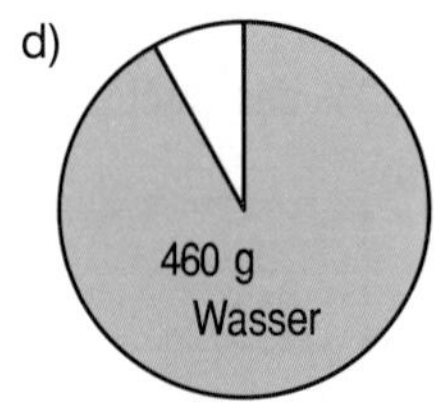

Spargel: 500 g

4. a) 40 € von 250 € b) 18 kg von 120 kg
c) 49 € von 140 € d) 60 kg von 150 kg
e) 77 € von 220 € f) 54 kg von 180 kg
g) 28 € von 80 € h) 7 kg von 50 kg
i) 126 € von 300 € j) 63 kg von 150 kg

40 € von 250 € sind ▇ %

100%	250 €	: 100
1%	2,5 €	· ▇
▇ %	40 €	

5. Die Firma Elektro-Walther kauft den Rasierapparat Sensor XL Plus für 30 € ein und verkauft ihn für 50 €. Wie viel Prozent vom Einkaufspreis ist der Verkaufspreis?

6. Der SC Kleinigen hat vier Sportabteilungen.

a) Wie viele Mitglieder hat der Verein insgesamt?
b) Berechne die prozentualen Anteile der vier Sportabteilungen.
c) In der Fußballabteilung sind 22 Damen. Wie viel Prozent dieser Abteilung sind das?
d) Insgesamt spielen in den Sportabteilungen 130 Männer. Wie viel Prozent sind das?

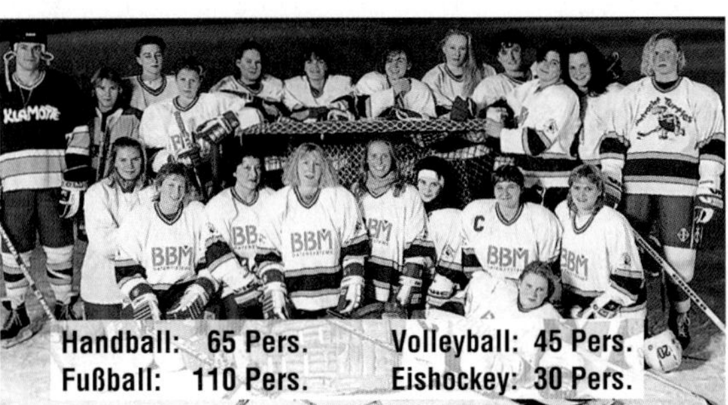

Berechnung des Grundwertes G

Von wie viel € sind 7% genau 56 €? Gegeben: W = 56 €, p% = 7%; gesucht: G

Operatorschreibweise

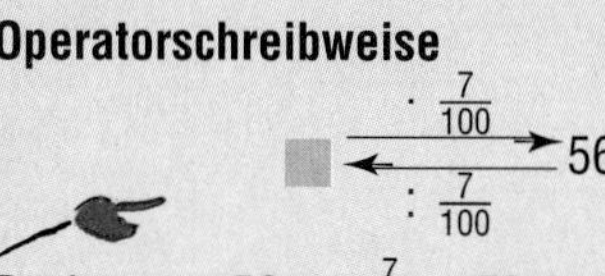

Rechnung: $56\,€ : \frac{7}{100} = 56\,€ \cdot \frac{100}{7}$

G = **800 €**

Dreisatz

:7	7%	56 €	:7
· 100	1%	8 €	· 100
	100%	**800 €**	

Von 800 € sind 7% genau 56 €.

Aufgaben

1. Berechne den Grundwert (G).

a) 6% sind 54 € b) 4% sind 28 € c) 150% sind 72 kg d) 5% sind 35 kg
e) 120% sind 720 kg f) 3% sind 18 m g) 10% sind 90 m h) 700% sind 35 m

2. Leon hat im Diktat 12 Fehler. Die Lehrerin sagt: „Du hast 96% aller Wörter richtig geschrieben und nur 4% falsch.“ Aus wie vielen Wörtern bestand das Diktat?

3. Von einem Streifen ist nur der angegebene Teil abgebildet. Zeichne den ganzen Streifen in dein Heft, also 100% des Streifens.

a) 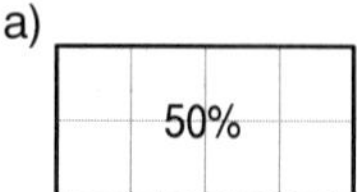

b) 10%

c) 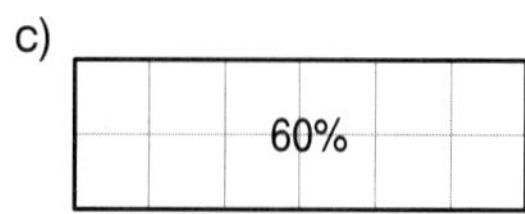

d) 25%

e) 20%

4. Berechne den Grundwert im Kopf.

a) 50% von ▒ € = 126 € b) 200% von ▒ kg = 84 kg c) 10% von ▒ m = 12,5 m
d) 25% von ▒ km = 3,25 km e) 50% von ▒ m = 2,15 m f) 250% von ▒ g = 75 g

5. Mit dem Computer arbeiten 168 Schülerinnen und Schüler einer Schule regelmäßig. Das sind 20% der Schülerschaft. Wie viele Schülerinnen und Schüler hat die Schule?

6. Berechne den Grundwert G.

a) 9% sind 126 kg b) 8% sind 184 € c) 6% sind 252 m
d) 7% sind 98 kg e) 5% sind 625 € f) 3% sind 234 m
g) 4% sind 272 kg h) 9% sind 162 € i) 5% sind 485 m

4% sind 184 €
1% sind 46 € (184 € : 4)
100% sind 4 600 € (46 € · 100)

7. a) 12% sind 264 € b) 25% sind 875 € c) 30% sind 720 € d) 15% sind 84 €
e) 40% sind 710 € f) 20% sind 51 € g) 40% sind 68 € h) 50% sind 17,50 €

8. Überschlage erst das Ergebnis. Bestimme dann den Grundwert genau.

a) p% = 11%, W = 38,50 € b) p% = 24%, W = 40,8 kg c) p% = 9%, W = 20,7 m d) p% = 135%, W = 607,50 €

Vermischte Aufgaben

1. Berechne die fehlende Größe.

	a)	b)	c)	d)	e)	f)
Grundwert	350 €	120 kg		84,20 €	480 m	
Prozentsatz	15%		11%			64%
Prozentwert		180 kg	66 km	168,40 €	120 m	768 km

2. Am Mittwoch hat Jens 120 Minuten an seinen Hausaufgaben gesessen. Nina hat nur 75% dieser Zeit benötigt. Wie lange hat Nina an ihren Hausaufgaben gesessen?

Was ist gegeben G, p%, W? Was ist gesucht?

3. 500 g Mischbrot enthalten 35 g Eiweiß, 5 g Fett und 260 g Kohlenhydrate. Wie viel Prozent sind das jeweils?

4. Die Miete von Familie Michel wurde erhöht. Sie beträgt jetzt 477 €, das sind 106% der Miete vor der Erhöhung. Wie hoch war die Miete vor der Erhöhung?

5. Auf der ganzen Welt leben ca. 2 600 verschiedene Fischarten. Davon kommen in der Bundesrepublik Deutschland ca. 130 Fischarten vor.
Wie viel Prozent leben bei uns?

6. Von den ca. 5 000 verschiedenen Säugetierarten, die auf der ganzen Welt vorkommen, treten ca. 2% in Deutschland auf.
Wie viele Säugetierarten leben etwa bei uns?

7. Jessica lädt sich aus dem Internet ein Programm auf ihren Computer. Dazu beobachtet sie die Anzeige auf dem Bildschirm und überlegt, wann das Programm vollständig übertragen sein wird.

a) Datenübertragung – 50% bisherige Ladezeit: 12 Min.

b) Datenübertragung – 15% bisherige Ladezeit: 6 Min.

c) Datenübertragung – 40% bisherige Ladezeit: 16 Min.

8. a) Auf einem Teich verdoppelt sich die von Seerosen bedeckte Fläche jeden Tag. Nach 20 Tagen ist er ganz zugewachsen.
Wann waren 50% des Teiches bedeckt?

b) Ein Ziegelstein wiegt 1 kg und 50% seines Gewichtes.
Wie schwer ist der Ziegelstein?

9.

Verminderter und vermehrter Grundwert

alter Preis: 800 €
Preisnachlass 25% = 200 €
neuer Preis:

Preisnachlass.

400 €: alter Preis 100%	
neuer Preis 75%	25%

100%	400 €
1%	4 €
25%	100 €

W = 100 €

400 €
− 100 €
300 €

Der neue Preis beträgt 300 €.

Aufgaben

1. Berechne den Preisnachlass und den neuen Preis.

a) Alter Preis: 650 €
Preisnachlass: 8%

b) Alter Preis: 1 230 €
Preisnachlass: 12%

c) Alter Preis: 95 €
Preisnachlass: 5%

d) Alter Preis: 84 €
Preisnachlass: 2%

e) Alter Preis: 524 €
Preisnachlass: 5%

f) Alter Preis: 150 €
Preisnachlass: 3%

2. Andreas hat sich ein Fahrrad zu einem Preis von 390 € ausgesucht. Eine Freundin kann ihm das gleiche Fahrrad mit einem Preisnachlass von 18% besorgen. Wie viel € muss Andreas bezahlen?

Zuerst den Preisnachlass berechnen.

3. Wie viel Prozent vom alten Preis beträgt der Preisnachlass?

a) Alter Preis: 200 €
Neuer Preis: 190 €

b) Alter Preis: 60 €
Preisnachlass: 45 €

c) Alter Preis: 600 €
Neuer Preis: 582 €

d) Alter Preis: 525 €
Preisnachlass: 42 €

Alter Preis:	150 €
Neuer Preis:	− 120 €
Preisnachlass:	30 €

30 € von 150 € sind 20% Preisnachlass.

4. Im Schlussverkauf möchte sich Ina neu einkleiden. In welchem Geschäft sollte sie jeweils einkaufen?

5. Herr Lux hat eine Waschmaschine für 400 € gekauft. Vor einem Jahr kostete sie noch 600 €. „Das sind 50% Preisnachlass!“, freut sich Herr Lux. Stimmt das?

6. Die Ruhr-Schule bestellt eine Landkarte zum Preis von 240 €. Die Rechnung enthält den Vermerk: „Bei Zahlung innerhalb von 14 Tagen 2% Preisnachlass." Der Rechnungsbetrag wird am 5. Tag überwiesen. Wie viel € muss die Schule überweisen?

7. Die bisherige Wohnungsmiete von 400 € wird zum neuen Jahr um 5% erhöht. Wie hoch ist die Miete im neuen Jahr?

Alter Preis 100%	Erhöhung 25%
Neuer Preis 125%	

Alter Preis: 600 €
Erhöhung: 25% von 600 € = 150 €
Neuer Preis: 600 € + 150 € = 750 €

8. Wie viel € beträgt der neue Preis?

a) Alter Preis: 420 €
Erhöhung: 10%

b) Alter Preis: 90 €
Erhöhung: 3%

9. Alle Preise werden um 6% erhöht. Berechne den neuen Preis.

a)	b)	c)	d)	e)
200 €	340 €	134 €	1 240 €	13,20 €
300 €	630 €	268 €	1 850 €	27,60 €
500 €	60 €	57 €	3 140 €	45,80 €

10. Wie viel Prozent des alten Preises beträgt die Preiserhöhung?

a) Neuer Preis: 660 €
Alter Preis: 600 €

b) Neuer Preis: 24 €
Alter Preis: 20 €

c) Neuer Preis: 276 €
Alter Preis: 240 €

d) Neuer Preis: 200 €
Alter Preis: 160 €

Neuer Preis: 550 €
Alter Preis: − 500 €
Preiserhöhung: 50 €

50 € von 500 € sind 10% Preiserhöhung.

11. Frau Rats verdient 1 800 € brutto. Davon werden ihr 30% für Steuern und Versicherungen abgezogen.

a) Wie viel zahlt sie für Steuern und Versicherung?

b) Was verbleibt ihr als Nettolohn?

Bruttolohn 100%	
Nettolohn 70%	Abzüge 30%

12. Berechne den Nettolohn.

	a)	b)	c)	d)	e)	f)	g)
Bruttolohn	1 800 €	2 500 €	900 €	4 100 €	5 000 €	3 500 €	5 800 €
Abzüge	21%	28%	20%	31%	34%	29%	36%

13. Die Früchte werden einmal mit und einmal ohne Verpackung gewogen. Wie viel Prozent vom Bruttogewicht beträgt das Gewicht der Verpackung? Sind es (etwa) 5%; 8%; 8,7% oder 12,5%?

14. Eine Maschine wird zum Transport in eine Kiste verpackt. Die Kiste mit der Maschine hat ein Bruttogewicht von 180 kg. Der Anteil der Verpackung beträgt davon 14%.

a) Wie viel kg wiegt die Verpackung?

b) Wie schwer ist die Maschine?

15. Im alten Jahr kostet das Paar Skier SL-TY 300 €. Zum neuen Jahr wird der Preis um 10% erhöht. Im Winterschlussverkauf senkt die Firma den Preis der Skier um 10%. Max meint: „Dann kostet das Paar Skier SL-TY genau so viel wie im alten Jahr." Stimmt das?

Streifen- und Säulendiagramm

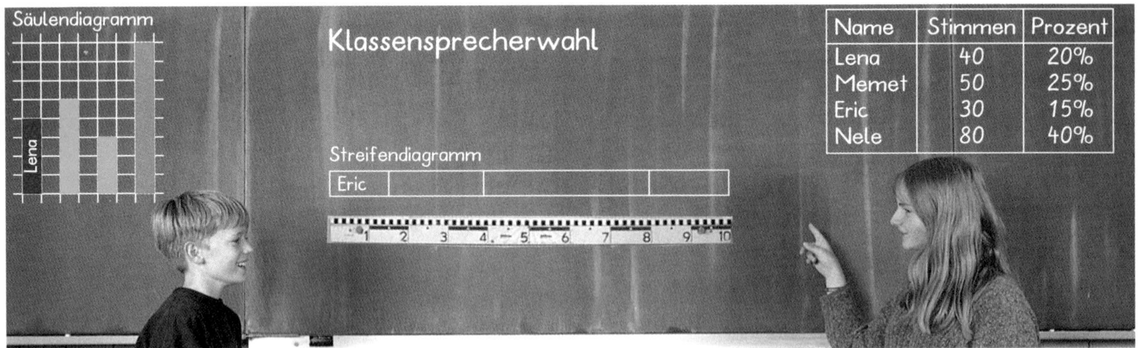

Prozentangaben kann man mit einem **Streifen-** oder **Säulendiagramm** veranschaulichen.
Im Heft wählt man meist 10 cm für 100% (1 mm für 1%) oder 2 Kästchen für 10%.

Aufgaben

1. In dem Streifendiagramm ist die prozentuale Stimmenverteilung (ganzzahlig gerundet) der Landtagswahlen von Nordrhein-Westfalen (1995) dargestellt.

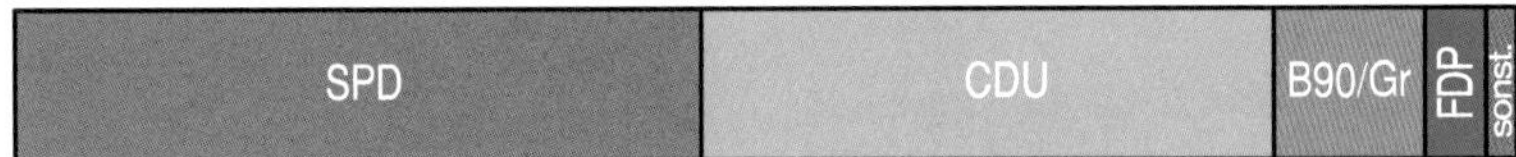

a) Miss (mit dem Geodreieck) die Längen und notiere die Prozentsätze in einer Tabelle.

b) Übertrage die Angaben in ein Säulendiagramm.

2. In dem Säulendiagramm ist die prozentuale Stimmenverteilung (ganzzahlig gerundet) der Bundestagswahlen zum dritten gesamtdeutschen Bundestag (1998) dargestellt.

a) Welche Partei hat die Wahl gewonnen und welche Parteien haben gleich viele Stimmen?

b) Miss mit dem Geo-Dreieck die Längen der Säulen und notiere die Prozentsätze in einer Tabelle.

c) Stelle die prozentuale Stimmenverteilung in einem Streifendiagramm dar.

SPD | CDU | B90/Gr | FDP | PDS | sonst.

1 mm für 1%

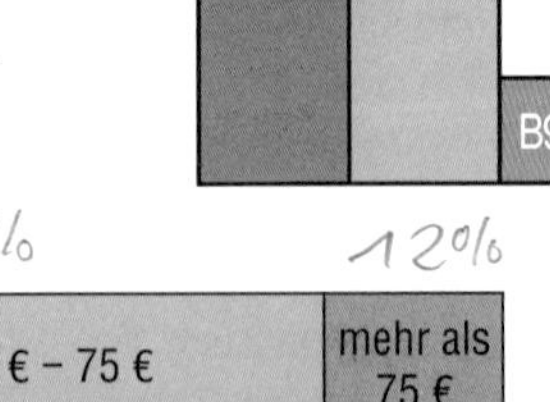

3. weniger als 25 € | 25 € – 50 € | über 50 € – 75 € | mehr als 75 €

In dem Diagramm erkennst du, wie viel € die Deutschen für das Telefonieren ausgeben.

a) Welche Prozentsätze sind dargestellt?

b) Stelle den Sachverhalt in einem Säulendiagramm dar.

4. Die Stimmenverteilung der Vertrauenslehrerwahl an der Celsius-Oberschule kannst du der nebenstehenden Mitteilung entnehmen.
Stelle den Sachverhalt in einem Diagramm deiner Wahl dar.

> **Schülerzeitung der i-Punkt**
> Bei der Wahl des Vertrauenslehrers ergab sich folgende Stimmenverteilung:
> Frau Wehr (38%), Herr Lahn (27%),
> Frau Lange (23%) und Frau Kahnt (12%)

5. Die Schülerzeitung i-Punkt hat vor den großen Ferien eine Umfrage bei den Schülerinnen und Schülern gestartet.
   a) Wie viele Schülerinnen und Schüler haben geantwortet?
   b) Gib die Anzahl der Antworten jeweils in Prozentanteilen an.
   c) Stelle den Sachverhalt in einem Säulendiagramm dar.
   d) Stelle den Sachverhalt in einem Streifendiagramm dar.

Wohin reist du in den großen Ferien?

Reiseziel	Anzahl der Antworten
Verreisen nicht	88
Deutschland	180
Land in Europa	96
außerhalb Europas	36

6. Aus einer Untersuchung geht hervor, wie der durchschnittliche Tagesablauf bei Jugendlichen in Deutschland aussieht. Die rechts stehende Darstellung nennt man Kreisdiagramm.
   a) Mit welcher Tätigkeit verbringen Jugendliche etwa die Hälfte eines Tages? Wie viele Stunden sind das?
   b) Mit welcher Tätigkeit verbringen Jugendliche etwa $\frac{1}{5}$ von einem Tag? Wie viele Stunden sind das etwa?
   c) Runde die Prozentangaben ganzzahlig und veranschauliche dann den Tagesablauf in einem Streifendiagramm.

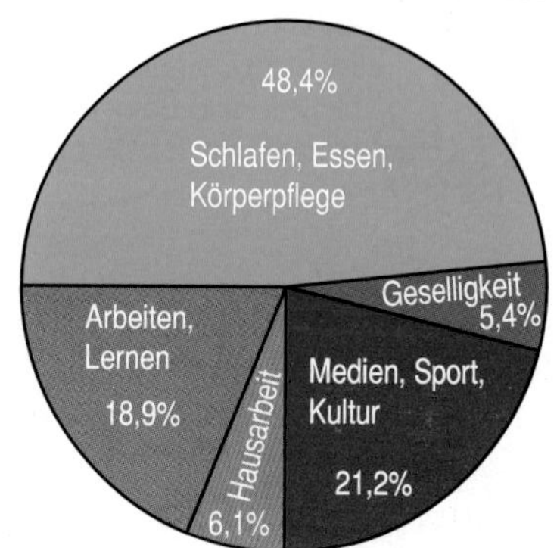

7. Von je 1 000 Haushalten in den alten Bundesländern (Stand 1994) heizen 480 mit Heizöl, 350 mit Gas, 24 mit Fernwärme, 80 mit Strom und 60 mit Kohle.
   a) Berechne die prozentualen Anteile für die alten Bundesländer und stelle sie in einem Säulendiagramm dar.
   b) Vergleiche die prozentualen Anteile für die neuen Bundesländer mit denen der alten. Schreibe dazu die einzelnen Anzahlen nebeneinander in einer Tabelle auf.

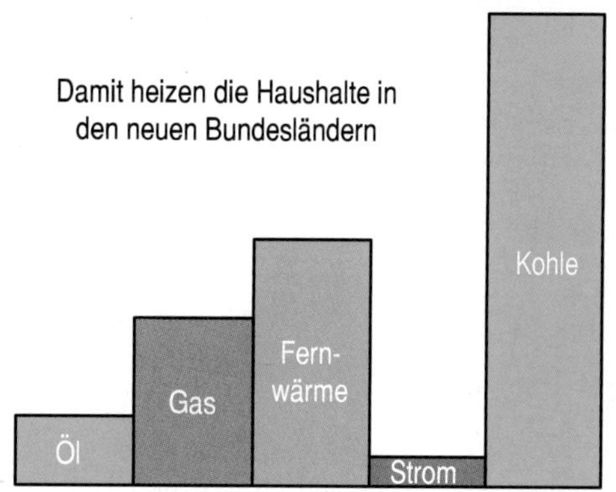

8. Familie Gill zahlt jetzt eine Miete von 650 €. Ihre monatlichen Ausgaben (prozentual, 1 mm für 1%) kannst du dem Diagramm entnehmen.
   a) Wie hoch ist das Einkommen von Familie Gill?
   b) Wie viel € gibt sie für die anderen Posten aus?
   (c) In einer neuen größeren Wohnung müssten sie 780 € Miete zahlen. Wie viel Prozent sind das von ihrem Einkommen? Entscheide, wo Familie Gill sparen soll, und zeichne ein neues Diagramm (1 mm für 1%).

Dafür braucht Familie Gill ihr Monatseinkommen

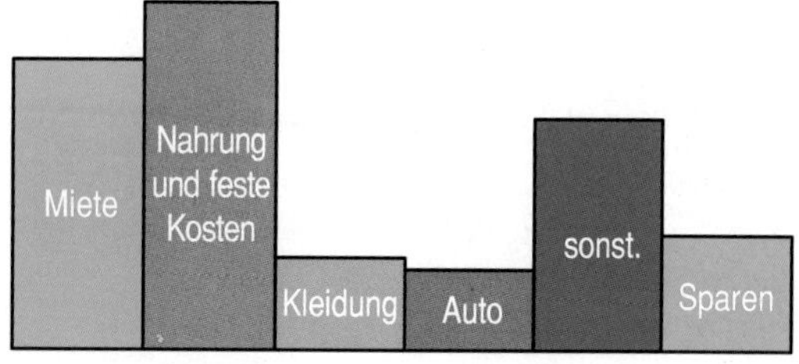

9. Eine Zeitschrift hat 116 Seiten. Auf 56 Seiten steht das Fernsehprogramm. 28 Seiten sind mit Berichten, 8 Seiten mit Rätseln gefüllt. Auf den restlichen Seiten sind Anzeigen. Stelle den Sachverhalt in einem Diagramm deiner Wahl dar.

Immer nur Schule

Kalender 1999

Januar					
Wo	53	1	2	3	4
Mo		4	11	18	25
Di		5	12	19	26
Mi		6	13	20	27
Do		7	14	21	28
Fr	1	8	15	22	29
Sa	2	9	16	23	30
So	3	10	17	24	31

Februar				
Wo	5	6	7	8
Mo	1	8	15	22
Di	2	9	16	23
Mi	3	10	17	24
Do	4	11	18	25
Fr	5	12	19	26
Sa	6	13	20	27
So	7	14	21	28

März					
Wo	9	10	11	12	13
Mo	1	8	15	22	29
Di	2	9	16	23	30
Mi	3	10	17	24	31
Do	4	11	18	25	
Fr	5	12	19	26	
Sa	6	13	20	27	
So	7	14	21	28	

April					
Wo	13	14	15	16	17
Mo		5	12	19	26
Di		6	13	20	27
Mi		7	14	21	28
Do	1	8	15	22	29
Fr	2	9	16	23	30
Sa	3	10	17	24	
So	4	11	18	25	

Mai						
Wo	17	18	19	20	21	22
Mo		3	10	17	24	31
Di		4	11	18	25	
Mi		5	12	19	26	
Do		6	13	20	27	
Fr		7	14	21	28	
Sa	1	8	15	22	29	
So	2	9	16	23	30	

Juni					
Wo	22	23	24	25	26
Mo		7	14	21	28
Di	1	8	15	22	29
Mi	2	9	16	23	30
Do	3	10	17	24	
Fr	4	11	18	25	
Sa	5	12	19	26	
So	6	13	20	27	

Juli					
Wo	26	27	28	29	30
Mo		5	12	19	26
Di		6	13	20	27
Mi		7	14	21	28
Do	1	8	15	22	29
Fr	2	9	16	23	30
Sa	3	10	17	24	31
So	4	11	18	25	

August						
Wo	30	31	32	33	34	35
Mo		2	9	16	23	30
Di		3	10	17	24	31
Mi		4	11	18	25	
Do		5	12	19	26	
Fr		6	13	20	27	
Sa		7	14	21	28	
So	1	8	15	22	29	

September					
Wo	35	36	37	38	39
Mo		6	13	20	27
Di		7	14	21	28
Mi	1	8	15	22	29
Do	2	9	16	23	30
Fr	3	10	17	24	
Sa	4	11	18	25	
So	5	12	19	26	

Oktober					
Wo	39	40	41	42	43
Mo		4	11	18	25
Di		5	12	19	26
Mi		6	13	20	27
Do		7	14	21	28
Fr	1	8	15	22	29
Sa	2	9	16	23	30
So	3	10	17	24	31

November					
Wo	44	45	46	47	48
Mo	1	8	15	22	29
Di	2	9	16	23	30
Mi	3	10	17	24	
Do	4	11	18	25	
Fr	5	12	19	26	
Sa	6	13	20	27	
So	7	14	21	28	

Dezember					
Wo	48	49	50	51	52
Mo		6	13	20	27
Di		7	14	21	28
Mi	1	8	15	22	29
Do	2	9	16	23	30
Fr	3	10	17	24	31
Sa	4	11	18	25	
So	5	12	19	26	

Ferien 1999 in NRW (erster und letzter Ferientag)

Winter:	23. 12. 1998 – 6. 1. 1999
Ostern:	29. 3. 1999 – 10. 4. 1999
Sommer:	17. 6. 1999 – 31. 7. 1999
Herbst:	4. 10. 1999 – 15. 10. 1999
Winter:	23. 12. 1999 – 7. 1. 2000

Zusätzliche Feiertage in Nordrhein-Westfalen

Himmelfahrt	13. 5. 1999
Pfingstmontag	24. 5. 1999
Fronleichnam	3. 6. 1999
Allerheiligen	1. 11. 1999

Sechs Schülerinnen und Schüler der Klasse 7a haben ihren Mitschülern folgenden Fragebogen gegeben:

> Wie viel Prozent des Jahres 1999 bist du für die Schule tätig?
> Dazu gehört die Zeit in der Schule (6 Zeitstunden pro Schultag), der Schulweg von einer Stunde (hin und zurück) und die Hausaufgaben täglich von $1\frac{1}{2}$ h (außer Freitag, Samstag, Sonntag, Feiertage und Ferien).
>
> Kreuze an, was du für richtig hältst.
>
> - mehr als 70% (A)
> - 50% bis 70% (B)
> - 30% bis 50% (C)
> - 10% bis 30% (D)
> - unter 10% (E)

Das waren die Antworten:

A: 22 Befragte	D: 45 Befragte
B: 104 Befragte	E: 0 Befragte
C: 129 Befragte	

1. Werte den Fragebogen der sechs Schülerinnen und Schüler aus: Erstelle ein Säulendiagramm und ein Kreisdiagramm.

2. Wo hättest du selbst angekreuzt?

Tätigkeit in und für die Schule

Berechnungstabelle

1999	
Stunden des Jahres insgesamt	
Anzahl der Schultage	
Anzahl der Hausaufgabentage	
Anzahl der Stunden in der Schule	
Anzahl der Stunden auf dem Schulweg	
Anzahl der Stunden für Hausaufgaben	
Stunden des Jahres für Schultätigkeit	
Berechnung des Prozentsatzes: W: Anzahl der Jahresstunden für Schultätigkeit G: Jahresstunden insgesamt	

$365 \cdot 24$

Auszählen auf dem Kalender

Tage · 6

$1\frac{1}{2}\,h = 1{,}5\,h$

$G \xrightarrow{\cdot\, p\%} W$

3. Welches der vier Kreisdiagramme ist das richtige?

Relative Häufigkeit

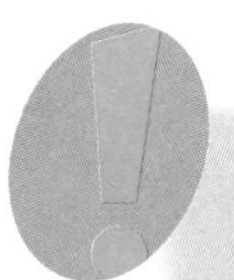

Absolute Häufigkeit ist eine Anzahl, **relative Häufigkeit** ist ein Anteil (Bruch oder Prozentsatz).

$$\text{relative Häufigkeit} = \frac{\text{absolute Häufigkeit}}{\text{Gesamtzahl}}$$

Beispiel: Siegerurkunden in der Klasse 6a

$$\text{relative H.} = \frac{8\ \text{(absolute H.)}}{32\ \text{(Gesamtzahl)}} = \frac{1}{4} = 0{,}25 = 25\ \%$$

Die Leibniz-Schule hat 500 Kinder, davon 300 Mädchen. Die Gauß-Schule hat 400 Kinder, davon 280 Mädchen. Welche Schule hat mehr Mädchen?

	Leibniz-Schule	Gauß-Schule
Gesamtzahl (Kinder)	500	400
absolute H. (Mädchen)	300	280
relative H. oder Anteil	$\frac{300}{500} = \frac{3}{5} = 0{,}6 = 60\%$	$\frac{280}{400} = \frac{7}{10} = 0{,}7 = 70\%$

Absolut hat die Leibniz-Schule mehr Mädchen, nämlich 300 statt 280.
Relativ hat die Gauß-Schule mit 70% einen höheren Anteil Mädchen als die Leibniz-Schule mit 60%.

Aufgaben

1. Die Klasse 6a besteht aus 30 Kindern, davon 18 Jungen. Die Klasse 6b besteht aus 20 Kindern, davon 14 Jungen. Bestimme und vergleiche die relativen Häufigkeiten von Jungen.

2. In A-Dorf sind von 1 200 Einwohnern 240 Kinder unter 14 Jahren, in B-Dorf sind es 480 Kinder von insgesamt 1 600 Einwohnern. Bestimme und vergleiche die relativen Häufigkeiten von Kindern in beiden Dörfern.

3. Zwei Tests hat Eva im letzten Halbjahr geschrieben. Im ersten erreichte sie 40 von 50 möglichen Punkten, im zweiten 45 von 60 Punkten. Welches Ergebnis war besser?

4. Die Klasse 6a besteht aus 30 Kindern. Bei der Klassensprecherwahl erhielt Esther $\frac{4}{5}$ aller Stimmen. Wie viele Stimmen waren es?

5. An der Gauß-Schule mit insgesamt 400 Kindern sind $\frac{2}{5}$ der Kinder Fahrschüler. Wie viele sind es?

6. Bei einer Kontrolle hatten 8 von 40 Fahrrädern Defekte an Bremsen und Beleuchtung. Wie viele wären es bei gleicher relativer Häufigkeit, wenn 100 Räder kontrolliert würden?

7. Vergleiche Karins Testergebnisse. Berechne dazu die relativen Anteile erreichter Punkte.

	Biologie	Englisch	Erdkunde	Mathematik
mögliche Punkte	70	60	30	90
erreichte Punkte	46	38	22	75

46 : 70 = 0,657…
460
− 420
400
− 350
500
− 490
10

$\frac{46}{70} \approx 0{,}66 = \frac{66}{100} = 66\ \%$

Auf Hundertstel runden.

8. Aaron, Beate und Carmen haben in verschiedenen Klassen Tests geschrieben. Aaron erreichte 63 von 80 Punkten, Beate 19 von 30, Carmen 37 von 50. Wer hat das relativ beste, wer das relativ schlechteste Ergebnis?

9. Nachmittags im Fernsehen: Uwe sieht 80 Minuten lang Western-TV, davon sind 17 Minuten Werbung. Annika sieht 50 Minuten lang Sport-TV, davon sind 9 Minuten Werbung.

a) Wer von beiden sieht absolut mehr Werbung? b) Wer von beiden sieht relativ mehr Werbung?

10. In der Arndt-Schule kommen 58 von 90 Sechstklässlern mit dem Bus zur Schule, in der Brahms-Schule sind es 37 von 70. Vergleiche.

11. Fahrradkontrollen: Bestimme die relativen Häufigkeiten defekter Räder in Prozent. Runde auf ganze Prozent und ordne die Ergebnisse.

Schule	A	B	C	D	E	F	G	H
Anzahl kontrolliert	40	70	50	90	30	50	60	40
Anzahl defekt	19	28	12	36	23	29	19	29

12. Anna, Bernd und Conny spielen im Tischtennisverein. In der vergangenen Saison hat Anna 27 von 50 Spielen gewonnen, Bernd 14 von 60, Conny 23 von 30. Vergleiche.

13. Raja trainiert wöchentlich Elfmeterschießen. Bestimme die relativen Häufigkeiten erzielter Tore (gerundet auf Zehntel) und stelle sie grafisch dar.

Woche	1.	2.	3.	4.	5.	6.	7.	8.
Versuche	30	20	40	50	30	40	30	40
Tore	22	14	32	38	17	29	26	35

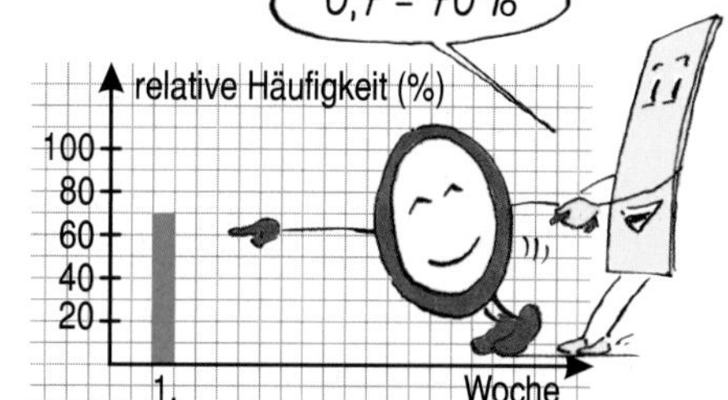

14. Pia trainiert Freiwürfe beim Basketball. Bestimme die relativen Häufigkeiten erzielter Treffer (gerundet auf ganze Prozent) und stelle sie grafisch dar.

Woche	1.	2.	3.	4.	5.	6.	7.	8.	9.	10.
Anzahl Würfe	70	60	80	90	50	60	80	70	90	60
Anzahl Treffer	36	48	60	48	27	23	55	46	73	51

15. Familienfest bei Meiers:
Jede Person mag entweder nur Reis oder nur Nudeln oder nur Kartoffeln als Beilage. Der Anteil der Nudelesser ist doppelt so groß wie der der Reisesser, beide zusammen sind gleich dem Anteil der Kartoffelesser. Würde eine Person von Kartoffeln zu Reis wechseln, wäre die Anzahl der Kartoffelesser doppelt so groß wie die der Reisesser. Wie viele Personen sind es?

Die Würfel fallen

Arne

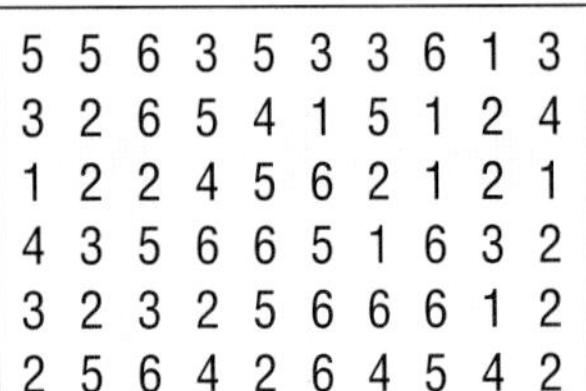

5	5	6	3	5	3	3	6	1	3
3	2	6	5	4	1	5	1	2	4
1	2	2	4	5	6	2	1	2	1
4	3	5	6	6	5	1	6	3	2
3	2	3	2	5	6	6	6	1	2
2	5	6	4	2	6	4	5	4	2

Birgit

5	5	3	6	4	3	4	1	1	1
6	2	3	6	4	5	2	1	5	2
4	3	2	6	3	6	3	1	4	2
5	3	5	1	6	6	6	1	4	4
6	5	2	1	1	2	3	1	5	6
5	1	6	5	4	4	2	4	2	2

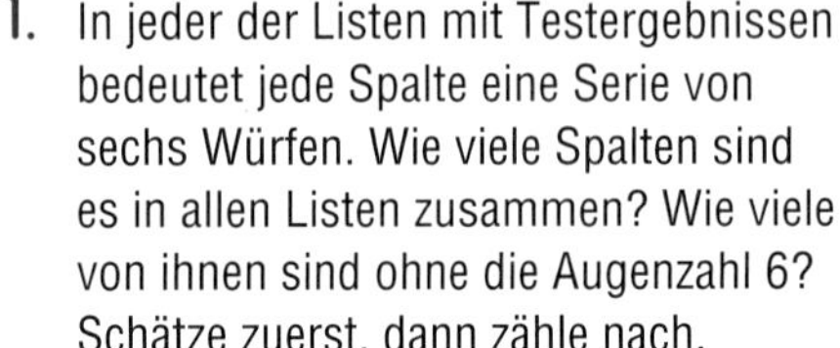

1. In jeder der Listen mit Testergebnissen bedeutet jede Spalte eine Serie von sechs Würfen. Wie viele Spalten sind es in allen Listen zusammen? Wie viele von ihnen sind ohne die Augenzahl 6? Schätze zuerst, dann zähle nach.

	Spalten ohne 6
Arne	4
Birgit	

Chris

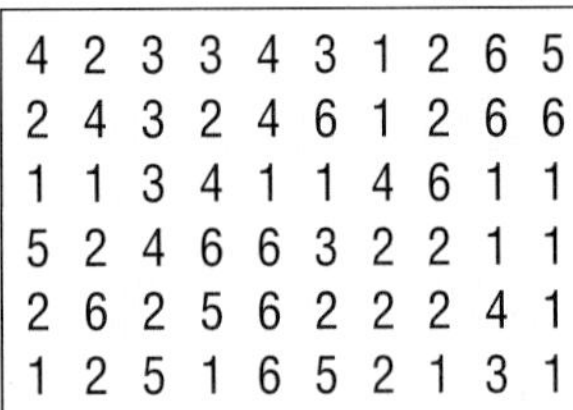

4	2	3	3	4	3	1	2	6	5
2	4	3	2	4	6	1	2	6	6
1	1	3	4	1	1	4	6	1	1
5	2	4	6	6	3	2	2	1	1
2	6	2	5	6	2	2	2	4	1
1	2	5	1	6	5	2	1	3	1

Dolly

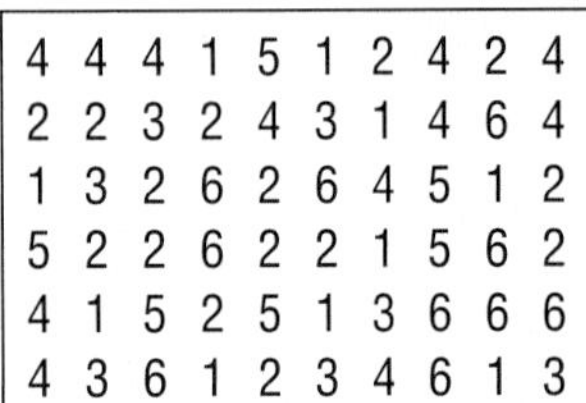

4	4	4	1	5	1	2	4	2	4
2	2	3	2	4	3	1	4	6	4
1	3	2	6	2	6	4	5	1	2
5	2	2	6	2	2	1	5	6	2
4	1	5	2	5	1	3	6	6	6
4	3	6	1	2	3	4	6	1	3

Emilio

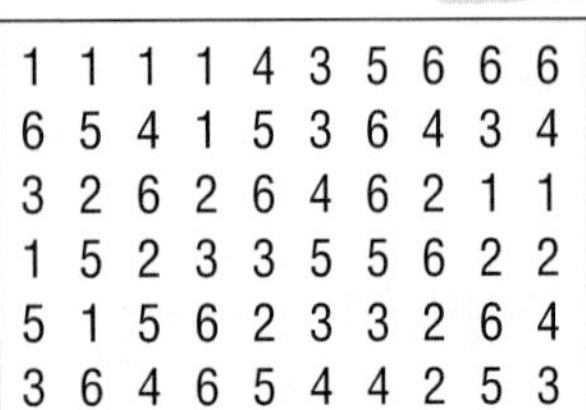

1	1	1	1	4	3	5	6	6	6
6	5	4	1	5	3	6	4	3	4
3	2	6	2	6	4	6	2	1	1
1	5	2	3	3	5	5	6	2	2
5	1	5	6	2	3	3	2	6	4
3	6	4	6	5	4	4	2	5	3

2. Zähle, wie oft jede Augenzahl bei den Testwürfen gewürfelt wurde. Zähle zunächst in den einzelnen Listen und addiere dann für alle zusammen. Berechne zuletzt die relativen Häufigkeiten.

Augenzahl	Arne	Birgit	…	gesamt	$\frac{\text{gesamt}}{600}$
⚀	8				
⚁	13				
⚂	9				
⚃	7				
⚄	11				
⚅	12				
Summe	60	60		600	

Franzi

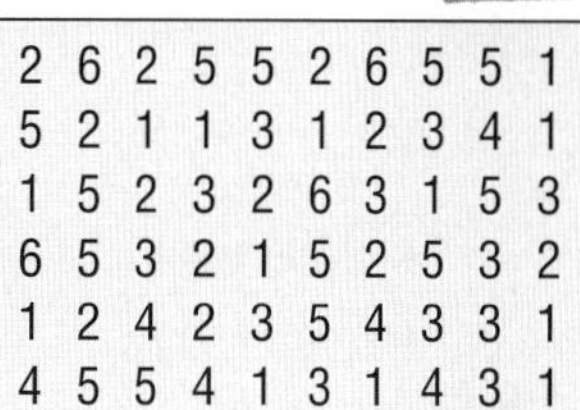

2	6	2	5	5	2	6	5	5	1
5	2	1	1	3	1	2	3	4	1
1	5	2	3	2	6	3	1	5	3
6	5	3	2	1	5	2	5	3	2
1	2	4	2	3	5	4	3	3	1
4	5	5	4	1	3	1	4	3	1

Gerd

3	5	5	4	5	3	1	3	3	6
4	6	2	1	3	5	5	6	1	1
4	1	6	3	5	3	4	1	1	4
4	4	5	3	2	2	6	6	6	5
2	5	4	1	6	2	5	1	3	5
1	2	2	2	6	1	1	3	6	1

Hanna

4	4	5	4	1	6	4	6	6	4
2	6	5	6	5	2	2	6	3	4
2	4	2	2	3	3	4	6	3	4
2	2	1	2	1	3	5	3	2	2
4	5	2	3	3	6	4	4	5	1
5	1	2	6	5	6	6	4	3	2

Ingo

4	3	5	3	1	5	5	5	1	6
4	5	1	2	2	6	6	3	2	1
6	3	1	3	1	4	6	6	1	4
1	5	5	6	4	1	5	5	3	5
3	5	4	2	5	5	6	6	3	6
2	2	2	1	5	2	1	3	4	2

Jenny

2	4	3	4	6	3	1	5	2	6
1	3	4	2	6	3	4	1	6	3
1	5	5	5	6	5	4	1	3	1
2	6	2	3	3	4	3	1	2	1
6	4	4	6	5	3	5	2	4	1
5	5	5	3	6	2	5	6	5	2

3. Wie viel Geld hättest du mit den 600 Testwürfen gewonnen oder verloren? Schätze zuerst, dann rechne.

	Aladin	Boom	Casino
Anzahl der Gewinnwürfe			
Anzahl mal Gewinn			
Kosten für 600 Würfe			
Gesamter Gewinn/Verlust			

4. „Augenzahl mal 10 Cent“, wie viel Geld hättest du bei den 600 Testwürfen gewonnen oder verloren, wenn jeder Wurf 50 Cent kostet?

	Anzahl	Anzahl · Gewinn
⚀		
⚁		
…		
Gewinn gesamt		
Kosten f. 600 Würfe		

5.

1. Schreibe als Bruch mit dem Nenner 100.

a) 4% b) 12% c) 86% d) 10%

2. Notiere den zugehörigen Prozentsatz.

a) $\frac{14}{100}$ b) $\frac{3}{100}$ c) $\frac{50}{100}$ d) $\frac{23}{100}$

3. a) 5% von 300 € b) 6% von 500 €
c) 9% von 150 kg d) 4% von 250 kg
e) 20% von 35 m f) 14% von 260 m

4. Rechne im Kopf.

a) 18% von 100 € b) 6% von 200 €
c) 9% von 700 € d) 10% von 480 €

5. Von den 300 Beschäftigten eines Betriebes sind 25% weiblich. Wie viele Mitarbeiterinnen sind in dem Betrieb beschäftigt?

6. Berechne den Prozentsatz.

a) 45 € von 500 € b) 21 € von 50 €
c) 84 kg von 400 kg d) 4 kg von 25 kg

7. a) 30 € von 150 € b) 36 kg von 120 kg
c) 35 € von 140 € d) 60 kg von 120 kg

8. Ines verdient im 1. Lehrjahr 300 €. Davon gibt sie 60 € zu Hause ab. Wie viel Prozent sind das?

9. Berechne den Grundwert.

a) 5% sind 45 € b) 3% sind 27 €
c) 8% sind 24 kg d) 6% sind 42 kg

10. a) 8% sind 112 kg b) 6% sind 150 €
c) 4% sind 144 m d) 7% sind 84 kg

11. Tom hat 5 m des Zaunes gestrichen, das sind 25% der Gesamtlänge. Wie lang ist der Zaun?

12. Zur Wahl des Vereinsvorstandes ergab sich die folgende Stimmverteilung:

Frau Schmidt:	35%	Frau Sachs:	30%
Herr Kirsch:	20%	Herr Brünn:	15%

a) Zeichne dazu ein Streifendiagramm.

b) Es wurden 400 gültige Stimmen abgegeben. Wie viele Stimmen entfielen auf die einzelnen Kandidaten?

Prozentsätze sind eine andere Schreibweise für Brüche mit dem Nenner 100.

Beispiele: $1\% = \frac{1}{100}$ $25\% = \frac{25}{100}$ $62\% = \frac{62}{100}$

allgemein: $p\% = \frac{p}{100}$

Berechnung des Prozentwertes W

Beispiel: Wie viel € sind 8% von 600 €?

Operatorschreibweise

$600 € \xrightarrow{\cdot \frac{8}{100}} ■ €$

$\frac{600}{100} € \cdot 8 = 6 € \cdot 8$

W = **48 €**

Dreisatz

100%	600 €
1%	6 €
8%	**48 €**

48 € sind 8% von 600 €.

Berechnung des Prozentsatzes p%

Beispiel: Wie viel Prozent sind 12 m von 200 m?

Operatorschreibweise

$200\,m \xrightarrow{\cdot \frac{■}{100}} 12\,m$

$\cdot \frac{12}{200}$

$p\% = \frac{12}{200} = \frac{6}{100} = \mathbf{6\%}$

Dreisatz

100%	200 m
1%	2 m
6%	12 m

12 m von 200 m sind 6%.

Berechnung des Grundwertes G

Beispiel: Von wie viel € sind 8% genau 32 €?

Operatorschreibweise

$■ \xrightarrow{\cdot \frac{8}{100}} 32 €$

$■ \xleftarrow{: \frac{8}{100}} 32 €$

$32 € \cdot \frac{100}{8} = \mathbf{400\ €}$

Dreisatz

8%	32 €
1%	4 €
100%	**400 €**

Von 400 € sind 8% genau 32 €.

Streifen- und Säulendiagramm zum Darstellen von Prozentsätzen. (Wähle 10 cm für 100%)

15%	25%	20%	40%

Streifendiagramm

Säulendiagramm: 15% | 25% | 20% | 40%

1. Übertrage die Tabelle in dein Heft und fülle sie vollständig aus.

Prozentsatz		2%	10%					38%	
Zugehöriger Bruch	$\frac{1}{100}$			$\frac{1}{5}$	$\frac{1}{4}$	$\frac{1}{2}$	$\frac{32}{100}$		$\frac{3}{4}$

2. Bestimme immer 1% von der Größe.

a)	b)	c)	d)	e)	f)
200 €	620 kg	40 m	56 g	5 km	12 €
500 €	430 kg	20 m	23 g	9 km	592 €
900 €	370 kg	80 m	77 g	1 km	99 €

3. Bestimme immer 10% von der Größe.

a)	b)	c)	d)	e)	f)
400 €	420 kg	212,6 m	5 g	12,00 €	0,50 €
20 €	55 kg	45,3 m	0,3 g	26,60 €	1,20 €
6 €	8 kg	2,7 m	0,07 g	2,70 €	3 €

4. Berechne die fehlende Größe schrittweise.

a) Grundwert = 800 €
1% von G = ▒
7% von G = ▒

b) Grundwert = 140 €
10% von G = ▒
30% von G = ▒

c) Grundwert = 480 €
10% von G = ▒
5% von G = ▒

5. Berechne die fehlende Größe.

	a)	b)	c)	d)	e)	f)
Grundwert	400 €	600 kg		64,80 €	250 m	280 kg
Prozentsatz	15%		20%	10%		5%
Prozentwert		30 kg	80 km		125 m	

6. Berechne die fehlende Größe (Grundwert, Prozentsatz oder Prozentwert).

a) Tina spart für ein neues Fahrrad. Sie hat 140 € auf dem Sparbuch, das sind 40% des Kaufpreises. Wie teuer ist das Fahrrad?

b) Von den 640 Eintrittskarten wurden 95% verkauft. Wie viele Karten sind das?

c) Ein Einfamilienhaus hat eine Gesamtwohnfläche von 200 m^2. Das Kinderzimmer ist 18 m^2 groß. Wie viel Prozent von der Gesamtwohnfläche sind das?

7. Berechne die relativen Anteile. Schreibe sie als Bruch, als Dezimalbruch und als Prozentsatz.

a) Von den 28 Kindern der Klasse 7a sind 7 Nichtschwimmer.

b) 18 von 45 getesteten Fahrrädern hatten Mängel.

c) Von den 25 gültigen Stimmen bei der Wahl zum Klassensprecher erhielt André 8 Stimmen, Sarah 12 und Vera die restlichen Stimmen.

8. Einige Autoren der Schülerzeitung i-Punkt haben an ihrer Schule eine Umfrage durchgeführt.

a) Wie viele Schülerinnen und Schüler haben insgesamt geantwortet?

b) Gib den Anteil der einzelnen Antworten an der Gesamtzahl der Antworten in Prozent an.

c) Stelle die Prozentsätze in einem Säulendiagramm dar.

Welche Zeit benötigst du durchschnittlich am Tag für die Hausaufgaben?

Zeitangabe	Anzahl der Antworten
unter 30 Minuten	44
30 bis 60 Minuten	90
60 bis 90 Minuten	48
über 90 Minuten	18

7 Gleichungen

3·x−3
2·x
x+4
x−1
x+3
x
x+2
2·x−2
3·x−3
2·x
0·x
2·(x+1)
x+3
x
x−1
x+2
x·x
x−1
x
x
2·x−2
x+2
0·x
3·x
x
2·(x+1)
2·x
x+3
2·x−2
Das macht 9 €.
Insgesamt 30 €. Was hat eigentlich 1 Tüte Tee gekostet?
Für welche Zahlen stehen die Buchstaben?
T · E = 35
H : A = M
H = 48 : 6
T · A = 20
H · E = 56
Ich fange bei H an.
M + A + T + H + E = 26
Hiermit kannst du kontrollieren.

Pinnwand

Wie alt ist die kleine Schwester?

In der Klasse 7a sind x Schülerinnen und y Schüler. Wie viele Kinder sind es insgesamt?

Eine Schulstunde dauert x Minuten. Wie lang ist ein Unterrichtstag mit 5 Schulstunden und insgesamt 40 Minuten Pausen dazwischen?

O je, schon wieder x kg zugenommen.

325 kg

Wie viel kg wog der Elefant vorher?

Ein Briefumschlag wiegt x Gramm. 1 Bogen Briefpapier y Gramm. Wie schwer ist ein Umschlag mit 4 Bögen?

Wie viel € sind nach dem Geburtstag im Sparschwein?

Ein Brot wiegt x Gramm. Es werden 9 Scheiben zu je 9 Gramm abgeschnitten. Wie viel Gramm bleiben übrig?

Wie viel € bekommt jedes Kind?

Kolja hat x Computerspiele. Seine Freundin Jasmin hat 8 mehr. Wie viele Spiele hat Jasmin?

Wie viel € muss die Familie bezahlen?

Klaus wiegt x kg. Sein Vater wiegt doppelt so viel und 4 kg dazu. Wie viel kg wiegt der Vater?

Eine Tüte mit Keksen wiegt x Gramm. Die Tüte allein wiegt y Gramm. Wie viel Gramm Kekse sind in der Tüte?

Terme mit Variablen

Terme beschreiben Rechenwege. Sie können Buchstaben als Variablen enthalten.
Wenn man für die Variablen Zahlen einsetzt, erhält man eine Zahl als Ergebnis.

Berechne den Term $3 \cdot x + 7$ für $x = 4$.
$3 \cdot 4 + 7 = 12 + 7 = 19$

Berechne den Term $5 \cdot (x - 2)$ für $x = 8$.
$5 \cdot (8 - 2) = 5 \cdot 6 = 30$

Aufgaben

1. Eine Ferienwohnung kostet pro Tag 40 € plus 30 € für die Reinigung am Ende des Aufenthalts. Lege eine Tabelle an und berechne den Preis für 7, 10, 14 und 21 Tage Aufenthalt.

Tage x	Preis (€) $x \cdot 40 + 30$
7	$7 \cdot 40 + 30 = \dots$

2. Im Getränkemarkt zahlt man Pfand: 0,15 € für jede Flasche und 1,50 € für den Kasten. Berechne das Pfand für einen Kasten mit 6, 10, 12, 24 oder 30 Flaschen.

Flaschen x	Pfand (€) $x \cdot 0{,}15 + 1{,}50$

3. Berechne den Term für die natürlichen Zahlen von 1 bis 9.

a) $5 + x$ b) $2 + 3 \cdot y$ c) $5 \cdot x - 2$
d) $2 \cdot (z + 2)$ e) $3 \cdot (y + 3)$ f) $3 \cdot (2 \cdot x - 1)$

x	5 + x
1	5 + 1 = 6

4. Berechne den Umfang eines Rechteckes mit den Seitenlängen a, b mit dem Term $2 \cdot a + 2 \cdot b$ für a = 5 m und b = 3 m.

5. Wähle den passenden Term und berechne für die angegebenen Zahlen.

a) Kai bekommt im Monat x € Taschengeld. Wie viel bekommt er in 6 Monaten?	b) Herr Funke kauft einen Fotoapparat zu 99 € und 3 Filme zu je x €. Wie viel € muss er bezahlen?	c) Ein Zirkus hat x Löwen und y Tiger. Wie viele Raubtiere sind es insgesamt?	d) Anne hat x € gespart. Sie kauft sich für y € einen Discman. Wie viel € bleiben übrig?
$6 \cdot x$	$99 + x + 3$	$x + y$	$x - y$
$6 : x$	$99 + 3 \cdot x$	$x - y$	$y - x$
x = 15	x = 3	x = 3 und y = 9	x = 100 und y = 60

6.

a) Frau Tiemann kauft Apfelsinen zu x € und Bananen zu y €. Wie viel € muss sie bezahlen?	b) Ein Rechteck ist x Meter lang und y Meter breit. Wie groß ist sein Umfang?	c) Bei einem Fußballturnier werden x Spiele, die jeweils y Minuten dauern, durchgeführt. Wie lang ist die gesamte Spielzeit?	d) Thomas hat x € gespart. Er kauft sich zwei CDs zu je y €. Wie viel € hat er noch?
$x + y$	$2 \cdot x + 2 \cdot y$	$x \cdot y$	$2 \cdot y - x$
$x - y$	$x \cdot y$	$x + y$	$y - 2 \cdot x$
x = 3,80 und y = 2,40	x = 4 und y = 1	x = 9 und y = 20	x = 50 und y = 12

7. Eine Schachtel wiegt leer 25 g. Sie wird mit 4-g-Pralinen gefüllt. Der Term $4 \cdot x + 25$ beschreibt das Gesamtgewicht einer Schachtel mit x Pralinen. Lege eine Tabelle an und berechne das Gewicht mit 12, 20, 32 und 45 Pralinen.

Anzahl x	Gesamtgewicht $4 \cdot x + 25$
12	$4 \cdot 12 + 25 = 73$

8. Der Eintritt in den Zoo kostet für Kinder 4 €. Dazu kommen 20 € für eine Führung der Gruppe.

a) Welcher Term beschreibt den Gesamtpreis für x Kinder?

b) Lege eine Tabelle an und berechne den Gesamtpreis für 23, 25, 28 und 30 Kinder.

$20 \cdot x + 4$ | $4 \cdot x - 20$ | $20 \cdot x - 4$ | $4 \cdot x + 20$

9. In einem Gefäß befinden sich 150 cm³ Wasser. Pro Minute tropfen 15 cm³ hinein.

a) Welcher Term beschreibt die Wassermenge in dem Gefäß nach x Minuten?

b) Lege eine Tabelle an. Berechne die Wassermenge nach 15, 20, 25 und 45 Minuten.

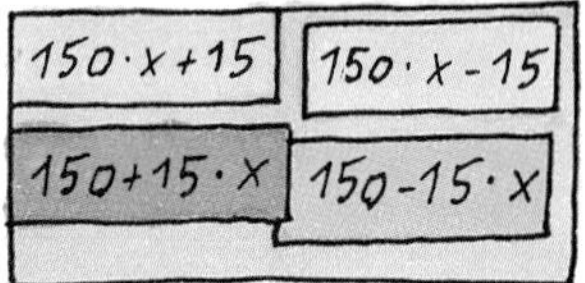

10. Ein Wohnmobil kostet für ein Wochenende 180 €. Darin enthalten sind 100 Freikilometer. Für jeden weiteren Kilometer sind 0,30 € zu zahlen. Berechne den Preis für 280 km, 350 km, 490 km und 620 km. Nenne die gefahrenen Kilometer x. Stelle einen Term auf, setze ein und rechne.

11. Bei einem Farbfilm kostet die Entwicklung 3,95 € und jedes Foto 0,29 €. Berechne mit Hilfe eines Terms den Preis für Filme mit 12, 24, 27 und 36 Fotos.

12. Gib einen Term an:

a) vermindert man eine Zahl um 7
b) das 10fache der gesuchten Zahl
c) subtrahiert man eine Zahl von 100
d) dividiert man eine Zahl durch 5
e) vermehrt man eine Zahl um 19
f) vermindert man 19 um eine Zahl
g) addiert man zur gesuchten Zahl 5
h) ein Drittel der gesuchten Zahl
i) ich denke mir eine Zahl und multipliziere mit 7

Termlexikon

x	gesuchte Zahl ich denke mir eine Zahl
x + 7	addiert man 7 zu einer Zahl vermehrt man eine Zahl um 7
x − 3	subtrahiere 3 von einer Zahl vermindert man eine Zahl um 3
9 − x	subtrahiert man eine Zahl von 9 vermindert man 9 um eine Zahl
3 · x	das Dreifache einer Zahl multipliziert man eine Zahl mit 3
x : 4	ein Viertel einer Zahl dividiert man eine Zahl durch 4

13. Ordne den richtigen Term zu. In der Reihenfolge der Aufgaben erhältst du ein Lösungswort.

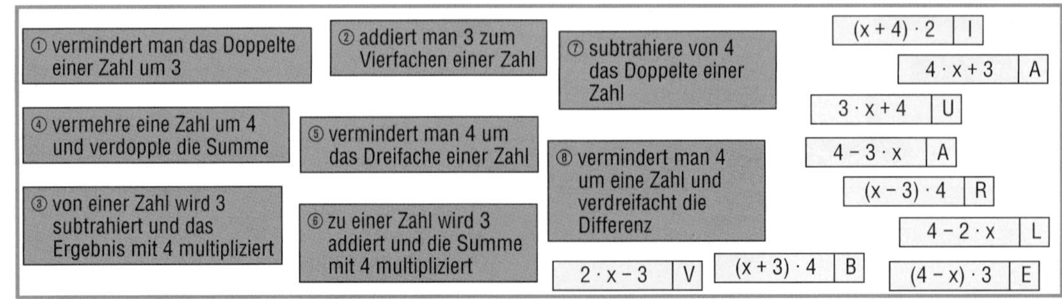

14. Schreibe als Term, setze anschließend für die Variable die Zahl 8 ein und berechne.

a) Von einer Zahl wird 9 subtrahiert und die Differenz verdreifacht.

b) Zur Hälfte einer Zahl wird 12 addiert und die Summe mit 4 multipliziert.

Gleichungen und Ungleichungen

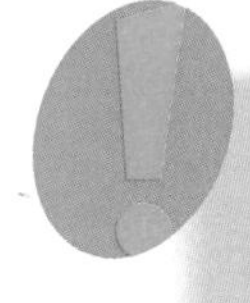

In einer **Gleichung** steht zwischen zwei Termen das Zeichen = (gleich), in einer **Ungleichung** das Zeichen < (kleiner als) oder > (größer als). Wenn man für die Variablen Zahlen einsetzt, erhält man entweder eine wahre (w) oder eine falsche (f) Aussage.

Gleichung: $2 \cdot x + 3 = 37$

9 einsetzen
$2 \cdot 9 + 3 = 37$
$18 + 3 = 37$
$21 = 37$ **falsch (f)**

17 einsetzen
$2 \cdot 17 + 3 = 37$
$34 + 3 = 37$
$37 = 37$ **wahr (w)**

Ungleichung: $3 \cdot x + 8 > 23$

4 einsetzen
$3 \cdot 4 + 8 > 23$
$12 + 8 > 23$
$20 > 23$ **falsch (f)**

6 einsetzen
$3 \cdot 6 + 8 > 23$
$18 + 8 > 23$
$26 > 23$ **wahr (w)**

Aufgaben

1. Setze die angegebenen Zahlen ein und notiere jedes Mal, ob eine wahre oder falsche Aussage entsteht.

a) ⑥ ⑦ ⑧ ⑨ $3 \cdot (x - 5) = 19$
b) ③ ② ① ⓪ $4 \cdot x + 3 = 11$
c) ① ② ③ ④ $2 \cdot x + 7 > 9$
d) ⑨ ⑧ ⑦ ⑥ $2 \cdot (x - 6) < 5$

2. Setze für die Variable die natürlichen Zahlen von 1 bis 6 ein und notiere für jede: wahr oder falsch.

a) $3 \cdot y - 1 = 5$ b) $2 \cdot (x + 5) = 16$ c) $2 \cdot x + 3 > 8$ d) $9 \cdot y - 4 < 30$ e) $4 \cdot (y - 1) > 4$

3. Löse die Gleichung $3 \cdot (2 + x) = 18$ durch Probieren. Übertrage die Tabelle ins Heft und ergänze bis x = 6.

x	3 · (2 + x)	= 18	w/f
1	3 · (2 + 1) = 9	18	f
2	3 · (2 + 2) = 12	18	f
3	3 · (2 + 3) =		

4. Löse mithilfe einer Tabelle. Die Lösung ist eine natürliche Zahl.

a) $12 \cdot z + 4 = 76$ b) $8 \cdot x + 15 = 47$ c) $8 \cdot a - 7 = 49$ d) $(y + 8) : 2 = 7$
e) $2 \cdot (2 \cdot y + 3) = 18$ f) $2 \cdot (z + 3) = 24$ g) $5 \cdot (2 \cdot a + 3) = 85$ h) $(3 \cdot b - 2) \cdot 3 = 39$

5. Drei Geschwister haben zusammen 54 € gespart. Lara hat dreimal so viel gespart wie Dana. Tobias hat 2 € weniger gespart als Lara. Wie viel € hat jedes Kind gespart?

Dana	Lara	Tobias	zusammen
x +	3·x	+3·x − 2 =	54 €
1 €	3 €	1 €	5 €
2 €	6 €	4 €	12 €

Lösen von Gleichungen mit Umkehroperatoren

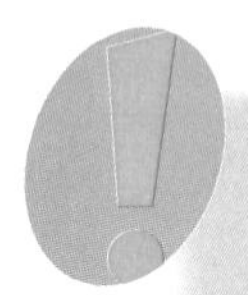

Viele Gleichungen kann man mit Operatoren darstellen und ihre Lösungen mit Umkehroperatoren berechnen.

Gleichung:	$x \cdot 5 + 2 = 62$	Probe:
Operatoren:	$x \xrightarrow{\cdot 5} \square \xrightarrow{+2} 62$	$12 \cdot 5 + 2$
Umkehroperatoren:	$\mathbf{12} \xleftarrow[:5]{} 60 \xleftarrow{-2} 62$	$= 60 + 2 = 62$

Aufgaben

1. Finde die Zahl x mithilfe von Umkehroperatoren.

a) $x \xrightarrow{\cdot 2} \square \xrightarrow{+8} 22$ b) $x \xrightarrow{:8} \square \xrightarrow{+9} 15$ c) $x \xrightarrow{:5} \square \xrightarrow{+17} 26$ d) $x \xrightarrow{\cdot 3} \square \xrightarrow{-7} 17$

e) $x \xrightarrow{:6} \square \xrightarrow{+18} 27$ f) $x \xrightarrow{\cdot 12} \square \xrightarrow{-35} 25$ g) $x \xrightarrow{:4} \square \xrightarrow{+29} 37$ h) $x \xrightarrow{\cdot 17} \square \xrightarrow{-28} 40$

2. Schreibe mit Operatoren und löse mit Umkehroperatoren.

a) $x \cdot 7 = 63$ b) $y + 19 = 24$ c) $z - 48 = 60$ d) $a : 5 = 9$ e) $b - 17 = 38$

f) $y \cdot 15 = 30$ g) $\frac{a}{9} = 7$ h) $b + 39 = 52$ i) $\frac{x}{12} = 6$ j) $z \cdot 5 = 100$

3. Schreibe mit Operatoren und löse mit Umkehroperatoren.

a) $x \cdot 4 + 3 = 31$ b) $y \cdot 5 - 7 = 73$ c) $a \cdot 3 - 9 = 27$ d) $m \cdot 9 + 19 = 100$ e) $y \cdot 8 + 13 = 61$

f) $z \cdot 2 - 4 = 6$ g) $x \cdot 7 + 9 = 30$ h) $x \cdot 8 + 26 = 50$ i) $y \cdot 5 - 17 = 18$ j) $z \cdot 5 - 17 = 8$

k) $x : 4 - 7 = 5$ l) $b : 13 + 9 = 14$ m) $a : 5 + 16 = 26$ n) $x : 2 - 28 = 22$ o) $b : 6 - 27 = 3$

(4.) Schreibe als Gleichung und löse sie. Mache eine Probe.

a) Vermehrt man das Dreifache einer Zahl um 7, so erhält man 31.

b) Subtrahiert man 17 vom Doppelten einer Zahl, so erhält man 3.

c) Die Summe aus dem Fünffachen einer Zahl und 45 ist 100.

d) Vermindert man das Zehnfache einer Zahl um 48, so erhält man 82.

Vermindert man das Dreifache einer Zahl um 5, so erhält man 7.

$3x - 5 = 7$

5. Wie viel Taschengeld bekommen die Kinder? Setze für das monatliche Taschengeld die Variable x.

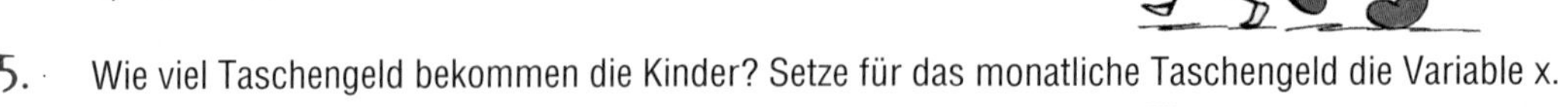

Jch habe mein Taschengeld schon 4 Monate gespart. Jetzt fehlen mir noch 6 €, damit ich mir das Computerspiel zu 54 € kaufen kann.

Jens

Wenn ich mein Taschengeld 5 Monate spare und die 30 €, die ich zum Geburtstag bekommen habe, dazutue, dann habe ich genau 100 €.

Jasmin

6. Schreibe die Gleichung mit Operatoren und löse sie.

a) $(x + 2) \cdot 3 = 30$ b) $(x - 5) \cdot 4 = 48$ c) $(x + 7) : 5 = 4$

$(x + 7) \cdot 8 = 16$

$x \xrightarrow{+7} \square \xrightarrow{\cdot 8} 16$

7. Schreibe mit Operatoren und löse dann. Manchmal musst du erst vertauschen.

a) $z \cdot 3 + 2 = 23$ b) $(x + 2) \cdot 2 = 18$ c) $4 \cdot x + 7 = 35$ d) $(y - 7) : 5 + 3 = 8$ e) $8 + y \cdot 2 = 26$ f) $4 \cdot (x - 5) = 28$ g) $u : 4 - 8 = 5$

$3 \cdot x = x \cdot 3$

8.

a) $7 \cdot y - 18 = 3$ b) $3 \cdot (a - 3) = 42$

c) $y : 5 - 13 = 2$ d) $8 + z \cdot 7 = 57$

e) $(x - 4) \cdot 8 - 7 = 25$ f) $(x + 6) : 4 = 2$

9. Schreibe als Gleichung und löse.

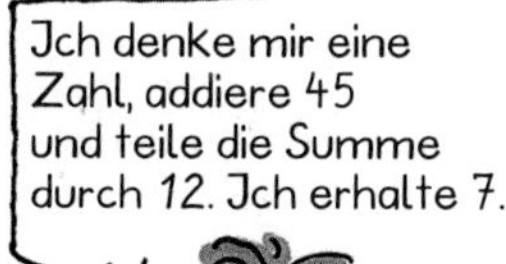

10. Schreibe als Gleichung und löse mit Umkehroperatoren.

a) Verdreifache die Summe aus einer Zahl und 17. Du erhältst 69.

b) Von einer Zahl wird 8 subtrahiert und das Ergebnis mit 3 multipliziert. Man erhält 36.

c) Zu einer Zahl wird 9 addiert und das Ergebnis mit 4 multipliziert. Man erhält 80.

d) Vermindere eine Zahl um 45 und verdoppele die Differenz. Du erhältst 30.

11.

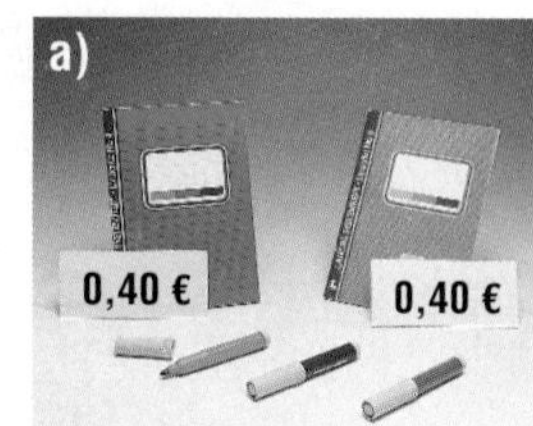

Zusammen 2,60 €. Wie viel kostet ein Stift?

Zusammen 3,20 €. Wie teuer ist eine Dose Cola?

Zusammen 6,40 €. Wie teuer ist eine Rolle Kekse?

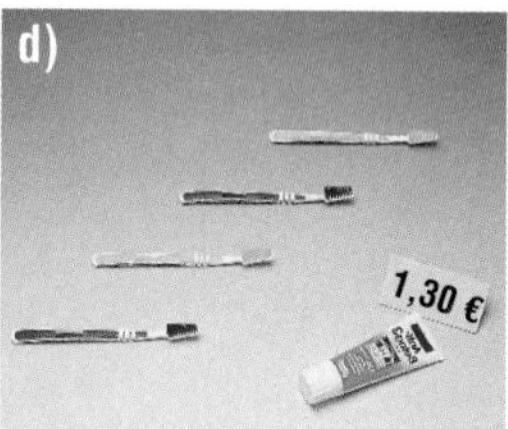

Zusammen 6,10 €. Wie teuer ist eine Zahnbürste?

12. Löse mit Umkehroperatoren und mache die Probe.

a) $(y + 7) \cdot 3 = 36$ b) $(a : 2 - 7) \cdot 4 = 16$ c) $(x + 3) \cdot 3 - 9 = 0$ d) $2 \cdot y + 9 = 43$

e) $(b - 6) : 5 + 4 = 11$ f) $(x \cdot 3 + 8) : 2 - 9 = 1$ g) $(b \cdot 5 + 7) \cdot 2 = 34$ h) $(z + 18) \cdot 4 = 36$

13.

a) Das Dreifache einer Zahl vermindert um 7 ist 35.

b) Wird zu einer Zahl 3 addiert und die Summe mit 4 multipliziert, erhält man 16.

c) Die Hälfte einer Zahl vermehrt um 19 ist 27.

d) Von einer Zahl wird 8 subtrahiert. Verdreifacht man das Ergebnis, erhält man 51.

e) Der dritte Teil einer Zahl vermindert um 26 ist 7.

f) Das Doppelte einer Zahl wird um 5 vermindert. Das Sechsfache der Differenz ist 78.

g) Die Summe aus dem dritten Teil einer Zahl und 18 ist 22.

25	V
12	R
14	K
16	A
1	L
9	E
99	I

Der Reihe nach ein Musikinstrument.

14. Vor halb so viel Jahren, wie Anna heute alt ist, war ihre Mutter 6-mal so alt wie Anna. Heute ist Annas Mutter 35 Jahre alt. Wie alt ist Anna?

Rechnen mit Formeln

Rechteck
Umfang: u = 38 m

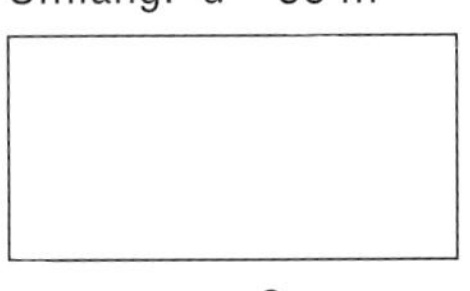

Längen in m

Seite a	Umfang u
1	$2 \cdot 1 + 2 \cdot 8 = 2 + 16 = 18$
2	$2 \cdot 2 + 2 \cdot 8 = 4 + 16 =$
3	$2 \cdot 3 + 2 \cdot 8 =$
4	$2 \cdot 4 + 2 \cdot 8 =$
5	$2 \cdot 5 + 2 \cdot 8 =$

Wie groß ist ein Basiswinkel im gleichschenkligen Dreieck mit 52° für den Winkel zwischen den Schenkeln?

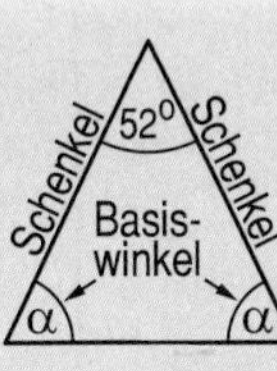

Formel (Winkel in Grad): $\alpha + \beta + \gamma = 180$
Einsetzen $\beta = \alpha$, $\gamma = 52°$: $2 \cdot \alpha + 52 = 180$
mit Operatoren $\alpha \xrightarrow{\cdot 2} \square \xrightarrow{+52} 180$

$64 \xleftarrow{:2} 128 \xleftarrow{-52} 180$

Probe:
$2 \cdot 64 + 52 = 180$
$128 + 52 = 180$
$180 = 180$
(wahr)

Antwort: Ein Basiswinkel ist 64°.

Aufgaben

Flächeninhalt: A = a · b

1. Berechne die fehlende Seite im Rechteck.

a) u = 56 cm a = 16 cm b) u = 48 cm a = 15 cm c) A = 55 cm² b = 5 cm d) A = 65 m² a = 5 m

2. Berechne die fehlende Seitenlänge. Stelle eine Gleichung auf und löse sie.

a) 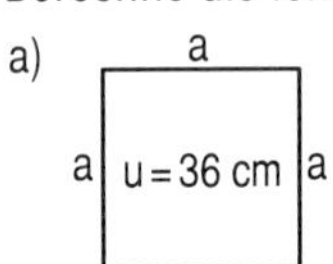

b) 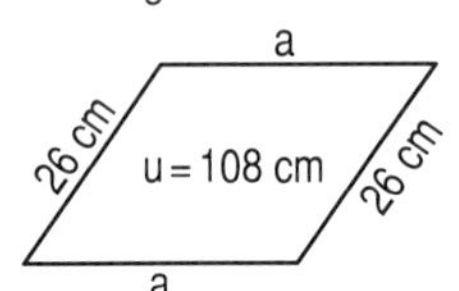

c) 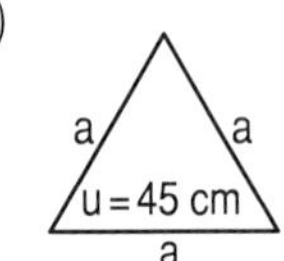

d) 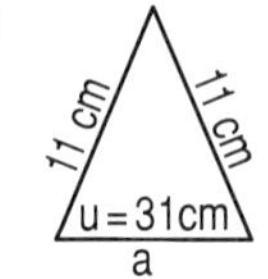

e) 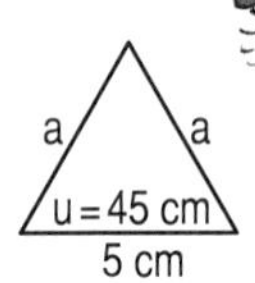

3. a) In einem Rechteck ist die eine Seite doppelt so lang wie die andere. Der Umfang ist 60 cm. Wie lang sind die Seiten?

b) In einem Rechteck ist eine Seite 20 cm kürzer als die andere. Der Umfang ist 80 cm. Wie lang sind die Seiten?

Diese Seite als Term mit b.

4. Berechne den fehlenden Winkel im Dreieck: a) $\alpha = 48°$ $\beta = 76°$ b) $\beta = 52°$ $\gamma = 60°$

5. a) In einem gleichschenkligen Dreieck ist der Winkel zwischen den Schenkeln 118°. Wie groß ist jeder Basiswinkel?

b) In einem gleichschenkligen Dreieck ist ein Basiswinkel 63°. Wie groß ist der Winkel zwischen den Schenkeln?

(6.) Berechne die Winkel im gleichschenkligen Dreieck:

a) Der Winkel zwischen den Schenkeln ist dreimal so groß wie ein Basiswinkel.

b) Die Summe der beiden Basiswinkel ist um 48° größer als der Winkel zwischen den Schenkeln.

7. Von einem Quader sind das Volumen und zwei Kantenlängen bekannt. Berechne die dritte Länge.

a) V = 216 cm³ b = 12 cm c = 3 cm b) V = 105 cm³ a = 5 cm b = 3 cm

1. Berechne den Term für $x = 1$ und $x = 5$.

a) $x + 5$ b) $2 \cdot x - 1$ c) $8 - x$
d) $3 \cdot x + 2$ e) $19 - 2 \cdot x$ f) $20 - 3 \cdot x$

2. Ein Mietklavier kostet einmalig 90 € Grundgebühr und dann 20 € pro Monat.

a) Welcher Term beschreibt die Kosten für x Monate.
b) Berechne ihn für 6, 10 und 15 Monate.

3. Setze die natürlichen Zahlen von 1 bis 5 ein und notiere „w" oder „f" (Tabelle).

a) $3 \cdot x + 4 = 13$ b) $7 \cdot y + 8 = 1$
c) $15 - 2 \cdot x = 9$ d) $(y - 1) \cdot y = 2$

4. Setze in die Ungleichung die natürlichen Zahlen von 1 bis 4 ein und notiere „w" oder „f".

a) $y + 5 > 8$ b) $6 - x < 7$ c) $z \cdot (z - 1) > 2$

5. Löse mit Operatoren.

a) $a \cdot 17 = 51$ b) $x - 19 = 35$
c) $z \cdot 8 + 14 = 86$ d) $b : 4 + 13 = 20$

6. Schreibe als Gleichung und löse sie.

a) Subtrahiert man vom Doppelten einer Zahl 8, so erhält man 2.
b) Die Summe aus dem Sechsfachen einer Zahl und 18 ist 60.

Terme beschreiben Rechenwege. Sie können Buchstaben als **Variablen** enthalten.
Wenn man für die Variablen Zahlen einsetzt, erhält man eine Zahl als Ergebnis.

Beispiel:
Term $3 \cdot x + 7$ für $x = 4$: $3 \cdot 4 + 7 = 19$

Wenn man in einer **Gleichung** für die Variablen Zahlen einsetzt, entsteht eine **wahre** oder eine **falsche Aussage.**

Beispiel: $2 \cdot x + 3 = 11$

$x = 2$ eingesetzt: $2 \cdot 2 + 3 = 11$ falsch
$x = 4$ eingesetzt: $2 \cdot 4 + 3 = 11$ wahr

Viele Gleichungen kann man mit Operatoren schreiben und dann lösen.

Beispiel: $x \cdot 3 + 2 = 11$

$x \xrightarrow{\cdot 3} \square \xrightarrow{+2} 11$

$3 \xleftarrow{:3} 9 \xleftarrow{-2} 11$

Probe:
$3 \cdot 3 + 2 = 11$
$9 + 2 = 11$

Lösung: $\mathbf{x = 3}$

7. Von einer Rolle mit 20 m Schleifenband werden 0,5 m lange Stücke abgeschnitten.

a) Nenne die Anzahl der abgeschnittenen Stücke x und stelle einen Term für das restliche Band der Rolle auf.
b) Berechne wie viel m Band noch auf der Rolle sind, wenn 4; 6; 10; 15; 20 und 25 Stücke abgeschnitten sind.

8. Schreibe als Term mit einer Variablen und setze dann für die Variable 2 ein.

a) Zu einer Zahl wird 9 addiert und die Summe verdoppelt.
b) Vermindere das Dreifache einer Zahl um 3 und multipliziere die Differenz mit 8.

9. Schreibe die Gleichung mit Operatoren und löse sie mit Umkehroperatoren.

a) $x \cdot 3 - 4 = 17$ b) $a : 12 + 8 = 14$ c) $z \cdot 17 - 4 = 47$ d) $y : 9 - 2 = 7$
e) $(b + 5) \cdot 14 = 98$ f) $(x + 4) \cdot 8 - 12 = 60$ g) $(y \cdot 4 - 9) \cdot 6 = 90$ h) $(a + 3) \cdot 4 = 44$

10. Schreibe als Gleichung und löse mit Umkehroperatoren.

a) Von einer Zahl wird 8 subtrahiert und das Ergebnis mit 6 multipliziert. Man erhält 30.
b) Das Doppelte einer Zahl wird um 10 vermindert. Verdreifacht man die Differenz erhält man 24.

11. a) In einem rechtwinkligen Dreieck mit $\gamma = 90°$ ist $\alpha = 34°$. Wie groß ist β?
b) In einem gleichschenkligen Dreieck ist $\gamma = 72°$. Wie groß sind die Basiswinkel?

TÜV

8 Positive und negative Zahlen

Helsinki -19°
Oslo -15°
Stockholm -17°
Kopenhagen -10°
Dublin 2°
Amsterdam
Berlin -3°
Prag -1°
Warschau -8°
London 0°
Brüssel
Luxemburg
Bratislava
Wien -1°
Paris 4°
Bern 1°
Budapest
Belgrad 6°
Sofia
Skopje
Tirana
Madrid 14°
Rom 13°
Athen
Lissabon 17°

In Warschau ist es 5 °C kälter als in Berlin.

Durch London verläuft die Frostgrenze.

Zwischen Rom und Oslo ist ein sehr großer Temperaturunterschied.

Kontoauszug Nr. 10 Blatt 1

	Umsatz: Soll/Haben
0001895 0 3005 27.01	559.04 S
Kontostand alt	254.96 Haben
Kontostand neu	304.08 Soll

Jch bin mit rund 300 € im Minus.

Jch sehe aber kein Minuszeichen.

Bei der Bank ist das ein „S", das bedeutet „Soll", also Schulden.

Aha, „Soll" ist das, was du haben „sollst".

Eine Durchsage für die Schifffahrt:

„Es ist mit Niedrigwasser von ein Meter fünfzig unter Normalstand zu rechnen."

Partnerspiel: PLUS – MINUS

Du brauchst:
- einen Partner/eine Partnerin
- einen Spielwürfel
- einen Notizblock

Regeln:
- Abwechselnd würfeln; jeder 10-mal
- Augenzahl = Punktezahl
- gerade Zahl gewinnt (+)
- ungerade Zahl verliert (–)
- Jeder startet mit 0 Punkten.
- Wer mehr verliert als er hat, muss „Minus-Punkte" anschreiben.

Plus-Minus-Spieler/Spielerin: Andrea Wurf-Nr.		1	2	3	4	5	6	7	8	9	10	gewonnen verloren
1. Spiel:	Augen	4	3	6	5	3	5	6	2	4	5	verloren!
	Punkte	4	1	7	2	–1	–6	0	2	6	1	
2. Spiel:	Augen	3	2	6	5	4	5					
	Punkte	–3	–1	5	0	4						

Temperaturen

Andreas Celsius (ein Schwede) führte 1742 die nach ihm benannte Temperaturskala ein.
Bei 0 °C friert Wasser, bei 100 °C kocht Wasser.

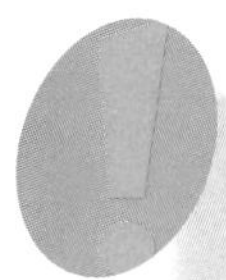

Thermometer zeigen Temperaturen über und unter Null Grad Celsius (°C) an.
Beispiele: 5 °C für 5 Grad Celsius (über Null), − 3 °C für **minus** 3 Grad Celsius (unter Null)

Aufgaben

1. 7 Uhr, 10 Uhr, 12 Uhr, 14 Uhr, 16 Uhr, 18 Uhr

a) Lies die Temperaturen ab und schreibe sie auf.

b) Um wie viel Grad ist die Temperatur gestiegen oder gefallen?
(1) von 7 bis 10 Uhr (2) von 7 bis 12 Uhr (3) von 14 bis 18 Uhr (4) von 7 bis 18 Uhr

2. Berechne den Anstieg der Temperatur.

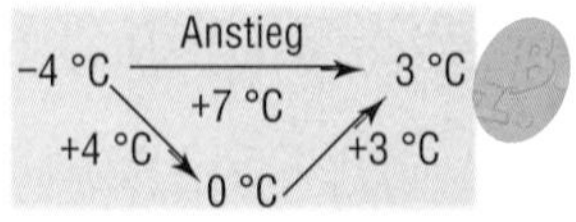

a) von − 5 °C bis 3 °C
von − 5 °C bis 5 °C

b) von − 12 °C bis 8 °C
von − 22 °C bis 13 °C

c) von − 3,5 °C bis 2 °C
von − 4 °C bis 3,6 °C

3. Berechne die Absenkung der Temperatur.

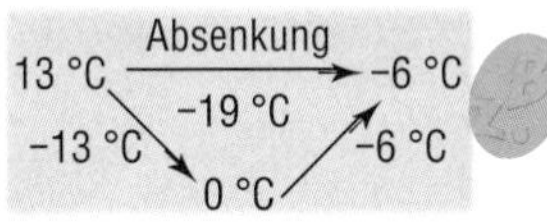

a) von 14 °C auf − 8 °C
von 17 °C auf − 3 °C

b) von 17 °C auf − 17 °C
von 28 °C auf − 24 °C

c) von 8,6 °C auf − 12 °C
von 13 °C auf − 7,5 °C

4. Berechne den gemessenen sensationellen Temperaturunterschied.

a) Spearfish (USA), 22. Januar 1943: von − 20 °C um 7.30 Uhr auf 7 °C um 7.32 Uhr

b) Browning (USA), von 7 °C am 23. Januar 1916 auf − 49 °C am 24. Januar 1916.

5. Berechne den fehlenden Wert.

	a)	b)	c)	d)	e)	f)	g)
höchste Temperatur in °C	17	37,5	22,5	5	7,2		
niedrigste Temperatur in °C	− 13	15	− 3,5			− 3	− 4,5
Temperaturunterschied in °C				8	10,2	15	12

6. Ordne die Temperaturangaben. Beginne mit der niedrigsten.

Gefrierfleisch − 15 °C

Körpertemperatur 37 °C

Flüssige Luft − 213 °C

Badewasser 42 °C

Eiswürfel − 8 °C

Flüssiges Gold 1 063 °C

Kontostände

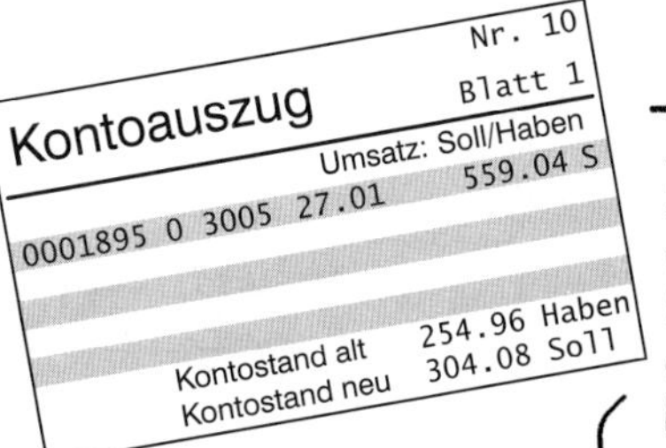

. . . nein! Von 254,96 € wurden 559,04 € abgebucht. Das ergibt diese Schulden.

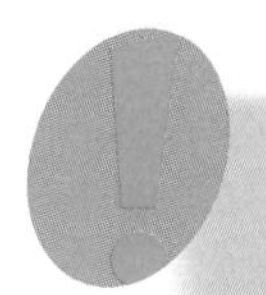

Kontostände größer als 0 € sind Guthaben (Haben).
Kontostände kleiner als 0 € sind Schulden (Soll).
In der Mathematik schreibt man statt „Soll" das **Vorzeichen „–" (minus)**.

Alter Kontostand	130 €	170 €	– 80 €
Buchung	Einzahlung 50 €	Abbuchung 230 €	Einzahlung 140 €
Neuer Kontostand	180 €	– 60 €	60 €

Aufgaben

1. Berechne den Unterschied. Notiere, ob eingezahlt oder abgebucht wurde.

Alter Kontostand	a) 150 €	b) – 100 €	c) – 80 €	d) 30 €	e) 40 €
Neuer Kontostand	70 €	– 250 €	20 €	– 60 €	– 40 €

2. Der alte Kontostand zeigt ein Guthaben von 500 €. Berechne den neuen Kontostand.
a) 370 € Einzahlung b) 485 € Abbuchung c) 550 € Abbuchung d) 830 € Abbuchung

3. Auf welchen Wert erhöht sich der Kontostand?
a) – 65 €, Einzahlung 100 € b) – 122 €, Einzahlung 150 €
c) – 137 €, Einzahlung 287 € d) – 12,50 €, Einzahlung 120,50 €

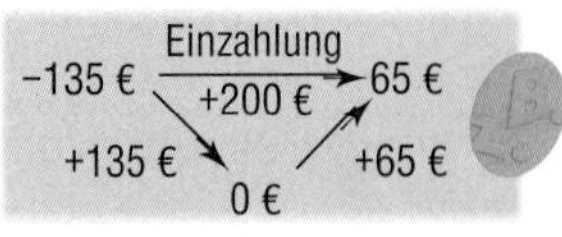

4. Auf welchen Wert fällt der Kontostand?
a) 75 €, Abbuchung 110 € b) 130 €, Abbuchung 235 €
c) 312 €, Abbuchung 417 € d) 97,50 €, Abbuchung 147,50 €

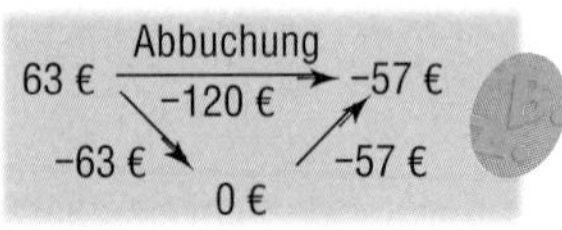

5. Berechne die fehlenden Werte.

Alter Kontostand	a) – 135,40 €	b) – 250,– €	c) 17,50 €	d)
Einzahlung/Abbuchung	Einzahlg. 37,40 €	Abbuchg. 367,– €		Abbuchg. 32,20 €
Neuer Kontostand			– 8,50 €	– 12,20 €

6. Julia hat 30 €. Sie leiht sich einen doppelt so großen Betrag beim Vater. Jetzt kann Julia genau ihre neuen Schlittschuhe bezahlen. Wie viel Schulden hat Julia? Wie teuer sind die Schlittschuhe?

Positive und negative Zahlen – Zahlengerade

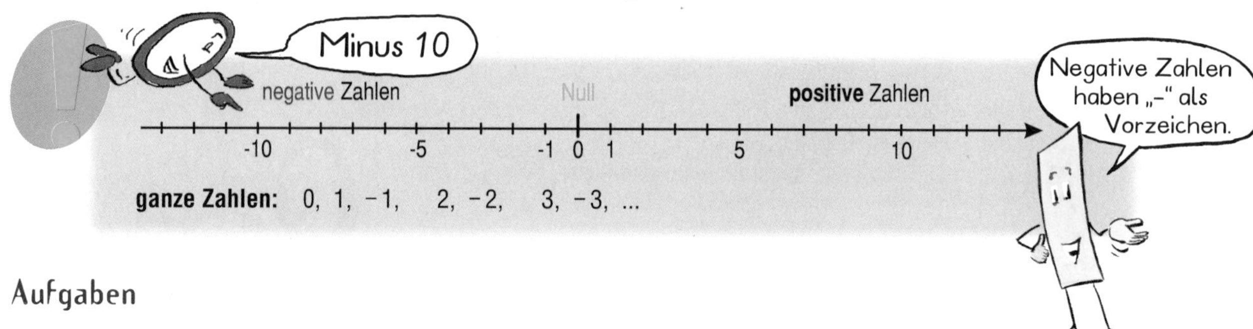

ganze Zahlen: 0, 1, −1, 2, −2, 3, −3, ...

Aufgaben

1. Lies die ganzen Zahlen von der Zahlengeraden ab und schreibe sie auf.

a)

b)

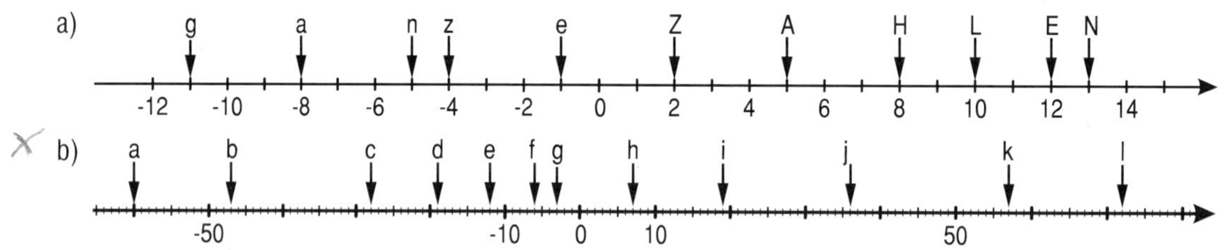

2. Gib drei ganze Zahlen an: a) zwischen −1 und 5 b) zwischen −6 und −2 c) zwischen −10 und 10

3. Wie viele ganze Zahlen liegen dazwischen?
a) zwischen 2 und 8 b) zwischen −2 und 2 c) zwischen −2 und 8

Zwischen −3 und 4 liegen 6 ganze Zahlen.

4. Zeichne eine Zahlengerade und trage diese Zahlen ein: 3, 8, 9, 13, −2, −5, −10 und −13

5. Zeichne eine Zahlengerade (1 cm für 10) und trage ein: 15, 80, 120, 105, 75, −25, −35, −50, −5

6. Um wie viele ganze Zahlen musst du vorwärts zählen?
a) von −7 bis 0 b) von −8 bis 8 c) von −20 bis −8

7. Um wie viele ganze Zahlen musst du rückwärts zählen?
a) von 10 bis 2 b) von 12 bis −2 c) von 19 bis −19

8. Gib zwei Zahlen an.
a) zwischen −4 und −3 b) zwischen −1 und 0
c) zwischen −2,9 und −2 d) zwischen −0,5 und −0,1

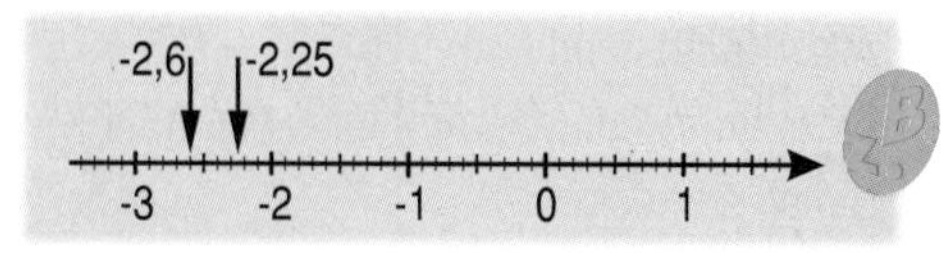

9. Zwischen welchen benachbarten ganzen Zahlen liegt die Zahl?
a) −3,4 b) −0,123 c) 0,456 d) −3,7 e) $-\frac{1}{2}$ f) $-1\frac{2}{3}$ g) $7\frac{3}{8}$ h) $\frac{1}{3}$

Vergleichen und Ordnen

Von zwei Zahlen liegt die kleinere Zahl links von der größeren.

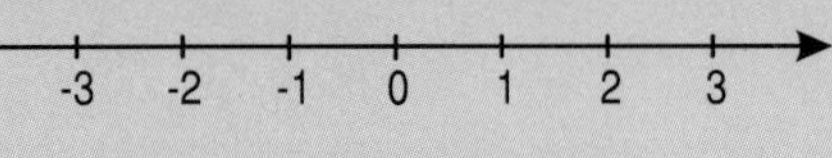

Beispiele: $-2 < -1$ $\quad 1 > -3$

$-2{,}9 < -0{,}5$ $\quad 0{,}2 > -2{,}5$

Der Abstand vom Nullpunkt gibt den **Betrag** einer Zahl an.

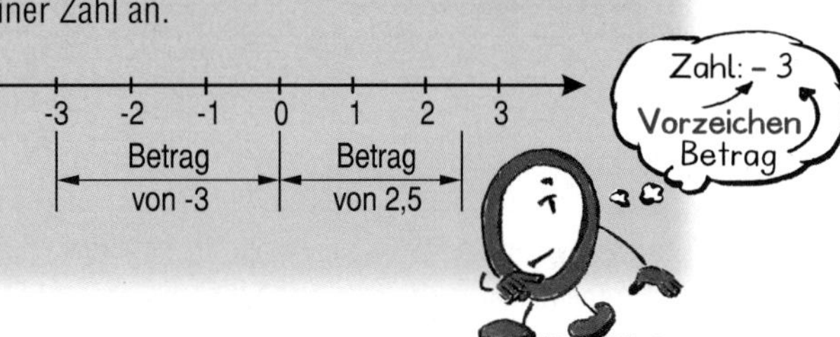

Aufgaben

1. Ordne die Zahlen. Schreibe eine Kette mit dem Kleinerzeichen (<).

a) −10 3 −8 −5 6 b) 2 3 −2 0 −3 c) 1,3 −3,1 3,1 −1,3 −31 d) −0,12 12 −1,2 1,2 −2,1

2. Kleiner oder größer? Setze ein < oder >.

a) −2 ■ 3; 5 ■ −5 b) −2,3 ■ −3,2; 23 ■ 32 c) −0,9 ■ −1,9; 9,1 ■ −91 d) 12,34 ■ 13,24; −14,23 ■ −12,34

3. Gib den Betrag der Zahl an. a) −7 b) 17,3 c) −4,5 d) −0,2 e) 0

4. Welche zwei Zahlen haben diesen Betrag? a) 5 b) 125 c) 1,89 d) 0,01

5. Wie heißt die a) größte ganze Zahl mit 3 Ziffern? b) kleinste ganze Zahl mit 2 Ziffern?

6. Der Betrag eines Kontostandes ist 1 250,90 €. Was kann das bedeuten?

7. Wie groß ist der Unterschied zwischen a) A und B; b) B und C; c) C und D; d) A und D?

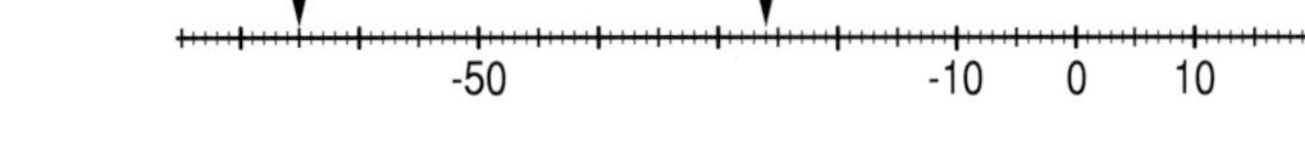

8. Berechne den Unterschied. Rechne zuerst bis zur Null.

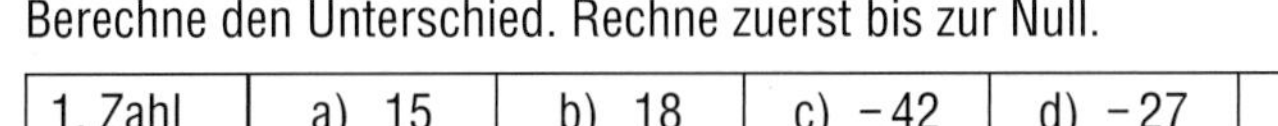

1. Zahl	a) 15	b) 18	c) −42	d) −27	e) 105	f) 208	g) −199
2. Zahl	−25	−32	22	27	−99	−182	302

(9.) Zwei Zahlen unterscheiden sich um 12. Die erste ist −8. Wie kann die zweite Zahl heißen?

Addition und Subtraktion

+50: 0, 20, 70 — $20 + 50 = 70$

−50: -30, 0, 20 — $20 - 50 = -30$

+50: -30, 0, 20 — $-30 + 50 = 20$

−50: -70, -20, 0 — $-20 - 50 = -70$

Aufgaben

1. Schreibe die Aufgabe und das Ergebnis dazu auf.

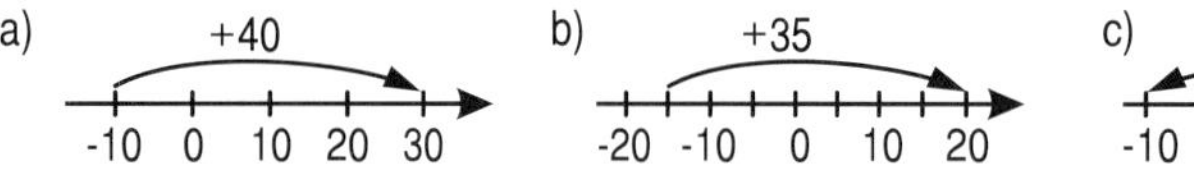

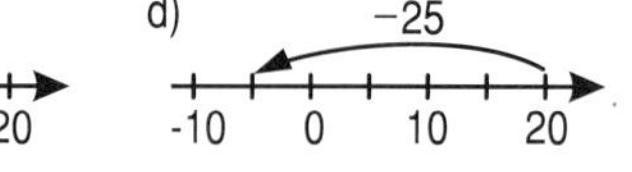

2. Rechne aus. Vielleicht hilft dir ein Operatorbild (Pfeilbild).

a) 15 − 18; 38 − 40   b) 20 − 27; 100 − 120   c) 25 − 36; 137 − 150

16 —(−27)→ −11; 16 —(−16)→ 0 —(−11)→ −11

3. a) − 11 + 15; − 16 + 26   b) − 17 + 27; − 39 + 50   c) − 34 + 60; − 147 + 188

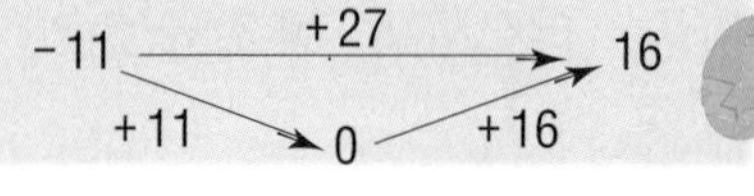

4. a) 53 + 60; − 53 − 60   b) − 28 − 40; 40 + 28   c) 50 + 67; − 67 − 50   d) 120 + 75; − 75 − 120

Beträge addieren.

Beträge subtrahieren.

5. a) 6 − 14; − 6 + 14   b) − 15 + 30; 15 − 30   c) 37 − 77; − 37 + 77   d) − 180 + 230; 180 − 230

6. a) − 30 − 45; − 45 + 30   b) 27 − 37; − 27 − 37   c) 4 − 3,5; − 4 − 3,5   d) − 8 + 9,5; − 2,5 + 5   e) − 3 + 6,5; − 3,2 − 2,9

7. Gib die nächsten 4 Zahlen an. Der Unterschied zwischen zwei benachbarten Zahlen ist immer gleich.

a) − 20; − 16; − 12 …   b) − 20; − 13; − 6 …   c) − 3,2; − 2,3; − 1,4 …
d) 15; 10; 5 …   e) 110; 60; 10 …   f) 3,8; 2,6; 1,4 …

8. Bestimme die fehlende Zahl.

a) 30 − ▒ = − 11   b) − 130 + ▒ = 13   c) − 70 − ▒ = − 230   d) ▒ − 17 = − 10
e) ▒ + 1,5 = − 1,5   f) − 2,3 + ▒ = 1   g) − 2,5 − ▒ = − 5   h) ▒ − 2,3 = − 4

(9.) Gib drei mögliche Zahlen an.

a) Wenn du zur Zahl ihren Betrag addierst, erhältst du Null.

b) Wenn du 5 addierst, dann 17 subtrahierst und noch 12 addierst, erhältst du wieder die Zahl.

Vervielfachen und Teilen

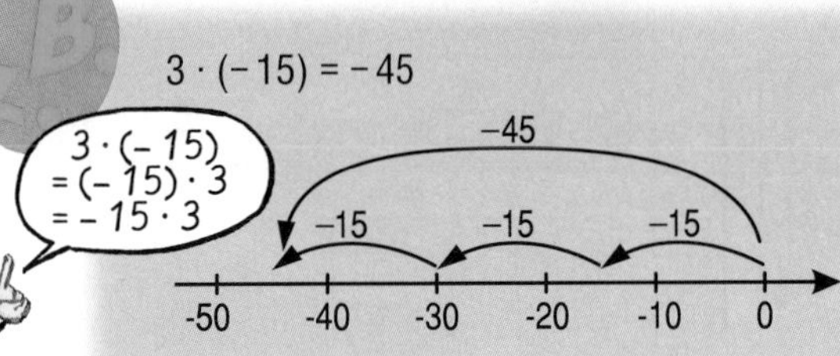

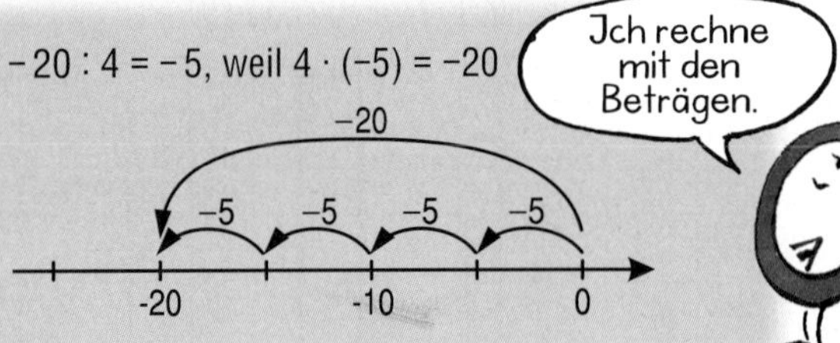

Aufgaben

1. a) $5 \cdot (-4)$; $8 \cdot (-5)$ b) $3 \cdot (-50)$; $4 \cdot (-25)$ c) $30 \cdot (-6)$; $40 \cdot (-7)$ d) $20 \cdot (-30)$; $60 \cdot (-80)$ e) $25 \cdot (-8)$; $125 \cdot (-6)$

2. a) $(-28) : 4$; $(-64) : 8$ b) $(-400) : 5$; $(-660) : 3$ c) $(-120) : 30$; $(-490) : 70$ d) $(-270) : 90$; $(-540) : 60$ e) $(-369) : 3$; $(-246) : 6$

3. Schreibe eine Aufgabe dazu auf und rechne sie aus.
a) Kati macht bei ihrem Vater 5 Wochen lang jeweils 3,50 € Schulden.
b) Martin will seine Schulden von 30 € in 6 Monatsraten zurückzahlen.

4. a) $4 \cdot 5$; $40 \cdot (-5)$; $4 \cdot (-0{,}5)$ b) $11 \cdot 7$; $7 \cdot (-11)$; $7 \cdot (-1{,}1)$ c) $3 \cdot 8$; $8 \cdot (-30)$; $30 \cdot (-0{,}8)$ d) $7 \cdot 6$; $70 \cdot (-60)$; $7 \cdot (-0{,}6)$ e) $8 \cdot 9$; $80 \cdot (-0{,}9)$; $90 \cdot (-0{,}8)$

5. a) $24 : 6$; $(-240) : 6$; $(-2{,}4) : 6$ b) $72 : 9$; $(-720) : 90$; $(-7{,}2) : 9$ c) $56 : 7$; $(-5{,}6) : 7$; $(-560) : 70$ d) $81 : 9$; $(-810) : 9$; $(-8{,}1) : 9$ e) $490 : 70$; $(-4{,}9) : 7$; $(-4\,900) : 7$

6. Berechne a) das Doppelte von −12; 4,8; −0,96 b) ein Drittel von 12; −21; −18,6

7. Patrik hat bei seinem Vater 80 € Schulden. Jeden Monat will er 15 € zurückzahlen. Wie lange muss er zurückzahlen? Wie viel zahlt er im letzten Monat zurück?

8. Mona hat zu Beginn ihres 14-tägigen Urlaubs 50 €. Danach hat sie 26 € Schulden. Wie viel hat sie durchschnittlich an einem Tag ausgegeben?

9. Kleiner, gleich oder größer? Setze ein <, = oder >.
a) $3 \cdot (-4)$ ▒ 12 b) $5 \cdot (-12)$ ▒ −100 c) $(-10) : 6$ ▒ 1 d) $1 \cdot (-1)$ ▒ 1

10. a) $3 \cdot$ ▒ $= -333$ b) ▒ $: 4 = 111$ c) ▒ $: 4 = -222$ d) $(-1{,}2) :$ ▒ $= -1{,}2$ e) ▒ $: 1 = -1$

Vermischte Aufgaben

1. Ein Wasserstandsanzeiger (Pegelstands-Messlatte) gibt den Wasserstand „über und unter Null“ (Normalstand) an. Gib drei Wasserstände über und drei unter −1,25 m an.

2. Bei Niedrigwasser ist der Pegelstand −2,50 m. Wie hoch steht das Wasser bei einem Anstieg um
   a) 3 m b) 3,20 m c) 4,45 m d) 4,78 m?

3. Welche Rechenaufgabe gehört zu der Änderung des Pegelstands? Ordne zu und ergänze den fehlenden Wert.

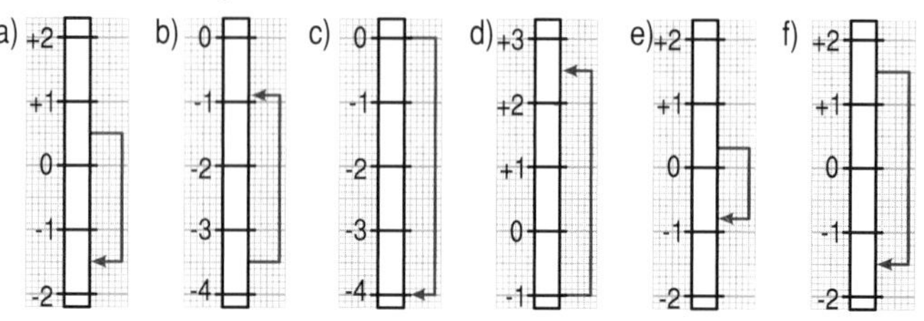

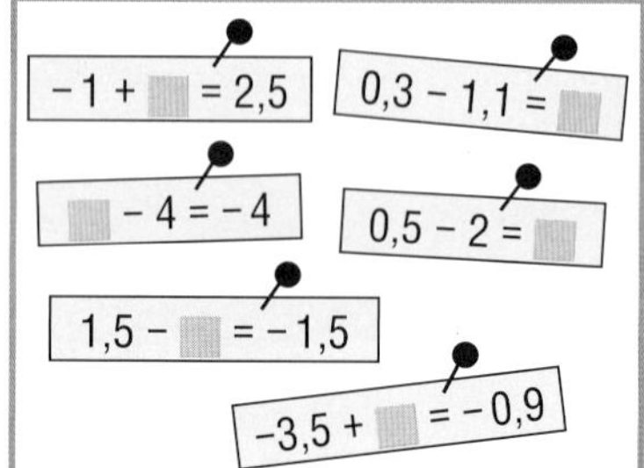

4. Berechne den fehlenden Wert.

	a)	b)	c)	d)	e)	f)
Höchster Wert in °C	8	5,6	3,8	2,5		−2,1
Niedrigster Wert in °C	−3	0,2	−4,3		−3,4	
Unterschied in °C				6	8,6	6,8

5. Wenn du richtig gerechnet hast, erhältst du im letzten Feld wieder die Null.

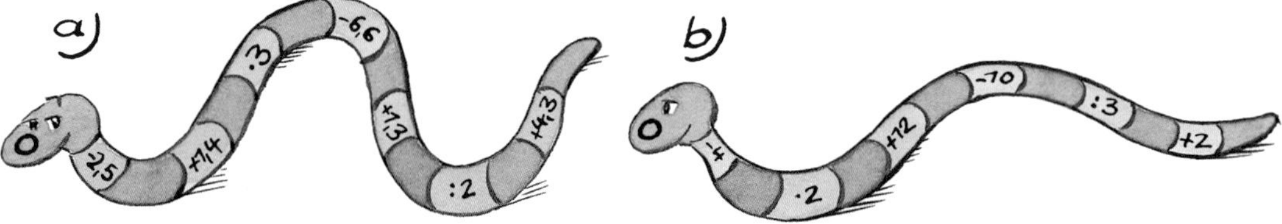

6. Vergleiche. Setze ein: <, = oder >.
   a) −3 ▒ −2,5 b) 3 ▒ 2,5 c) 0,3 ▒ −1,3 d) (−1) : 1 ▒ 0 · 1

7. Am 1. Januar hatte Frau Baum weder Guthaben noch Schulden auf ihrem Konto. Im Januar wurden folgende Beträge eingezahlt: 120 €, 360 €, 50 € und 80 €. Abgebucht wurden vom Konto: 30 €, 510 € und 200 €. Wie hoch war danach der Kontostand?

8. 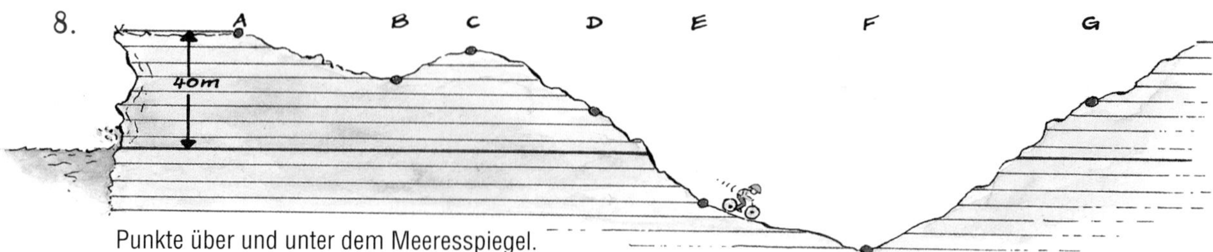

Punkte über und unter dem Meeresspiegel.

a) Ordne die Punkte, beginne mit dem höchsten.

b) Berechne die Höhenunterschiede zwischen den Punkten A und B, B und C, D und E, F und G.

1. Lies die Zahlen von der Zahlengeraden ab.

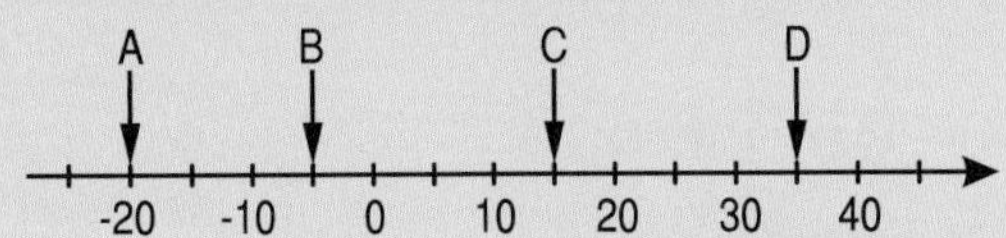

negative Zahlen — Null — **positive** Zahlen

-3 -2 -1 0 1 2 3

ganze Zahlen: 0, 1, −1, 2, −2, 3, −3, …

2. Um wie viele Zahlen musst du vorwärts oder rückwärts zählen?

a) von −5 bis 15 b) von 7 bis −17

Von zwei Zahlen liegt die kleinere links von der größeren.

-3 -2 -1 0 1 2 3

−2,6 < −1 1,5 > −1

3. Gib zwei Dezimalzahlen an

a) zwischen −3 und −2 b) zwischen −1 und 1.

4. Kleiner oder größer? Setze ein: < oder >.

a) −2 □ −0,5 b) −1,2 □ −2,1 c) 1 □ −1

Der Abstand vom Nullpunkt gibt den **Betrag** einer Zahl an.

-3 -2 -1 0 1 2 3

Betrag von -3 Betrag von 2,5

5. Welche Zahlen haben diesen Betrag?

a) 6 b) 2,3 c) 0,125

6. Anna sagt: „Es ist 2 Grad Celsius, aber ich sage nicht ob über oder unter Null.“ Wie groß ist der Unterschied zwischen diesen beiden Temperaturen?

Addition und Subtraktion

−30 + 50 = 20

+50

-30 -20 -10 0 10 20 30

-50

20 − 50 = −30

7. Berechne. Achte auf die Beträge.

a) 3 − 5 b) −4 + 6 c) 3,5 − 6
13 − 27 −15 + 22 −2,4 + 5

8. Bestimme die fehlende Zahl.

a) 30 − □ = 8 b) −5 + □ = −2,5
c) □ − 20 = −8 d) □ + 3 = −0,5

Vervielfachen und Teilen

−45

−15 −15 −15

-50 -40 -30 -20 -10 0 10

3 · (−15) = −45 −45 : 3 = −15

9. Ergänze 3 weitere Zahlen.

a) −8; −16; −24; … b) 9; 6; 3; …

10. Berechne von 18; −24; −3,6 und −0,6

a) das Doppelte b) die Hälfte c) ein Drittel.

11. a) 32 : 8, −32 : 8, −3,2 : 8 b) 3 · 7, 3 · (−70), 3 · (−0,7) c) 4 · 25, −125 : 5, 125 · (−4) d) 5 · (−0,6), −30 : 5, 6 · (−0,5) e) −3,3 : 3, 3 · (−3,3), −6,6 : 6 f) −1,2 : 4, 4 · (−1,2), −2,4 : 8

12. Mehmet hat zu Beginn des Urlaubs 30 €. Nach 14 Tagen hat er 26 € Schulden. Wie viel hat er durchschnittlich an einem Tag ausgegeben?

13. Ute hat bei ihrer Mutter 25 € Schulden. Jeden Monat will sie 4 € zurückzahlen. Nach wie vielen Monaten hat Ute alles zurückgezahlt? Wie viel zahlt sie im letzten Monat?

(14.) Welche Zahl hat den gleichen Betrag wie diese Zahl? Wie groß ist der Unterschied zwischen diesen Zahlen?

a) 5 b) −3 c) 6,5 d) −7,2 e) 125 f) −12 345

Lösungen der TÜV-Seiten

Seite 22

1. a) 20 € b) 15 kg c) 21 km d) 16 t

2. a) $\frac{3}{4}$ von 1 km ist 750 m > 600 m ist $\frac{1}{5}$ von 3 km b) $\frac{1}{3}$ von 6 m ist 2 m > 1,5 m ist $\frac{3}{4}$ von 2 m

3. a) $\frac{3}{4}$ von 14 kg ist 10,5 kg > 9,6 kg ist $\frac{5}{4}$ von 12 kg b) $\frac{5}{4}$ von 8 kg ist 6,4 kg > 4,9 kg ist $\frac{7}{10}$ von 7 kg

4. Die Miete beträgt 350 €. **5.** a) 17 kg b) 1,58 m c) 22,16 € **6.** a) $\frac{16}{6} = 2,\overline{6}$ b) $\frac{17}{5} = 3,4$

7. a) Er gießt (7,5 + 5 + 6 + 8) *l* = 26,5 *l* in das Aquarium. b) $\frac{26,5}{4}$ *l* = 6,625 *l*

8. a) In den Gefäßen 1 – 4 ist durchschnittlich $\frac{2\,440}{4}$ cm³ = 610 cm³

In den Gefäßen 5 – 8 ist durchschnittlich $\frac{2,6}{4}$ *l* = 0,65 *l* = 650 cm³

Also ist in den Gefäßen 5 – 8 durchschnittlich mehr als in den Gefäßen 1 – 4.

b) $\frac{2\,440 + 2\,600}{8}$ cm³ = $\frac{5\,050}{8}$ cm³ = 630 cm³

9. a) Durchschnittlich: 610 cm³ = 0,61 *l* b) 2,17 *l* **10.** Die Miete beträgt 360 €.

Seite 23

1. Sie wiegt 1,75 t = 1 750 kg. **2.** Es werden 4,6 km markiert.

3.

CD-Player:	49,60 €
Radio:	32,80 €
Walkman:	19,90 €
Fernseher:	99,80 €
Kompaktanlage:	116,00 €

4. a) 102,80 € b) 57,80 € c) 345,80 € d) 199,00 € **5.** a) 543,75 € b) 18,75 €

6. a) Sie brauchen zusammen (3 000 + 3 675 + 2 100) *l* = 8 775 *l* < 10 000 *l* b) A: 900 €, B: 1 102,50 €, C: 630 €

7. Nein, denn die Fenster wiegen 840 kg > 750 kg = $\frac{3}{4}$ t.

8. $6\frac{3}{4}$ h = 6 h 45 min **9.** Gesamtspielzeit: 73 min 24 s Durchschnitt: 18 min 21 s **10.** 30 €

11. Er muss von der 8-*l*-Kanne den 3-*l*-Becher füllen (Kanne: 5 *l*, 5-*l*-Becher: 0 *l*; 3-*l*-Becher: 3 *l*; kurz: 5-0-3). Dann den 3-*l*-Becher in den 5-*l*-Becher ausgießen (Verteilung: 5-3-0); von der 8-*l*-Kanne wieder in den 3-*l*-Becher (2-3-3), von dem 3-*l*-Becher den 5-*l*-Becher füllen (2-5-1). Im 3-*l*-Becher bleibt 1 *l* übrig.

Seite 38

1. – **2.** – **3.** a) SSS b) WSW c) SWS d) WSW **4.** –

5. a) $\beta = 48°$ b) $\gamma = 53°$ c) $\gamma = 39°$ d) $\alpha = 26°$ e) $\gamma = 48°$ f) $\beta = 77°$

6. a) gleichseitig b) rechtwinklig c) gleichschenklig, spitzwinklig d) stumpfwinklig e) gleichschenklig, stumpfwinklig f) spitzwinklig g) gleichschenklig, spitzwinklig

7. –

Seite 39

1. – **2.** – **3.** –

4. a) $\overline{BC} = 5{,}8$ km b) $\alpha = 57°$ c) h = 49 m **5.** a) $\beta = 42°$ b) $\beta = 52{,}5°$ c) $\beta = 97°$

6. a) gleichschenklig, spitzwinklig b) spitzwinklig c) stumpfwinklig d) gleichseitig e) rechtwinklig, gleichschenklig

7. a) 44° b) 53° c) 36° d) 60°

Seite 54

1. a) $\frac{6}{35}$ b) $\frac{21}{55}$ c) $\frac{4}{27}$ d) $\frac{1}{21}$ e) $\frac{2}{39}$ f) $\frac{3}{10}$ g) $\frac{5}{6}$ h) $\frac{1}{12}$ i) $\frac{35}{18} = 1\frac{17}{18}$

2. a) $\frac{7}{8}$ b) $\frac{14}{5} = 2\frac{4}{5}$ c) $\frac{5}{6}$ d) $\frac{26}{3} = 8\frac{2}{3}$ e) $\frac{105}{8} = 13\frac{1}{8}$ f) $\frac{69}{4} = 17\frac{1}{4}$ g) 51 h) $\frac{161}{6} = 26\frac{5}{6}$ i) $\frac{21}{2} = 10\frac{1}{2}$

3. a) $\frac{3}{8}$ b) $\frac{6}{35}$ c) $\frac{7}{9}$ d) 10 e) $\frac{20}{9} = 2\frac{2}{9}$ f) $\frac{4}{9}$ g) $\frac{21}{32}$ h) $\frac{55}{24} = 2\frac{7}{24}$ i) $\frac{14}{3} = 4\frac{2}{3}$

4. a) $\frac{10}{3} = 3\frac{1}{3}$ b) 12 c) $4\frac{1}{3}$ d) $\frac{44}{3} = 14\frac{2}{3}$ e) $\frac{19}{20}$ f) $\frac{9}{2} = 4\frac{1}{2}$

5. a) 4 321 b) 79,02 c) 0,081 d) 5 203 e) 530 f) 0,15

6. a) 0,5805 b) 0,1735 c) 0,0237 d) 75,361 e) 71,3 f) 0,00628

7. a) 84,41 b) 127,323 c) 19,6596 d) 3 891,93 e) 10,8108 f) 5,3136 g) 3 816,32 h) 5 555,88

8. a) 0,31213 b) 1,8564 c) 0,46002 d) 0,0378144 e) 8,0274 f) 0,489648

9. a) 26,7 b) 0,056 c) 45,1 d) 1,08 e) 0,054 f) 50,1 g) 0,29 h) 31,5

10. a) 8,31 b) 154,1 c) 1,09 d) 8,01 e) 86 f) 0,054

11. 148,23 € (gerundet)

Seite 55

1. a) $\frac{8}{21}$ b) $\frac{55}{21} = 2\frac{13}{21}$ c) $\frac{1}{10}$ d) 3 e) $\frac{17}{30}$ f) $\frac{27}{32}$
g) $\frac{64}{3} = 21\frac{1}{3}$ h) $\frac{52}{15} = 3\frac{7}{15}$ i) $\frac{1}{3}$ j) 14 k) $\frac{15}{17}$ l) 7

2. a) $\frac{45}{56}$ b) $\frac{3}{2} = 1\frac{1}{2}$ c) $\frac{7}{4} = 1\frac{3}{4}$ d) $\frac{34}{5} = 6\frac{4}{5}$ e) $\frac{52}{21} = 2\frac{10}{21}$ f) 4
g) 24 h) 28 i) $\frac{19}{3} = 6\frac{1}{3}$ j) $\frac{39}{32} = 1\frac{7}{32}$ k) 14 l) $\frac{23}{2} = 11\frac{1}{2}$

3. a) $\frac{9}{8} = 1\frac{1}{8}$ b) $\frac{4}{3} = 1\frac{1}{3}$ c) $\frac{13}{3} = 4\frac{1}{3}$ d) $\frac{43}{18} = 2\frac{7}{18}$ e) $\frac{2}{15}$ f) $\frac{244}{33} = 7\frac{13}{33}$
g) 186 h) $\frac{8}{5} = 1\frac{3}{5}$ i) $\frac{5}{2} = 2\frac{1}{2}$ j) 27 k) 49 l) $\frac{28}{5} = 5\frac{3}{5}$

4. $1\frac{1}{2} \cdot \frac{3}{4}\,l = \frac{9}{8}\,l = 1\frac{1}{8}\,l$

5. a) $31\frac{1}{2} : 5 = \frac{63}{10} = 6\frac{3}{10}$ Es sind 7 Fahrten notwendig.
b) $31\frac{1}{2} : \frac{1}{10} = 325$ Man muss 325-mal fahren.

6. $\frac{3}{5} \cdot \frac{4}{7} = \frac{12}{35}$ (gut ein Drittel)

7. a) 51 380 b) 5,13 c) 8,7975 d) 18,7318 e) 1,406 f) 0,15708 g) 0,82056 h) 0,129216

8. a) 0,25056 b) 0,00213 c) 82,35 d) 6,04 e) 0,51 f) 5,05 g) 7,64 h) 10,2

9. a) 432,1 b) 111 326,08 c) 0,00288684 d) 87,2 e) 50,91825 f) 0,23
g) 5,03 h) 200,57034 i) 0,562 j) 2,09 k) 0,0880875 l) 33,6336

10. 569,92 m^2 **11.** 18 Tage **12.** a) 1,323 m^2 b) 31,752 m^2

13. a) Ungefähr 257 Einzelfahrscheine.
b) Pro Woche bezahlt sie 23,10 €. Für 48 Wochen 1 108,80 €. Eine Jahresumweltkarte lohnt sich also für Frau Krüger.

Lösungen der TÜV-Seiten

Seite 74

1. a) 62 kg b) 65 km c) 11 g d) 13 € e) 2 kg f) 36 g

2. a) – b) 9,60 € 2,40 € 6,40 € c) 25 \$ 16,25 \$ 7,50 \$ 20 \$

3. a) 35 Knoten sind ca. 66 $\frac{km}{h}$ b) 40 $\frac{km}{h}$ sind $21{,}\overline{3}$ Knoten

4. a) 22 cm b) 9 h c) 63 h d) 205 km e) 4 cm f) 5 Tage

5. a) 12 b) 84
108 12

6. Der Bericht hat dann einen Umfang von 64 Seiten. **7.** 15 Vollkornbrötchen kosten 6 €. **8.** 2 000 Scheine

Seite 75

1. a) – b) 4,5 Minuten 12 Minuten 21 Minuten 26 Minuten c) 5 Einheiten 14 Einheiten

2. a) und b) proportional, weil der Graph ein vom Nullpunkt ausgehender Strahl ist (quotientengleiche Größenpaare)
c) antiproportional, weil der Graph eine Hyperbel ist (produktgleiche Größenpaare)
d) weder noch, da der Graph weder ein vom Nullpunkt ausgehender Strahl, noch eine Hyperbel ist. Die Größenpaare sind weder produkt- noch quotientengleich.

3. a) 63 Liter b) 30 Minuten **4.** 16 Schiffe

5. a) 4 cm b) 3 000 Tage (über 8 Jahre) **6.** a) 8 Tage b) 8 Tage c) 16 Std. pro Tag d) 1 Std. pro Tag

7. 13,5 km **8.** Kann man nicht beantworten, da sie sicher das Tempo nicht so durchhalten kann, wie bei einem 100-m-Lauf.

Seite 92

1. a) $A = 980\ cm^2$, $u = 126\ cm$ b) $A = 88\ cm^2$, $u = 43\ cm$ c) $A = 38{,}5\ cm^2$, $u = 25{,}4\ cm$

2. a) $A = 144\ cm^2$, $u = 48\ cm$ b) $A = 30{,}25\ cm^2$, $u = 22\ cm$ c) $A = 31{,}36\ dm^2$, $u = 22{,}4\ dm$
d) $A = 0{,}64\ m^2$, $u = 3{,}2\ m$ e) $A = 0{,}5929\ m^2 = 59{,}29\ dm^2$, $u = 3{,}08\ m$ f) $A = \frac{1}{4}\ m^2$, $u = 2\ m$

3. a) 2 cm b) 8 cm c) 30 m d) 13 cm e) 80 m f) $\frac{1}{2}$ km

4. a) $54\ cm^2$ b) 23,65 mm c) 30,8 cm **5.** a) $14\ cm^2$ c) $20\ cm^2$ **6.** a) $126\ cm^3$ b) $45\ cm^3$ c) $85\ cm^3$

7. $166{,}375\ cm^3$ **8.** 20 cm **9.** a) $368\ cm^2$ b) $512\ cm^2$ c) $238\ dm^2$ **10.** $1\,014\ cm^3$

Seite 93

1. a) Boden: $2\,324\ cm^2$
Regal: $6\,972\ cm^2 = 0{,}6972\ m^2 < 1\ m^2$
b) Boden: $4\,032\ cm^2$
Regal: $16\,128\ cm^2 = 1{,}6128\ m^2 > 1\ m^2$

2. a) $14{,}56\ m^2$ b) $13{,}52\ m^2$ **3.** a) $8\,100\ cm^2 = 0{,}81\ m^2$ b) $1{,}96\ m^2$ c) 5,6 m

4. a) $18{,}9\ m^2$ b) 25,2 m c) $110{,}4\ m^2 = 1{,}104\ a > 1\ a$ **5.** 8,385 € ≈ 8,39 € **6.** a) 8 m b) 54 kg

7. a) $9\,100\ cm^2 = 0{,}91\ m^2$ b) $273\,000\ cm^3 = 273\ l$ **8.** $2\,925\ cm^3 = 2{,}925\ dm^3 = 2{,}925\ l$

9. a) $27\,500\ cm^3 = 27{,}5\ l$ b) $48\,000\ cm^3 = 48\ l$ c) $3\,500\ cm^2 = 0{,}35\ m^2$

Seite 114

1. a) $\frac{4}{100}$ b) $\frac{12}{100}$ c) $\frac{86}{100}$ d) $\frac{10}{100}$

2. a) 14% b) 3% c) 50% d) 23%

3. a) 15 € b) 30 € c) 13,5 kg d) 10 kg e) 7 m f) 36,4 m

4. a) 18 € b) 12 € c) 63 € d) 48 €

5. 75 Mitarbeiterinnen

6. a) 9% b) 42% c) 21% d) 16%

7. a) 20% b) 30% c) 25% d) 50%

8. 20%

9. a) 900 € b) 900 € c) 300 kg d) 700 kg

10. a) 1 400 kg b) 2 500 € c) 3 600 m d) 1 200 kg

11. 20 m

12. a) – b) Frau Schmidt 140 Stimmen
Frau Sachs 120 Stimmen
Herr Kirsch 80 Stimmen
Herr Brünn 60 Stimmen

Seite 115

1.

Prozentsatz	1%	2%	10%	20%	25%	50%	32%	38%	75%
zugehöriger Bruch	$\frac{1}{100}$	$\frac{1}{50}$	$\frac{1}{10}$	$\frac{1}{5}$	$\frac{1}{4}$	$\frac{1}{2}$	$\frac{32}{100}$	$\frac{38}{100}$	$\frac{3}{4}$

2. a) 2 € b) 6,2 kg c) 0,4 m d) 0,56 g e) 0,05 km = 50 m f) 0,12 € = 12 Cent
5 € 4,3 kg 0,2 m 0,23 g 0,09 km = 90 m 5,92 € = 592 Cent
9 € 3,7 kg 0,8 m 0,77 g 0,01 km = 10 m 0,99 € = 99 Cent

3. a) 40 € b) 42 kg c) 21,26 m d) 0,5 g e) 1,20 € f) 0,05 €
2 € 5,5 kg 4,53 m 0,03 g 2,66 € 0,12 €
0,60 € 0,8 kg 0,27 m 0,007 g 0,27 € 0,30 €

4. a) 8 € b) 14 € c) 48 €
56 € 42 € 24 €

5.

	a)	b)	c)	d)	e)	f)
Grundwert	400 €	600 kg	400 km	64,80 €	250 m	280 kg
Prozentsatz	15%	5%	20%	10%	50%	5%
Prozentwert	60 €	30 kg	80 km	6,48 €	125 m	14 kg

6. a) Grundwert: 350 € b) Prozentwert: 608 Karten c) Prozentsatz: 9%

7. a) $\frac{7}{28} = \frac{1}{4} = 0{,}25 = 25\%$ b) $\frac{18}{45} = \frac{2}{5} = 0{,}4 = 40\%$ c) André: $\frac{8}{25} = 0{,}32 = 32\%$
Sarah: $\frac{12}{25} = 0{,}48 = 48\%$
Vera: $\frac{5}{25} = \frac{1}{5} = 0{,}2 = 20\%$

8. a) 200 b)

unter 30 Minuten	22%
30 bis 60 Minuten	45%
60 bis 90 Minuten	24%
über 90 Minuten	9%

c) –

Seite 125

1.

	a)	b)	c)	d)	e)	f)
x = 1	6	1	7	5	17	17
x = 5	10	9	3	17	9	5

2. a) $90 + 20 \cdot x$ b) 6 Monate: 210 €
10 Monate: 290 €
15 Monate: 390 €

3. a)

x	$3 \cdot x + 4 = 13$		w/f
1	7	13	f
2	10	13	f
3	13	13	w
4	16	13	f
5	19	13	f

b)

x	$7 \cdot y + 8 = 1$		w/f
1	15	1	f
2	22	1	f
3	29	1	f
4	36	1	f
5	43	1	f

c)

x	$15 - 2 \cdot x = 9$		w/f
1	13	9	f
2	11	9	f
3	9	9	w
4	7	9	f
5	5	9	f

d)

x	$(y - 1) \cdot y = 2$		w/f
1	0	2	f
2	2	2	w
3	6	2	f
4	12	2	f
5	20	2	f

4. a)

x	$y + 5 > 8$	w/f
1	$6 > 8$	f
2	$7 > 8$	f
3	$8 > 8$	f
4	$9 > 8$	w

b)

x	$6 - x < 7$	w/f
1	$5 < 7$	w
2	$4 < 7$	w
3	$3 < 7$	w
4	$2 < 7$	w

c)

x	$z \cdot (z - 1) > 2$	w/f
1	$0 > 2$	f
2	$2 > 2$	f
3	$6 > 2$	w
4	$12 > 2$	w

5. a) $a \xrightarrow{\cdot 17} 51$; $3 \xleftarrow{:17} 51$; **a = 3**

b) $x \xrightarrow{-19} 35$; $54 \xleftarrow{+19} 35$; **x = 54**

c) $z \xrightarrow{\cdot 8} \square \xrightarrow{+14} 86$; $9 \xleftarrow{:8} 72 \xleftarrow{-14} 86$; **z = 9**

d) $b \xrightarrow{:4} \square \xrightarrow{+13} 20$; $28 \xleftarrow{\cdot 4} 7 \xleftarrow{-13} 20$; **b = 28**

6. a) $2x - 8 = 2$; $x = 5$ b) $6x + 18 = 60$; $x = 7$

7. a) $20 - 0{,}5 \cdot x$ b) 18 m; 17 m; 15 m; 12,5 m; 10 m; 7,5 m

8. a) $(x + 9) \cdot 2$; für $x = 2$ ergibt sich: 22 b) $(3x - 3) \cdot 8$; für $x = 2$ ergibt sich: 24

9. Hier ohne Operatoren: a) $x = 7$ b) $a = 72$ c) $z = 3$ d) $y = 81$ e) $b = 2$ f) $x = 5$ g) $y = 6$ h) $a = 8$

10. Hier ohne Operatoren: a) $(x - 8) \cdot 6 = 30$; $x = 13$ b) $(2x - 10) \cdot 3 = 24$; $x = 9$

11. a) $\beta = 56°$ b) $\alpha = \beta = 54°$

Seite 135

1. $A = -20$; $B = -5$; $C = 15$; $D = 35$

2. a) um 20 Zahlen vorwärts b) um 24 Zahlen rückwärts

3. a) z. B.: −2,5 und −2,6 b) z. B.: −0,5 und 0

4. a) $-2 < -0{,}5$ b) $-1{,}2 > -2{,}1$ c) $1 > -1$

5. a) 6 und −6 b) 2,3 und −2,3 c) 0,125 und −0,125

6. 4 °C Unterschied

7. a) −2; −14 b) 2; 7 c) −2,5; 2,6

8. a) 22 b) 2,5 c) 12 d) −3,5

9. a) −32; −40; −48 b) 0; −3; −6

10. a) 36; −48; −7,2; −1,2 b) 9; −12; −1,8; −0,3 c) 6; −8; −1,2; −0,2

11. a) 4; −4; −0,4 b) 21; −210; −2,1 c) 100; −25; −500 d) −3; −6; −3 e) −1,1; −9,9; −1,1 f) −0,3; −4,8; −0,3

12. 4 € **13.** Nach 7 Monaten, im letzten Monat zahlt sie 1 €.

14.

	a)	b)	c)	d)	e)	f)
Zahl	−5	3	−6,5	7,2	−125	12 345
Unterschied	10	6	13	14,4	250	24 690

Stichwortverzeichnis

Formeln

Geometrie

Rechteck	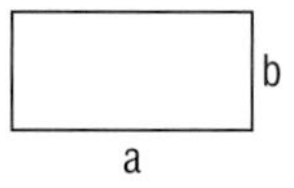	Flächeninhalt: $A = a \cdot b$ Umfang: $u = 2a + 2b$
Dreieck	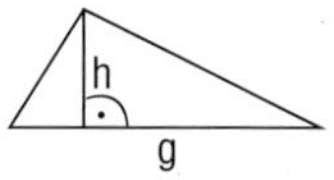	Flächeninhalt: $A = \frac{g \cdot h}{2}$
Quader	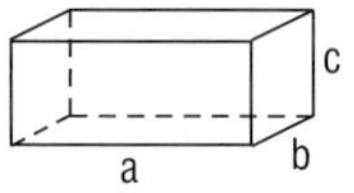	Volumen: $V = a \cdot b \cdot c$ Oberfläche: $O = 2ab + 2ac + 2\,bc$

Maßeinheiten

Kilometer	Meter	Dezimeter	Zentimeter	Millimeter
1 km	= 1 000 m	= 10 000 dm	= 100 000 cm	= 1 000 000 mm
	1 m	= 10 dm	= 100 cm	= 1 000 mm
		1 dm	= 10 cm	= 100 mm
			1 cm	= 10 mm

Quadratkilometer	Hektar	Ar	Quadratmeter
1 km²	= 100 ha	= 10 000 a	= 1 000 000 m²
	1 ha	= 100 a	= 10 000 m²
		1 a	= 100 m²

Quadratmeter	Quadratdezimeter	Quadratzentimeter	Quadratmillimeter
1 m²	= 100 dm²	= 10 000 cm²	= 1 000 000 mm²
	1 dm²	= 100 cm²	= 10 000 mm²
		1 cm²	= 100 mm²

Kubikmeter	Kubikdezimeter	Kubikzentimeter	Kubikmillimeter
1 m³	= 1000 dm³		
	1 dm³	= 1000 cm³	
		1 cm³	= 1000 mm³

Hektoliter	Liter	Zentiliter	Milliliter
1 hl	= 100 l		
	1 l	= 100 cl	= 1000 ml
		1 cl	= 10 ml

1 dm³ = 1 l

Bildquellenverzeichnis

Umschlagfoto: Imagine – Uselmann, Hamburg
Dieter Rixe, Braunschweig: S. 6 (2), 12, 13, 14, 23, 24 (Mädchen, Computer), 25 (2), 35 (3), 40 (4), 41 (Teppichböden), 45 (3), 46 (5), 47 (2), 52 (2, Obst, Feld), 55 (Baustelle), 56 (5, Lkw-Fahrer), 58, 59, 63, 64 (Experiment), 66 (Sportrasen), 76 (Fensterfront), 77 (Rucksäcke, Messbecher), 78, 84 (Lampen, Spiegel, Haustür, Verkehrsschilder), 87 (Universalboxen), 88, 89, 90, 95, 96, 101, 104, 123, 127, (2), 134; Peter Ploszynski: S. 7 (Zug), 15; Deutsche Bahn, Berlin: S. 17; Bavaria-International Stock, Gauting: S. 18; Sven Simon, Essen: S. 20 (Tennis); Imagine – PBY, Hamburg: S. 20 (Basketball); Gamma, Studio X, Paris – Guy Charneau: S. 21 (größtes Puzzle); The Guinness Book of Records 1991 oder 1992: S. 21 (Haare); photostudio p. hadorn, Basel: S. 21 (Erdbeerschnitte); Deutsches Museum, München: S. 24 (Pacioli); Archiv für Kunst und Geschichte, Berlin: S. 24 (Leonardo da Vinci), 30; Bilderdienst Süddeutscher Verlag, München: S. 24 (technische Zeichnerin); Imagine-Dyball, Hamburg: S. 41 (Fähre); Goscinny/Uderzo: Großer Asterix-Band VIII: Asterix bei den Briten. © DELTA Verlagsgesellschaft mbH, Stuttgart 1971. Übers. aus dem Französ.: Gudrun Penndorf. © DARGAUD EDITEUR S.A., Paris 1966: S. 46; Morris/Goscinny: Lucky Luke, Band 21: Vetternwirtschaft. © DELTA Verlagsgesellschaft mbH, Stuttgart 1996. Übers. aus dem Französ.: Gudrun Penndorf. © DARGAUD EDITEUR S.A., Paris 1977: S. 47; © KFS/Distr. Bulls: S. 48 (Popeye); Mauritius-Nakamura, Mittenwald: S. 50 (Tanker); Maurer + Söhne, München: S. 50 (Gleitlager von einer Brücke); Serengeti Park, Hodenhagen: S. 51 (Safaripark); Astrofoto, Leichlingen: S. 52 (Saturn), 65; Nordseebad Spiekeroog, Deutsche Luftbild Hamburg: S. 53; Imagine-Horizon, Hamburg: S. 55 (Mädchen); dpa Frankfurt: S. 56 (Altstadt von Köln, Altstadt von Köln überflutet), 60 (Akropolis); Mauritius – B. Wenske: S. 60 (2, Nordsee); Zefa – Leidorf, Düsseldorf: S. 64 (Luftbild); Imagine – Horizon, Hamburg: S. 66 (Steinofen); Bavaria-Merten, Gauting: S. 75; Bavaria - VCL, Gauting: S.77 (Container); Monika Mattern: S. 84 (Tisch), 87 (Holzwürfel, Streichholzschachteln), 93; Archiv Ruhrverband: S. 91; Tierbildarchiv Angermayer, Holzkirchen: 103; Deutscher Wetterdienst, Offenbach: S. 126

Trotz entsprechender Bemühungen ist es nicht in allen Fällen gelungen, den Rechtsinhaber ausfindig zu machen. Gegen Nachweis der Rechte zahlt der Verlag für die Abdruckerlaubnis die gesetzlich geschuldete Vergütung.